"十四五"职业教育国家规划教材

土木工程制图与施工图识读

（第二版）

主　编　王福增　何立洁

副主编　张建巍　史丽燕

科学出版社

北　京

内 容 简 介

本书采用"任务引导"的模式进行编写,通过设计典型的教学任务展开教学模块的内容,在绘图与识图的实际操作过程中讲解工程绘图与识图的基本知识、基本理论、基本方法和基本技能。这种先提出问题,再介绍解决问题的方法,最后进行实例训练的形式不但解决了"学什么"的问题,更重要地解决了"怎么学""怎么用"的问题,强调了实际技能的培养和实用方法的学习。

本书共 10 个教学模块,主要内容包括绘制平面图形,绘制基本体三视图,绘制识读组合体三视图,绘制轴测图,绘制剖面图与断面图,绘制标高投影图,建筑施工图识读,结构施工图识读,桥梁、涵洞工程图识读,水利工程图识读等。本书内容精练,由浅入深,循序渐进,图文并茂,符合读者的认知规律,便于教学和自学。书中配有相应的数字教学资源,可供教师教学和学生自学及练习使用。

本书可作为高等职业教育、成人教育、高等教育自学考试等土木工程专业、建筑工程管理专业的教材,还可作为相关行业人员的参考用书。

图书在版编目(CIP)数据

土木工程制图与施工图识读/王福增,何立洁主编. —2 版. —北京:科学出版社,2021.11

("十四五"职业教育国家规划教材)

ISBN 978-7-03-067628-3

Ⅰ.①土… Ⅱ.①王… ②何… Ⅲ.①土木工程-建筑制图-识图-高等职业教育-教材 Ⅳ.①TU204

中国版本图书馆 CIP 数据核字(2020)第 270261 号

责任编辑:万瑞达 宫晓梅 / 责任校对:王万红
责任印制:吕春珉 / 封面设计:曹 来

科学出版社 出版
北京东黄城根北街 16 号
邮政编码:100717
http://www.sciencep.com

三河市骏杰印刷有限公司印刷
科学出版社发行 各地新华书店经销
*

2016 年 3 月第 一 版   开本:787×1092 1/16
2022 年 7 月第 二 版   印张:20 1/4
2025 年 9 月第七次印刷   字数:480 000
定价:55.00 元

前　言

工程图样是工程技术人员表达设计思想、进行技术交流及指导生产的重要技术文件与依据，是工程界的"语言"。一名合格的工程技术人员必须具备工程图样绘制与阅读的基本素质和能力。

《土木工程制图与施工图识读（第二版）》一书遵循职业教育教学规律、技术技能人才成长规律，坚持为党育人，为国育才的原则，从培养工程技术和工程管理高素质人才目标出发，以"突出应用，服务岗位"为指导思想，对接职业标准和岗位（群）能力要求，力求满足工程实际工作需求。《土木工程制图与施工图识读》自2016年3月出版发行以来，被建筑工程技术专业、工程管理专业、工程测量专业的学生及有同等需求的读者广泛使用。为了更好地满足广大读者的需求，作者在第一版的基础上进行了内容补充和修改。采纳读者反馈意见，对部分章节内容进一步细化，补充实际应用案例；配套完善相关信息化资源，包括微课视频、电子课件等，读者可以通过扫描文中二维码直接获取微课视频资源；为全面贯彻党的教育方针，落实立德树人根本任务，实现传授知识、培养能力、提高素质三位一体，本书增添了课程思政内容，做到讲好中国故事，传承好中华优秀传统文化。再版后教材在保持原有特点的基础上，内容更为充实、完善。

本次再版具有以下特点：

1）本书打破传统的学科性体系，在内容上采用任务驱动型的设计模式，通过设计典型的教学任务展开教学模块的内容，内容精练，由浅入深，循序渐进，图文并茂，符合读者的认知规律，便于教学和自学。

2）本书以培养岗位职业能力和技术应用性为主线，突出了理论基础的实用性、技术理论的应用性、教学内容的有效性和教学过程的实践性。

3）本书将知识点融入每个任务中，在完成典型任务的过程中实现教学目标。通过"任务描述与任务分析""知识准备""任务实施""能力提升"四个部分，提出问题，分析问题，解决问题。促使学生边学边练，稳中求进，循序渐进，实现教、学、做一体化，提高学生的学习积极性。

4）本书以识图与绘图技能培养为目标任务引领教学，通过理论学习和技能训练，学生具备"三个基本能力""一个技能""一个工程文化素质"，即具有绘图、读图和查阅国家标准和技术资料的基本能力，手工绘图技能，认真负责、严谨细致的工程文化素质，为学生后续相关专业课程学习和专业实践做好准备。

5）本书图文并茂，案例典型，难易适度，画图步骤配有分解图样，便于学生理解。

6）本书包括建筑、结构、桥梁、涵洞、水利等专业的工程图，工程图样的范围较广，加强了土木工程各专业的适应性和实用性，基本满足土木工程类各专业工程图学课程的教学需求。

7）本书基于现行国家制图标准编写，让学生及时了解最新国家制图标准的内容。

　　本书由河北地质职工大学王福增、何立洁任主编，河北地质职工大学张建巍、史丽燕任副主编。具体编写分工为：史丽燕编写模块一、模块三，何立洁编写模块二、模块四、模块五，王福增编写模块六、模块七，张建巍编写模块八、模块九、模块十。全书由王福增、何立洁统稿。

　　本书在再版过程中，得到同行院校、有关设计单位和施工单位的大力支持和帮助，谨此一并致以衷心的感谢。

　　虽然我们在教材建设方面做了许多努力，但由于编者水平有限，书中难免存在不足之处，恳请各位读者提出宝贵意见（E-mail：13513113963@163.com），我们会将合理的意见反映在再版教材中。

目　　录

绘制平面图形

▌思政目标   通过学习中国工程图学发展史，激发爱国情怀，增强民族自豪感，坚定文化自信。通过了解国产 CAD 软件的发展，激发学习热情，为中华崛起而奋斗。

▌学习目标   熟悉国家制图标准关于图幅、比例、线型、字体及尺寸注法等的基本规定。
掌握绘制平面图形的基本方法与步骤。
掌握尺寸的标注方法。
熟悉常用绘图工具及其使用方法。

▌技能目标   能正确使用绘图工具。
能绘制平面图形并进行尺寸标注。

▌学习提示   土木、建筑类工程图样是工程技术人员表达设计思想、进行技术交流、指导工程实际生产的重要技术文件，是工程界通用的技术语言，为了保证建筑施工图样基本统一，图面清晰简明，提高制图效率，符合设计、施工、存档和工程建设的需要，必须在各方面制定统一的国家建筑制图标准。
通过本模块的学习，学生可基本掌握国家制图标准中关于图纸幅面、图框格式、比例、字体和图线的要求等基本规定；绘制平面图形时，能正确地分析平面图形的尺寸和线段，拟定正确的作图步骤，并能清晰、完整、正确地标注图形尺寸；能正确地使用绘图工具，养成良好的绘图习惯。

学习情境一　制图的基本知识

---── 任务描述与任务分析 ──────

任务描述：

识读如图 1.1.1 所示块的工程图样，熟练掌握国家制图标准中有关图低幅面、图框格式、比例、字体和图线的要求等基本规定。

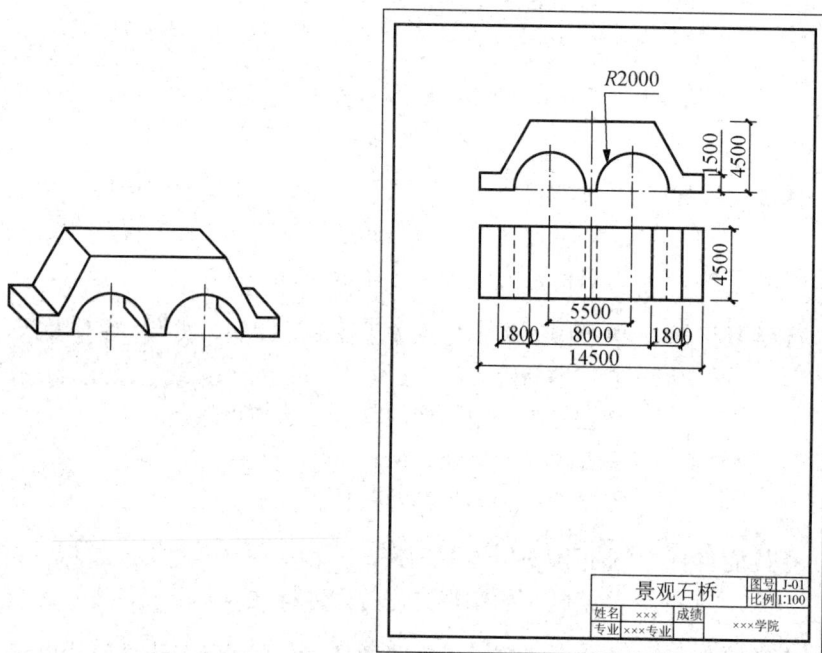

图 1.1.1　块的工程图样

任务分析：

现行建筑制图的国家标准有《房屋建筑制图统一标准》（GB/T 50001—2017）、《总图制图标准》（GB/T 50103—2010）、《建筑制图标准》（GB/T 50104—2010）、《建筑结构制图标准》（GB/T 50105—2010）等。所有工程技术人员在设计、施工、管理中必须严格执行这些标准。

知识窗：中国工程图学发展史

图样作为人类文化知识的载体，是信息传播的重要工具。以图解法和图示法为基础的工程制图是科技思维的主要表达形式之一，也是指导工程的一种技术文件。

考古发现，早在新石器时代，就出现了具有简单图示功能的几何图形、花纹。在战国时期，人们已开始运用有确定的绘图比例，酷似用正投影法画出的建筑规划平面图来指导工程建设。宋代李诫所著《营造法式》是一部闻名世界的建筑图样巨著，其中包括平面图、轴测图、透视图，运用投影法表达了复杂的建筑结构，它总结了我国历史上的建筑技术成就，这在当时是极为先进的。

中国工程图学的发展经过了从早期粗略的示意图到精确的按一定投影关系绘制的工程图样的历程，历代图学家为我们留下了极为丰富的图学遗产，这些图学著作和文献资料是我们研究古代科学技术发展历史的重要线索。

知识准备：建筑制图基础

一、制图的基本知识

国家标准简称"国标"。GB/T 50001—2017 就是国家标准《房屋建筑制图统一标准》的标准编号。其中"GB/T"表示推荐性国家标准，是 GUOJIA BIAOZHUN（国家标准）和 TUIJIAN（推荐）的汉语拼音缩写。如果"GB"字母后面没有"/T"则表示此标准为强制性国家标准；"50001"是该标准的编号；"2017"表示该标准的发布时间。

1. 图纸的幅面及格式

（1）制图幅面

图纸的幅面是指绘制工程图样时所使用图纸的大小。图纸幅面的基本尺寸规定有五种，其代号分别为 A0、A1、A2、A3、A4，其具体尺寸见表 1.1.1。若图纸的幅面不够，可根据表 1.1.2 对图纸的长边进行加长，短边不得加长。

图纸以短边作为垂直边称为横式，图纸以短边作为水平边称为立式，一般 A0～A3 图纸宜横式使用，必要时也可立式使用，而 A4 图纸只能立式使用。

表 1.1.1　图纸幅面和图框尺寸　　　　单位：mm

幅面代号	A0	A1	A2	A3	A4
$b×l$	841×1189	594×841	420×594	297×420	210×297
a	25				
c	10			5	

表 1.1.2　图纸长边加长尺寸　　　　　　　　　单位：mm

幅面代号	长边尺寸	长边加长后尺寸
A0	1189	1486、1783、2080、2378
A1	841	1051、1261、1471、1682、1892、2102
A2	594	743、891、1041、1189、1338、1486、1635、1783、1932、2080
A3	420	630、841、1051、1261、1471、1682、1892

注：有特殊需要的图纸，可采用 $b \times l$ 为 841mm×891mm 与 1189mm×1261mm 的幅面。

（2）图框格式

图框是指图纸上绘图范围的界线，图样必须画在图框之内。图框用粗实线绘制，要装订的图样，应留装订边，表 1.1.1 中 a 边为装订边尺寸，横式和立式图纸幅面图框格式如图 1.1.2 和图 1.1.3 所示。

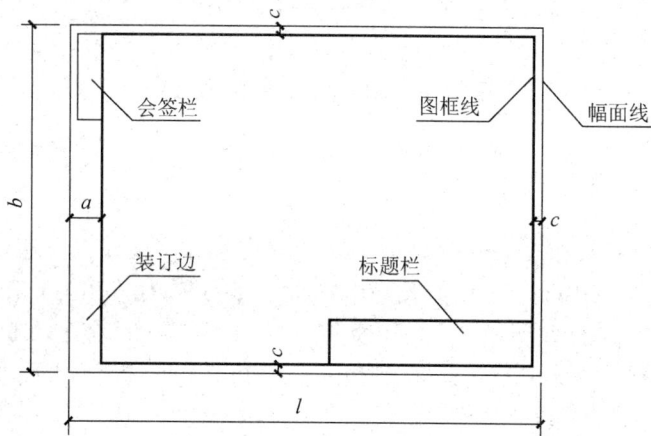

图 1.1.2　A0～A3 横式幅面图框格式

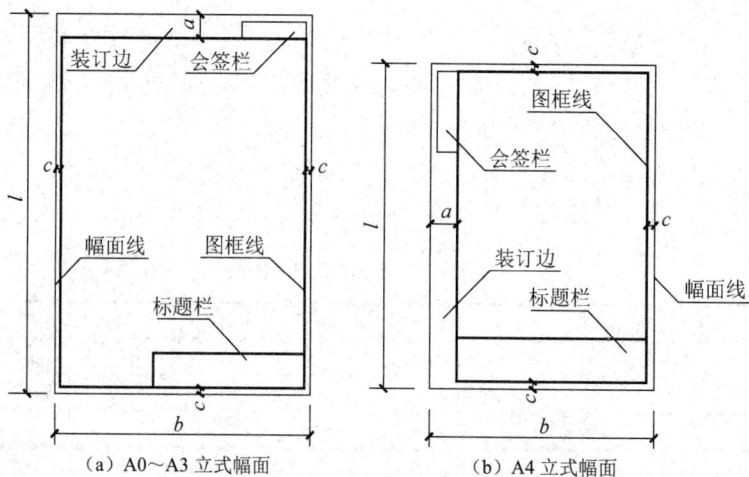

（a）A0～A3 立式幅面　　　　　　（b）A4 立式幅面

图 1.1.3　A0～A4 立式幅面图框格式

（3）标题栏和会签栏

每张图纸都必须画出标题栏，用于填写设计单位名称、工程名称、图名、签字、图号等内容，并且标题栏中的文字方向与看图的方向一致。标题栏的位置一般在图纸的右下角，其格式和尺寸如图 1.1.4 所示。在学校里一般采用简化标题栏，如图 1.1.5 所示。

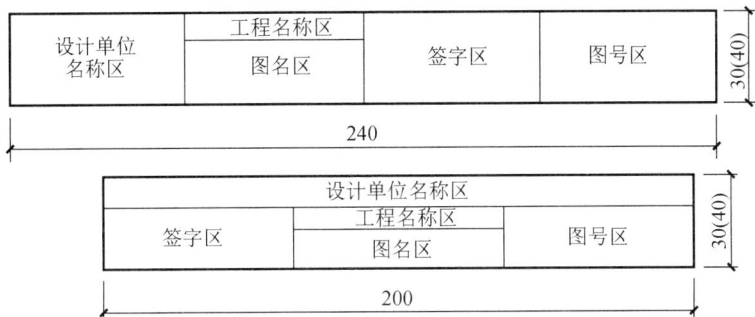

图 1.1.4　标题栏格式和尺寸

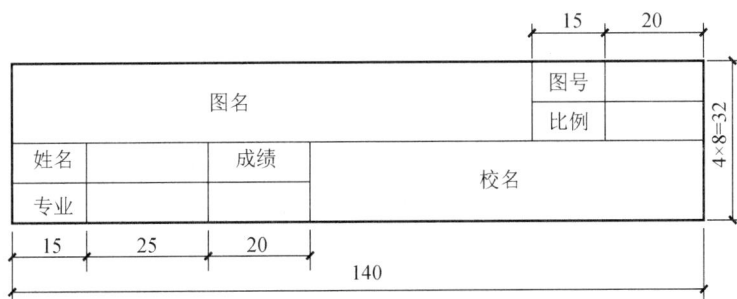

图 1.1.5　简化标题栏格式

会签栏一般位于图纸左上角，需要会签的图纸应绘制会签栏，其格式如图 1.1.6 所示。栏内应填写会签人员所代表的专业、姓名和日期。当一个会签栏不够时，可增加一个，两个会签栏应并列，不需要会签的图纸可不设会签栏。

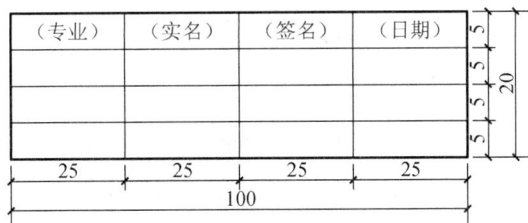

图 1.1.6　会签栏格式

2. 比例

比例是指图样上所画图形与实物相应要素的线性尺寸之比。比例的符号为"："，比例的表示方法为 1：1、1：500、20：1 等。

比例的大小是指其比值的大小。比值为 1 的称为原值比例；比值大于 1 的称为放大比例；比值小于 1 的称为缩小比例。绘图时应尽可能采用原值比例画图，以方便看图。建筑工程图选用比例见表 1.1.3，优先选用表中的常用比例。建筑工程图常采用缩小的比例。

表 1.1.3　建筑工程图选用比例

常用比例	1∶1、1∶2、1∶5、1∶10、1∶20、1∶30、1∶50、1∶100、1∶150、1∶200、1∶500、1∶1000、1∶2000
可用比例	1∶3、1∶4、1∶6、1∶15、1∶25、1∶40、1∶60、1∶80、1∶250、1∶300、1∶400、1∶600、1∶5000、1∶10000、1∶20000、1∶50000、1∶100000、1∶200000

在绘制同一部位的各个视图时应尽量采用相同的比例，当其中某个视图需要采用不同的比例绘制时，必须另行标注。不论图形是缩小还是放大画出，在标注尺寸时，必须标注所绘部位的最终完成尺寸，如图 1.1.7 所示。比例一般应标注在标题栏的"比例"栏内，必要时可在视图名称的右侧标注比例，字的基准线应取平；比例的字高宜比图名的字高小一号或二号，如图 1.1.8 所示。

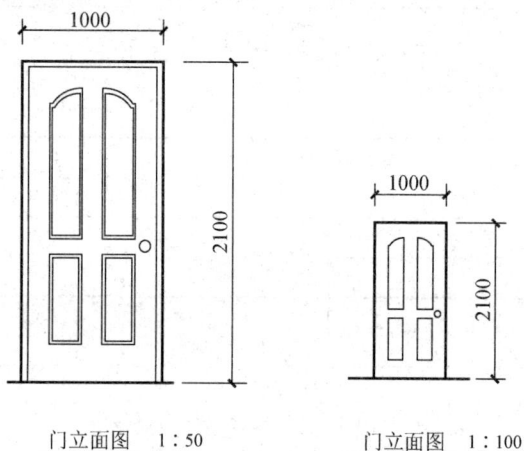

门立面图　1∶50　　　　门立面图　1∶100

图 1.1.7　不同比例绘制的门立面图

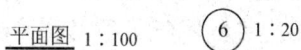

平面图　1∶100　　⑥　1∶20

图 1.1.8　比例的书写

3. 字体

图样上除了绘制的图形以外，还要用文字填写标题栏、技术要求，用数字来标注尺寸等，所以文字和数字也是图样的重要组成部分。国家标准中规定了汉字、字母和数字的结构形式及书写要求。

书写字体的基本要求如下：

1）图样中书写的汉字、数字、字母必须做到：字体端正、笔画清晰、排列整齐。

2）字体的大小用号数表示，字体号数就是字体的高度，单位为 mm。采用矢量字体时，应为长仿宋体字型，长仿宋字高宽关系见表 1.1.4。如需要书写更大的字，其字体高度应按 $\sqrt{2}$ 的倍数递增。

表 1.1.4 长仿宋字高宽关系　　　　　　　　　　　　　单位：mm

字高	20	14	10	7	5	3.5
字宽	14	10	7	5	3.5	2.5

3）汉字应写成长仿宋字，并应采用中华人民共和国国务院正式推行的《汉字简化方案》中规定的简化字。长仿宋字的书写要领是：横平竖直、注意起落、结构均匀、填满方格。长仿宋体字示例如图 1.1.9 所示。

图 1.1.9 长仿宋体字示例

4）数字和字母有正体和斜体两种写法，阿拉伯数字、罗马数字和拉丁字母的书写有一般字体和窄体字两种，如图 1.1.10 所示。在同一图样上，只允许选用一种形式的字体。斜体字书写时字头向右倾斜，与水平基准线夹角为 75°，斜体字的高度与宽度和正体字相等，阿拉伯数字、罗马数字或拉丁字母的字高应不小于 2.5mm。

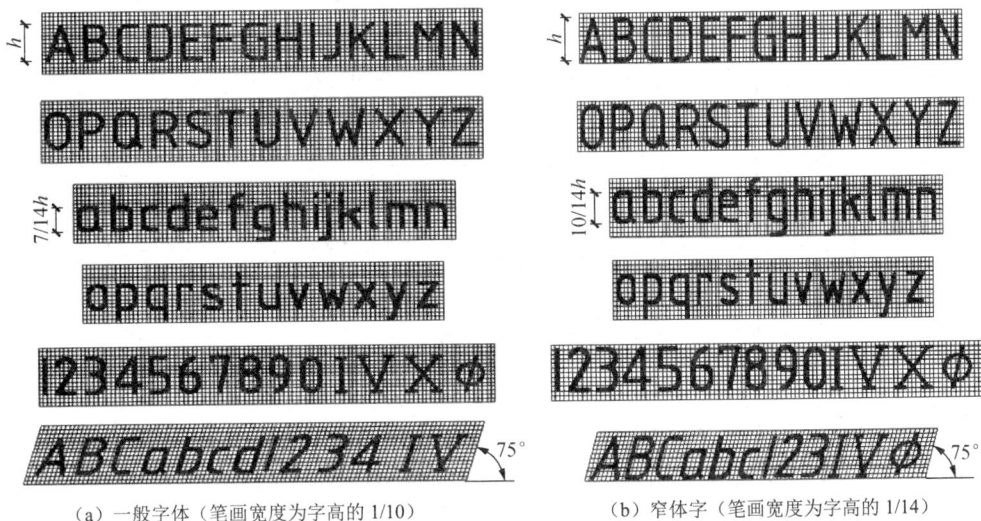

（a）一般字体（笔画宽度为字高的 1/10）　　　　（b）窄体字（笔画宽度为字高的 1/14）

图 1.1.10 字母、数字的写法

4. 图线

为了在工程图样上表示出图中的不同内容，并且能够分清主次，绘图时，必须选用不同线型和不同线宽的图线。

（1）线型

为了使图样主次分明，形象清晰，工程建筑制图采用的线型有实线、虚线、单点长画线、双点长画线、折断线和波浪线六种，其中有的线型还分为不同的线宽。各种线型的规定及其一般用途详见表 1.1.5，图 1.1.11 表示各种线型在图样中的运用。

表 1.1.5 图线的线型和用途

名称		线型	线宽	用途
实线	粗		b	主要可见轮廓线
	中粗		$0.7b$	可见轮廓线、变更云线
	中		$0.5b$	可见轮廓线、尺寸线
	细		$0.25b$	图例填充线、家具线
虚线	粗		b	见各有关专业制图标准
	中粗		$0.7b$	不可见轮廓线
	中		$0.5b$	不可见轮廓线、图例线
	细		$0.25b$	图例填充线、家具线
单点长画线	粗		b	见各有关专业制图标准
	中		$0.5b$	见各有关专业制图标准
	细		$0.25b$	中心线、对称线、轴线等
双点长画线	粗		b	见各有关专业制图标准
	中		$0.5b$	见各有关专业制图标准
	细		$0.25b$	假想轮廓线、成型前原始轮廓线
折断线	细		$0.25b$	断开界线
波浪线	细		$0.25b$	断开界线

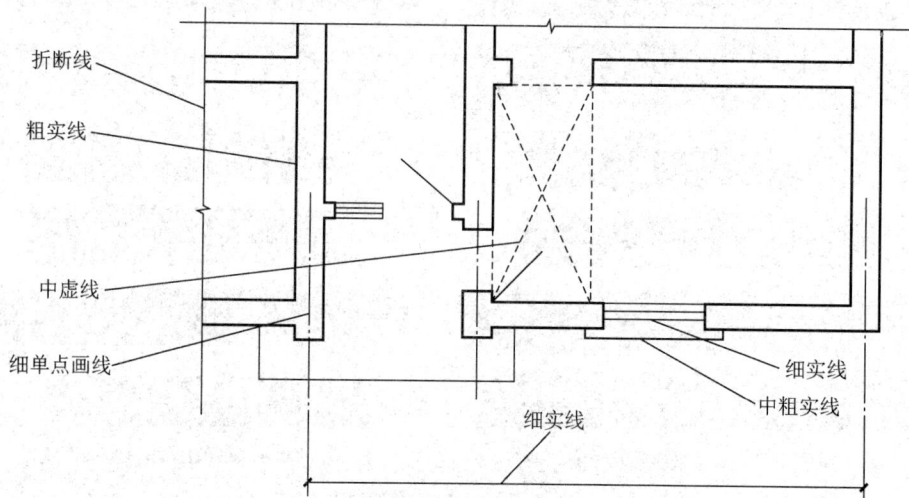

图 1.1.11 各种线型在图样中的运用

（2）线宽

图线的基本线宽 b，宜按照图纸比例及图纸性质从 1.4mm、1.0mm、0.7mm、0.5mm 线宽系列中选取。每个图样应根据其复杂程度与比例大小，先选定基本线宽 b，再确定中线宽度为 0.5b，最后定出细线 0.25b 的宽度。粗、中、细线形成一组，叫作线宽组。

（3）图线画法注意事项（图 1.1.12）

1）在同一张图纸内，相同比例的图样应选用相同的线宽组，同类线应粗细一致。

2）相互平行的图线，其间隙宽度不宜小于其中的粗线宽度，且不宜小于 0.7mm。

3）虚线、单点长画线或双点长画线的线段长度和间隔，宜各自相等。单点长画线或双点长画线中的"点"是一短画，长约 2mm，不能画成圆点。单点长画线或双点长画线，当在较小图形中绘制有困难时，可用实线代替。

4）单点长画线或双点长画线的两端，不应采用点。点画线与点画线交接或点画线与其他图线交接时，应采用线段交接，而不应在空隙或"点"处相交。

5）虚线与虚线交接或虚线与其他图线交接时，应采用线段交接。当虚线是粗实线的延长线时，粗实线应画到分界点，而虚线应留有空隙；当虚线圆弧和虚线直线相切时，虚线圆弧的线段应画到切点，而虚线直线需留有空隙。

6）图线不得与文字、数字或符号重叠、混淆，不可避免时，应首先保证文字等的清晰。

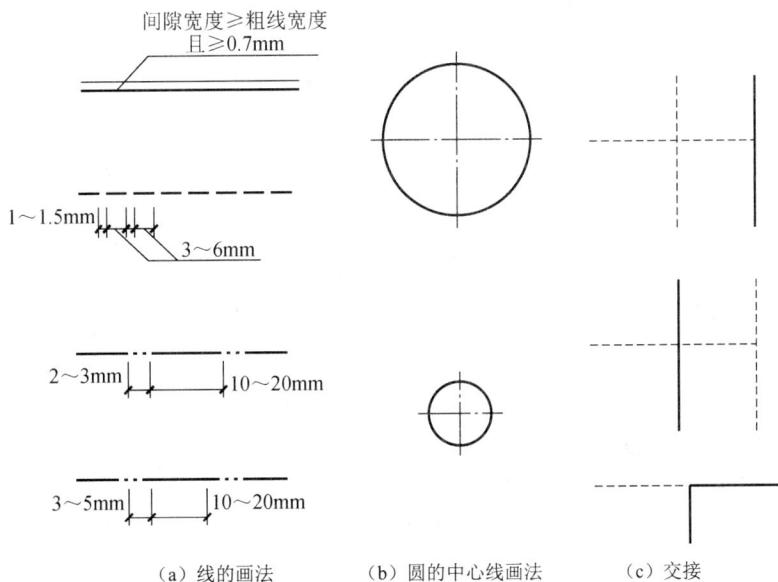

（a）线的画法　　　　（b）圆的中心线画法　　　　（c）交接

图 1.1.12　图线的画法

二、尺寸注法

图样上的图形只能表达形体的形状，不能反映其大小，而形体结构形状的大小和相对位置则需要尺寸来确定。尺寸对图样非常重要，一张只表达了形状而没有标注尺寸或者尺寸标注不全的图样是无法交付使用的，甚至复制图纸都很困难。

尺寸标注必须正确、完整、清晰、合理。

国家相关标准中对尺寸标注的基本方法作了一系列规定，必须严格遵守。

1. 尺寸标注的基本规则

1）建筑工程图样中的尺寸数字表示的是建筑物或建筑装饰物的实际大小，与所绘图样的比例和精确度无关。因此，图样上的尺寸，应以尺寸数字为准，不得从图上直接量取。

2）图样中的尺寸单位除标高及总平面图以米（m）为单位外，均以毫米（mm）为单位且不需要标注计量单位的代号或名称。

3）图样中所注尺寸是该图样所示形体最后完工时的尺寸，否则应另加说明。

4）形体的每一个尺寸一般只标注一次，并应标注在反映该结构最清晰的图形上。

5）在保证不致引起误解和产生理解多义性的前提下，可简化标注，力求制图简便。

2. 尺寸的组成

一个完整的尺寸应由尺寸界线、尺寸线、尺寸起止符号和尺寸数字四个要素组成，如图1.1.13所示。

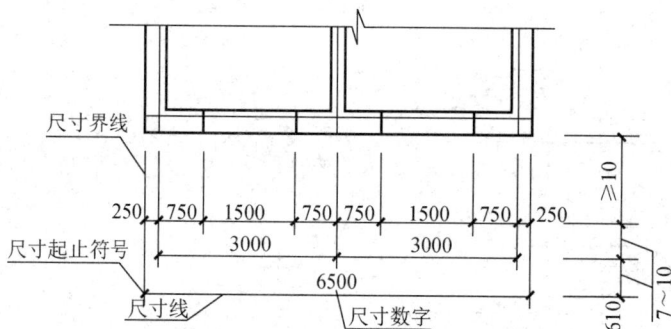

图1.1.13　尺寸的组成

（1）尺寸界线

尺寸界线是用来表示所注尺寸范围的，采用细实线绘制，一般从图形的轮廓线、轴线或对称中心线处引出，与被注长度垂直，绘制时应尽量引画到图外，其一端应离开图样轮廓线不小于2mm，另一端宜超出尺寸线2～3mm，如图1.1.14所示。总尺寸的尺寸界线应靠近所指部位，中间的分尺寸的尺寸界线可稍短，但其长度应相等，如图1.1.15所示。

（2）尺寸线

尺寸线是用来表示尺寸度量方向的，采用细实线绘制在尺寸界线之间，与被注长度平行，与尺寸界线垂直相交，两端宜以尺寸界线为边界，也可超出尺寸边界线2～3mm。尺寸线必须单独画出。不能与图线重合或在其延长线上。

尺寸线与图样最外轮廓线的间距不宜小于10mm，互相平行的尺寸线应从被标注的图样轮廓线由近及远整齐排列，细部尺寸应离轮廓线较近，总尺寸应离轮廓线较远。平行排列的尺寸线的间距为7～10mm，并应保持一致，如图1.1.13所示。

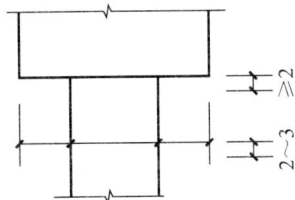

图 1.1.14 尺寸界线

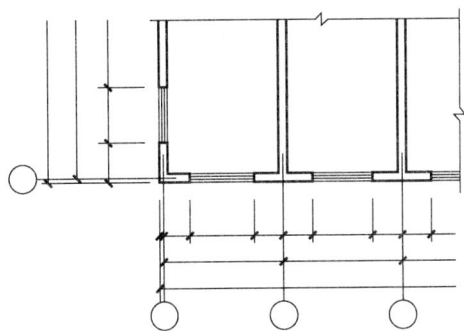

图 1.1.15 平行排列的尺寸标注

（3）尺寸起止符号

尺寸起止符号用来表示尺寸的起止，一般用中粗斜短线绘制在尺寸界线和尺寸线的相交处，其倾斜方向应与尺寸界线呈顺时针 45°角，长度宜为 2～3mm。半径、直径、角度与弧长的尺寸起止符号，用箭头表示，箭头尖端与尺寸界线接触，不得超出也不得离开。

（4）尺寸数字

尺寸数字用来表示所注尺寸的数值，要求字迹清楚，容易辨认。尺寸数字要书写在尺寸线的中央位置，宜标注在图样轮廓以外，不宜与图线、文字及符号等相交，如图 1.1.16 所示。

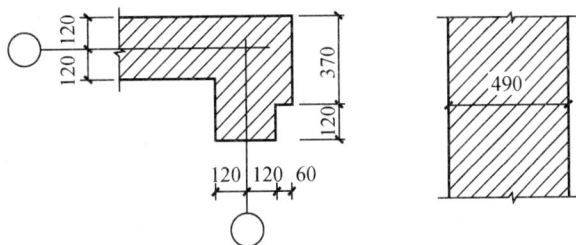

图 1.1.16 图样中尺寸数字的注写

水平方向的尺寸，尺寸数字应标注在尺寸线的上方，字头朝上；垂直方向的尺寸，尺寸数字应标注在尺寸线的左边，字头朝左；倾斜方向的尺寸，尺寸数字宜平行倾斜方向，字头保持朝上的趋势，并尽量避免在图示 30°范围内标注尺寸，无法避免时，可按图 1.1.17 的形式标注。

尺寸数字应依据其方向注写在靠近尺寸线的上方中部。如没有足够的注写位置，最外边的尺寸数字可注写在尺寸界线的外侧，中间相邻的尺寸数字可上下错开注写，也可用引出线表示标注尺寸的位置，如图 1.1.18 所示。

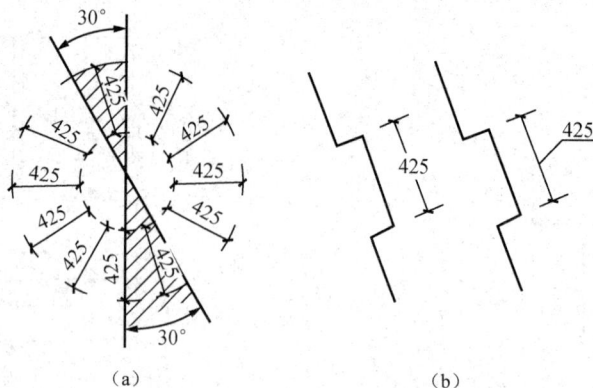

图 1.1.17　尺寸数字的注写方向

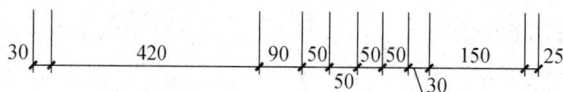

图 1.1.18　尺寸数字的注写位置

3. 尺寸标注

（1）半径的标注

半径的尺寸线应一端从圆心开始，另一端画箭头指向圆弧。半径数字前应加注半径符号"R"，如图 1.1.19（a）所示。较小圆弧的半径可按图 1.1.19（b）所示的形式标注。当在图样范围内标注圆心有困难（或无法注出）时，可按图 1.1.19（c）的形式标注。

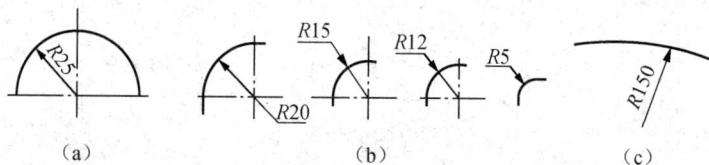

图 1.1.19　半径的标注

（2）直径的标注

标注圆的直径尺寸时，直径数字前应加直径符号"ϕ"。在圆内标注的尺寸线应通过圆心，两端画箭头指至圆弧。较小圆的直径尺寸可标注在圆外，如图 1.1.20 所示。

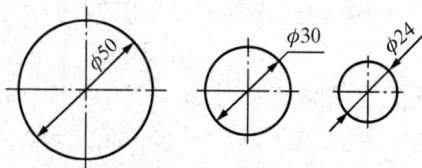

图 1.1.20　直径的标注

（3）角度、弧长、弦长的标注

角度的尺寸线用圆弧表示，该圆弧的圆心为角的顶点，角的两边为尺寸界线。如图 1.1.21（a）所示。弧长的尺寸线应采用与圆弧同心的圆弧线表示，尺寸数字上方或前方应加注符号"⌒"，如图 1.1.21（b）所示。标注弦长时，尺寸线应与弦长方向平行，如图 1.1.21（c）所示。

（4）坡度的标注

斜边需标注坡度时，坡度平缓的可以标注坡度的百分数，并应加注符号"◄——"；坡度较大时，一般由斜边构成的直角三角形的对边与底边之比来表示，如图 1.1.22 所示。

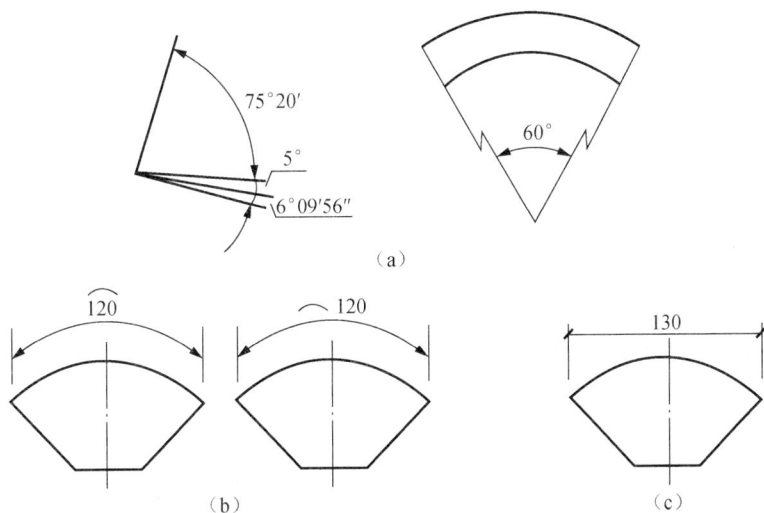

（a）

（b）   （c）

图 1.1.21 角度、弧长、弦长的标注

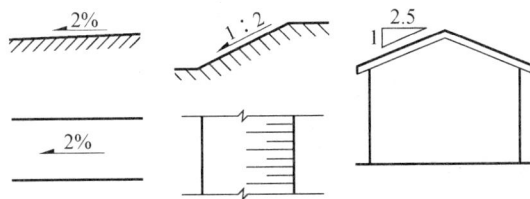

图 1.1.22 坡度的标注

（5）薄板厚度、正方形的标注

在薄板板面标注板厚尺寸时，应在厚度数字前加厚度符号"t"，如图 1.1.23 所示。

标注正方形的尺寸时，可用"边长×边长"的形式，也可在边长数字前加正方形符号"□"，如图 1.1.24 所示。

（6）非圆曲线的标注

外形为非圆曲线的构件，可用坐标法标注其尺寸，如图 1.1.25 所示。

复杂的图形，可用网格形式标注其尺寸，如图 1.1.26 所示。

图 1.1.23　薄板厚度的标注

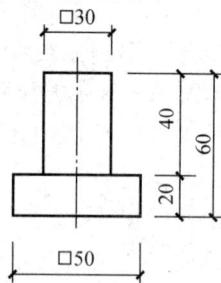

图 1.1.24　正方形的标注

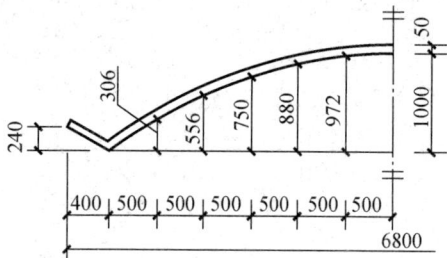

图 1.1.25　坐标法标注构件尺寸

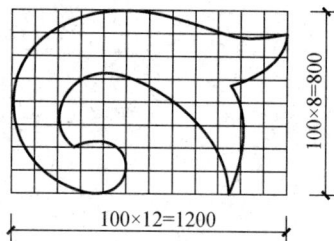

图 1.1.26　网格形式标注图形尺寸

4. 尺寸的简化标注

1）单线图尺寸标注方法：杆件或管线的长度，在单线图（桁架简图、钢筋简图、管线简图）上可直接将尺寸数字沿杆件或管线的一侧注写，如图 1.1.27 所示。

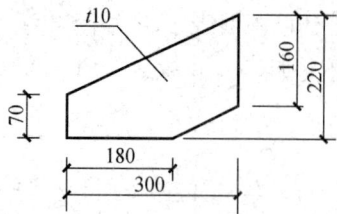

（a）

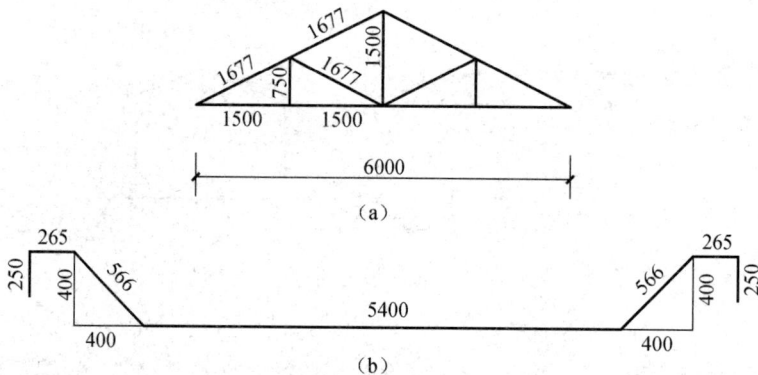

（b）

图 1.1.27　单线图的尺寸标注

2）连续排列的等长尺寸，可用"等长尺寸×个数=总长"的形式标准，如图 1.1.28（a）所示；或用"总长（n 等分）"的形式标注，其中 n 为个数，如图 1.1.28（b）所示。

3）构配件内的构造要素（如孔、槽等）如相同，可仅标注其中一个要素的尺寸，如图 1.1.29 所示。

4）对称构配件采用对称省略画法时，标注的尺寸线应略超过对称符号，仅在尺寸线的一端画尺寸起止符号，尺寸数字应按整体全尺寸注写，其注写位置宜与对称符号对齐，如图 1.1.30 所示。

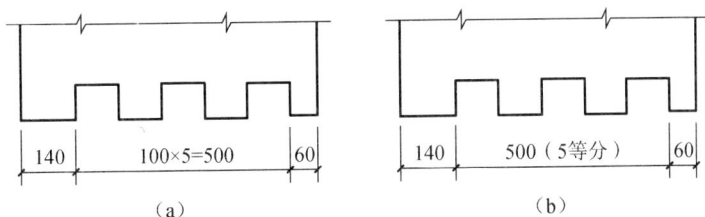

图 1.1.28 等长尺寸简化标注方法

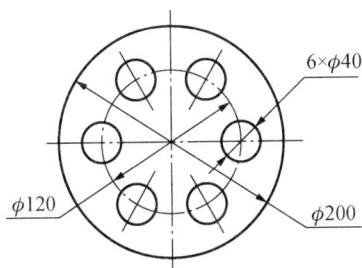

图 1.1.29 相同要素标注方法

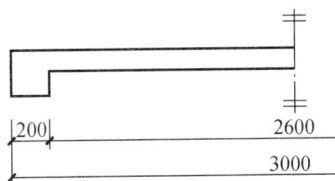

图 1.1.30 对称构配件标注方法

5）两个构配件，如个别尺寸数字不同，可在同一图样中将其中一个构配件的不同尺寸数字注写在括号内，该构配件的名称也应注写在相应的括号内，如图 1.1.31 所示。

6）数个构配件，如仅某些尺寸不同，这些有变化的尺寸数字可用拉丁字母注写在同一图样中，另列表格写明其具体尺寸，如图 1.1.32 所示。

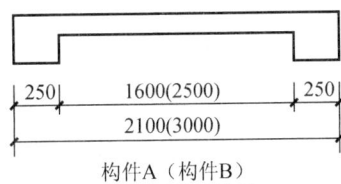

图 1.1.31 相似构配件尺寸的标注方法

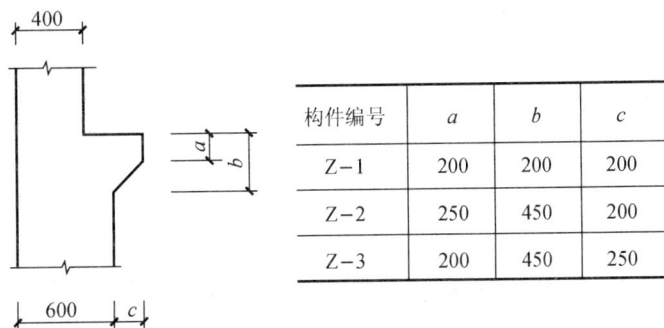

构件编号	a	b	c
Z-1	200	200	200
Z-2	250	450	200
Z-3	200	450	250

图 1.1.32 相似构配件尺寸的表格式标注方法

常见标注尺寸的正误对照如表 1.1.6 所示。

表 1.1.6　常见标注尺寸的正误对照

正确标注	错误标注
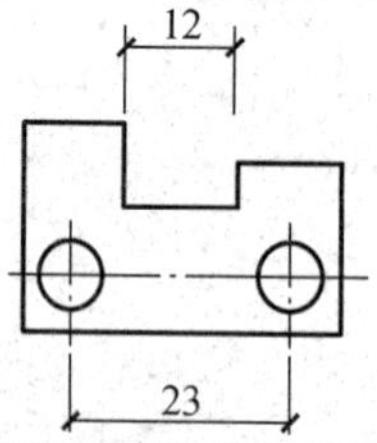	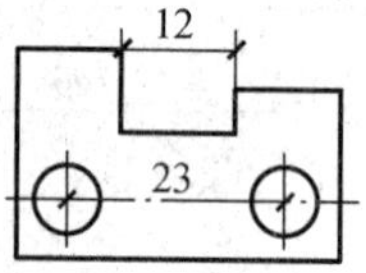
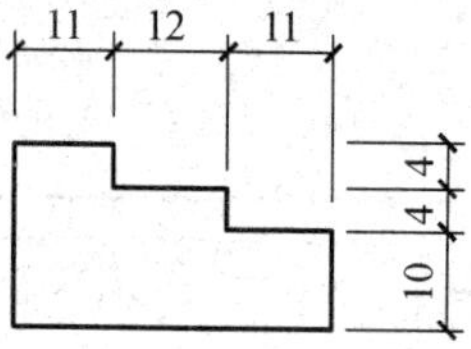	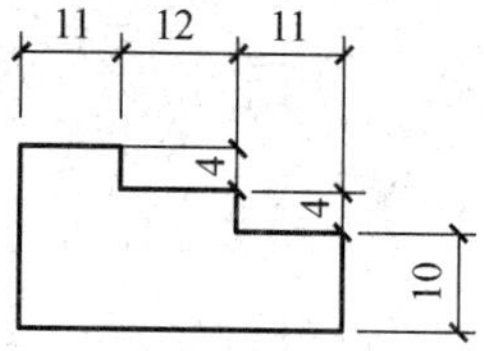
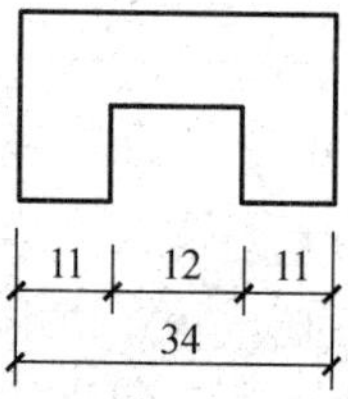	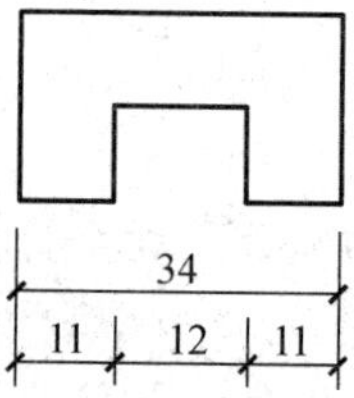
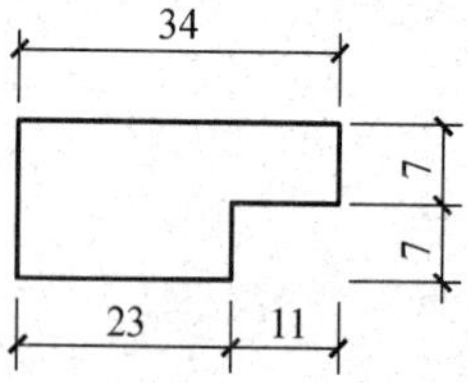	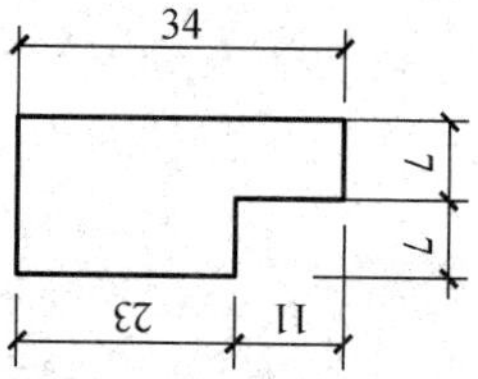
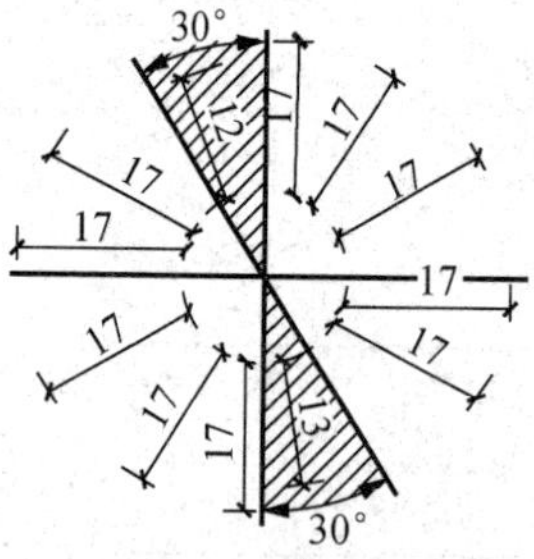	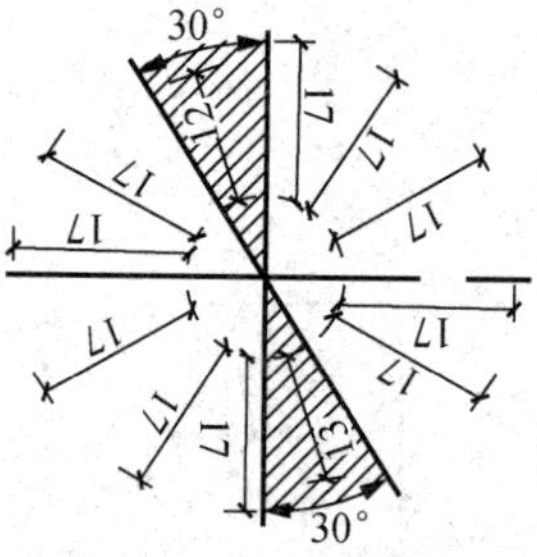

任务实施：国家制图标准在工程图样中的应用

国家制图标准规定内容在工程图样中的应用如图 1.1.33 所示。

1）图纸幅面为 A4，图框用粗实线绘制，图样内容分布在图框内。

2）图框右下角为标题栏，看图方向与标题栏方向一致。标题栏中有图纸名称"景观石桥"，并显示绘图比例为 1∶100。

3）图中的图线类型：图中采用了粗实线、细实线、点画线、虚线等线型表示相关内容。

4）尺寸标注：半径 R2000、14500、1800、5500、8000、4500、1500 等，单位是 mm。

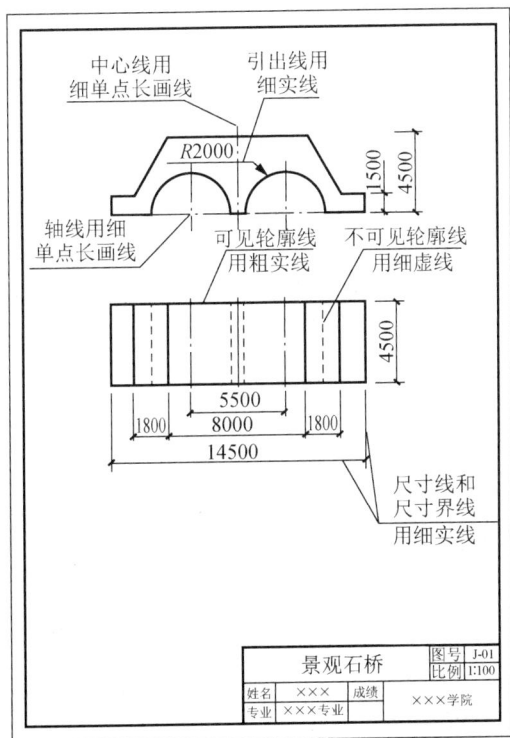

图 1.1.33 国家制图标准在工程图样中的应用

能力提升：巩固国家制图标准在实际工程图中的应用

如图 1.1.34 所示建筑工程图样，熟练掌握国家制图标准有关图幅、图框比例、字体、图线和尺寸注法等基本规定。

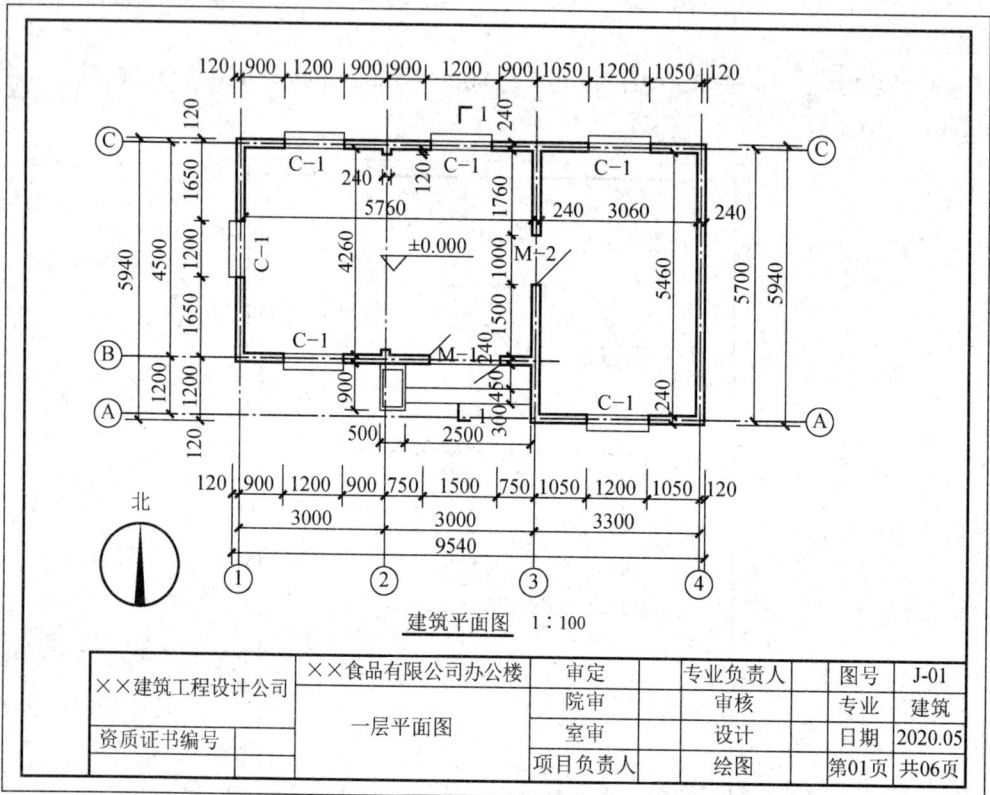

建筑平面图　1：100

××建筑工程设计公司	××食品有限公司办公楼	审定		专业负责人		图号	J-01
		院审		审核		专业	建筑
资质证书编号	一层平面图	室审		设计		日期	2020.05
		项目负责人		绘图		第01页	共06页

图 1.1.34　某办公楼一层平面图

学　习　页

学习情境二　绘制平面图形

━━━ 任务描述与任务分析 ━━━

任务描述：

用 A4 图纸，按 1∶1 的比例抄画图 1.2.1 所示景观路造型工程样图。

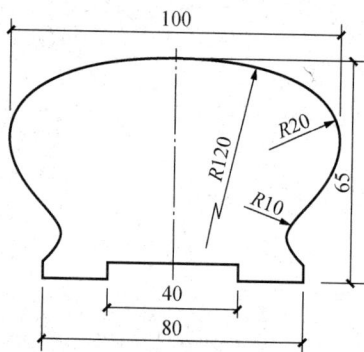

图 1.2.1　景观路造型工程图样

任务分析：

图 1.2.1 所示工程图样中，表达结构形状的图形是由直线、圆弧等构成的平面图形。要绘制平面图形，首先分析图中各线段的尺寸、连接关系，再确定正确的作图方法和步骤，并依据国家制图标准的相关规定，才能绘制出正确、规范的工程图样。

知识窗：国产 CAD 软件的快速发展

随着"中国制造 2025"的不断推进深化，制造企业加快实施转型升级，通过实现智能制造谋求更快发展。要实现生产制造智能化，除大力发展智能装备等硬件外，更需要工业软件扮演"大脑"的角色。CAD 软件作为工业软件的组成部分，广泛应用于产品研发、设计、加工等环节，是企业产品创新数字化的重要工具。CAD 软件的国产化程度对实现制造强国的目标有着重要意义。

令国人自豪的是，以中望软件为代表的本土软件厂商以"掌握 CAD 核心技术"为初心，20 年如一日坚持自主研发创新，让中国拥有了自己的二维 CAD 和三维 CAD/CAM 自主核心技术，改变了世界 CAD 技术格局，也让"中国制造 2025"进程有了更多的中国元素参与。

知识准备：平面图形绘制基础知识

一、绘图工具及使用方法

绘图工具和
仪器的使用

工程制图分为软件绘图和尺规绘图两种。

尺规绘图的常用工具主要有图板、丁字尺、三角板、曲线板、比例尺、分规、圆规、铅笔等。只有正确使用这些工具绘图才能提高制图的质量和效率，快速有效地绘制出各种图样。

1. 图板

图板是固定图纸用的工具。图板有大小不同的规格，其规格尺寸有 0 号（920mm×1220mm）、1 号（610mm×920mm）、2 号（460mm×610mm）、3 号（305mm×460mm）等。

图板板面要平滑光洁，绘制图纸时，使用胶带纸在图板上固定图纸，位置要适中以方便绘图，如图 1.2.2 所示。图板四周镶有硬木边框，两侧短边为工作边，图板的左边是丁字尺导边，平时使用图板时要注意保护图板的边，并且防止图板受潮。

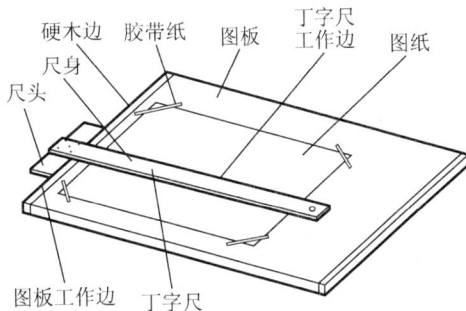

图 1.2.2　图板、图纸、丁字尺的使用

2. 丁字尺

丁字尺由互相垂直的尺头和尺身两部分组成，主要用来绘制水平方向的直线，与三角板配合还可以画铅垂线和斜线。

丁字尺有各种规格，一般与图板配套使用，使用时必须保持尺头内侧面垂直，紧贴图板工作边。画线时用左手推动丁字尺尺头沿图板边上下移动，当丁字尺调整到准确的位置后，压住丁字尺进行画线。绘制水平线时应从左画到右，画线开始和结束处，铅笔方向应与纸面垂直，画线过程中铅笔与纸面保持约 30°倾斜，如图 1.2.3 所示。注意，尺头不能靠图板的非工作边滑动画线。丁字尺不用时应挂起来，以免尺身翘起变形。

3. 三角板

三角板主要用于画铅垂线和倾斜线。一副三角板是两块分别具有 45°及 30°、60°的直角三角形透明板。三角板与丁字尺配合可以画出 15°、30°、45°、60°、75°的斜线以及相互垂直和平行的线，如图 1.2.4（a）所示。画线时铅笔应靠在三角板的左边自下而上进行，如图 1.2.4（b）所示。

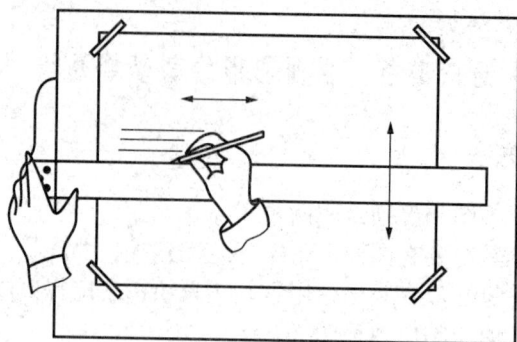

图 1.2.3　丁字尺的使用方法

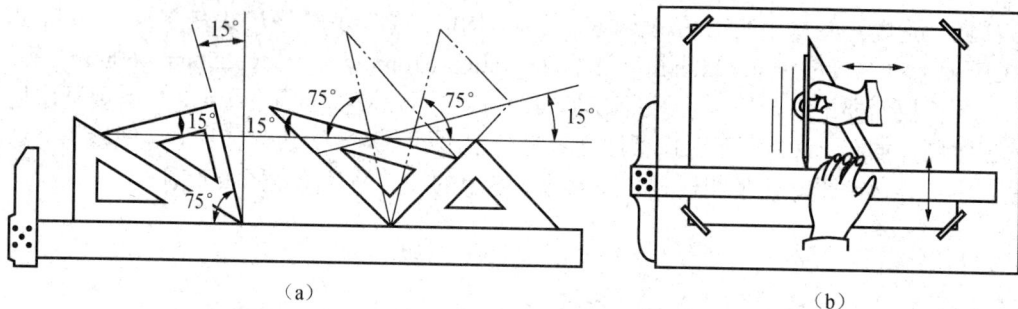

（a）

（b）

图 1.2.4　丁字尺与三角板的使用方法

4. 曲线板

　　曲线板是用来画非圆曲线的工具，它的轮廓线是由多段不同曲率半径的曲线组成的。画图时，先找出曲线上的若干点，再徒手用铅笔轻轻地把各点连起来。为使曲线光滑，相邻曲线段之间应保留一小段共同段作为过渡，即每次应有一小段与已画线段重合。曲线板的使用方法如图 1.2.5 所示。

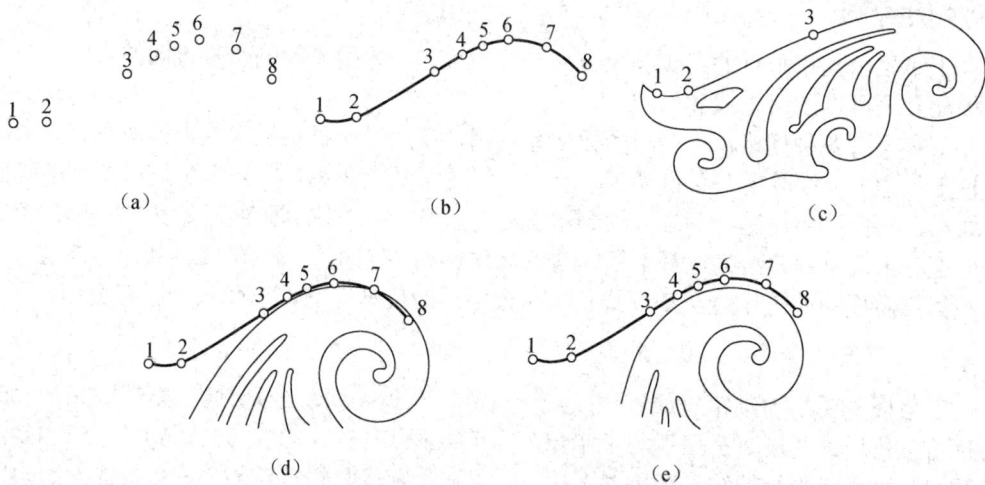

（a）

（b）

（c）

（d）

（e）

图 1.2.5　曲线板的使用方法

5. 比例尺

比例尺是用于按一定比例量取长度的专用量尺。常用的比例尺有比例直尺和三棱尺两种，如图1.2.6所示。

1）比例直尺：外形像普通的直尺，只有一行刻度上面刻有三种不同的比例。

2）三棱尺：外形呈三棱柱，三个面上有六种不同比例的刻度。

百分比例尺：上有1：100、1：200、1：300、1：400、1：500、1：600比例的刻度。

千分比例尺：上有1：1000、1：1250、1：1500、1：2000、1：2500、1：5000比例的刻度。

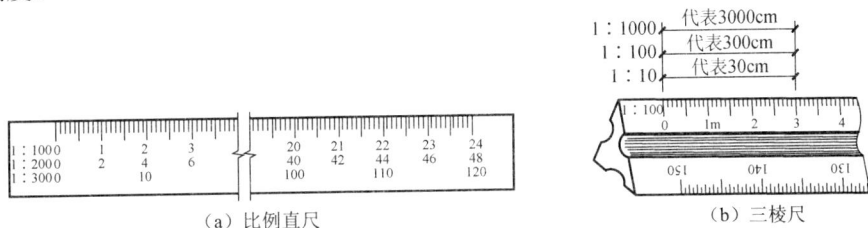

（a）比例直尺   （b）三棱尺

图1.2.6　比例尺

6. 绘图仪器

绘图仪器是用来绘制建筑图样的工具，常用的绘图仪器有圆规、分规等，这里主要介绍圆规和分规的使用方法。

（1）圆规及其附件

圆规是绘图仪器中的主要绘图工具，用来画圆及圆弧。其中一条腿有肘形关节，端部插孔内可装接各种插脚和附件。圆规的两腿并拢后，其针尖应略长于铅芯尖端。使用前，应将钢针与铅芯调整与纸面垂直，先将两脚分开至所需的半径尺寸，用左手食指把针尖放在圆心位置，将带针插脚轻轻插入圆心处，使带铅芯的插脚接触图纸，然后转动圆规手柄，沿顺时针方向画圆，转动时用力和速度都要均匀，并使圆规向转动方向稍微倾斜。圆或圆弧应一次画完。画小圆宜采用弹簧圆规，画圆的半径过大，可在肘形关节插孔内装接延伸杆，然后再在延伸杆插孔内装接插脚，调整针尖与铅芯使其均垂直于纸面，左手按住针尖，右手转动带铅芯的插脚画图。圆规的使用方法如图1.2.7所示。

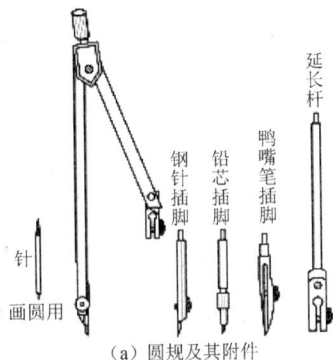

（a）圆规及其附件

图1.2.7　圆规的使用方法

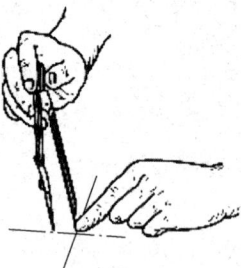

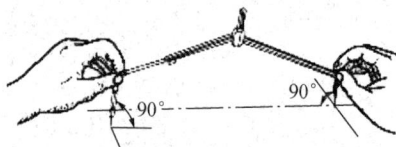

（b）使用方法　　　（c）画一般大小的圆或圆弧的方法　　　（d）画较大的圆或圆弧的方法

图 1.2.7　（续）

（2）分规

分规是用来量取线段和等分线段的工具，其形状像圆规，但两腿都为钢针。使用前应调整分规的两个针尖使其平齐。当从比例尺上量取长度时，针尖不要正对尺面，应使针尖与尺面保持倾斜。用分规等分线段时，通常采用试分法。分规的使用方法如图 1.2.8 所示。

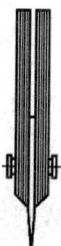

（a）针尖并拢后应对齐　　　（b）用分规截取长度　　　（c）用分规等分线段

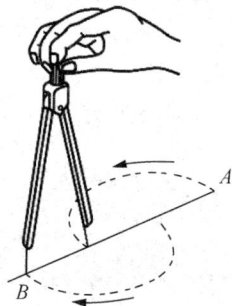

图 1.2.8　分规的使用方法

7. 绘图用品

常用的绘图用品有图纸、绘图铅笔、擦图片、建筑模板、橡皮擦、小刀、砂纸和胶带等。

（1）图纸

图纸分为绘图纸和描图纸两种。

① 绘图纸：要求纸面洁白、质地坚实，橡皮擦拭不易起毛，画墨线时不渗透。在绘图时要鉴别图纸的正反面，要使用正面来绘图。

② 描图纸：用于描绘复制蓝图的墨线图，要求纸张洁白、透明度好。描图纸薄而脆，使用时应避免折皱，防止受潮。

（2）绘图铅笔

绘图铅笔用于画图和写字，其铅芯有软硬之分，分别用字母 B 和 H 表示。B 字母前的数字越大，表示铅芯越软，画线越黑；H 字母前的数字越大，表示铅芯越硬，画线越淡。HB 介于软硬之间。绘图时可根据不同的使用要求，准备以下几种硬度不同的铅笔。

① B 或 HB：画粗实线用。

② HB 或 H：画箭头和写字用。

③ H 或 2H：画各种细线和画底稿用。

削绘图铅笔时应保留标号，以便识别铅笔的软硬度。写字及画细线的铅笔头应磨成圆锥形，如图 1.2.9（a）所示；画粗线的铅笔头应磨成四棱柱形，其断面成矩形，如图 1.2.9（b）所示。画图时，应使铅笔向运动方向倾斜 30°，用力得当，匀速前进，如图 1.2.9（c）所示。

（3）擦图片

擦图片又叫擦线板，用来修改图样，薄片上有各种形状的孔。使用时，应将擦图片盖在图面上，使画错的线在擦图片上适当的模孔内露出来，然后用橡皮擦拭，这样可以防止擦去近旁画好的图线，有助于提高绘图速度，如图 1.2.10 所示。

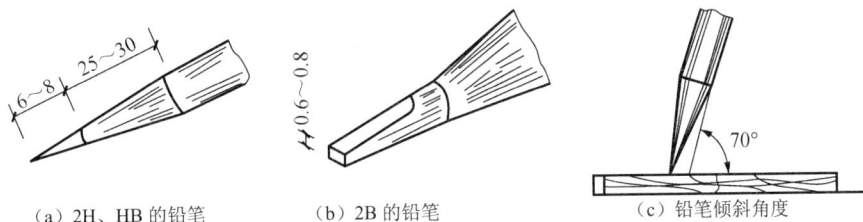

（a）2H、HB 的铅笔   （b）2B 的铅笔   （c）铅笔倾斜角度

图 1.2.9 绘图铅笔的使用方法

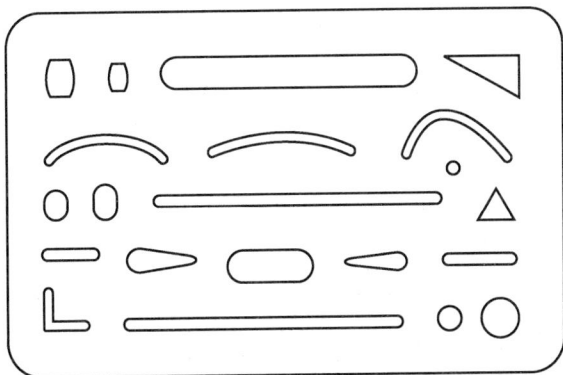

图 1.2.10 擦图片

（4）建筑模板

在手工制图条件下，为了提高制图的质量和速度，人们把建筑工程专业图中常用的符号、图例和比例尺刻在透明的塑料薄板上，制成供专业人员使用的尺子就是制图模板。建筑制图中常用的模板有建筑模板、结构模板、装饰模板等，如图 1.2.11 所示为建筑模板。

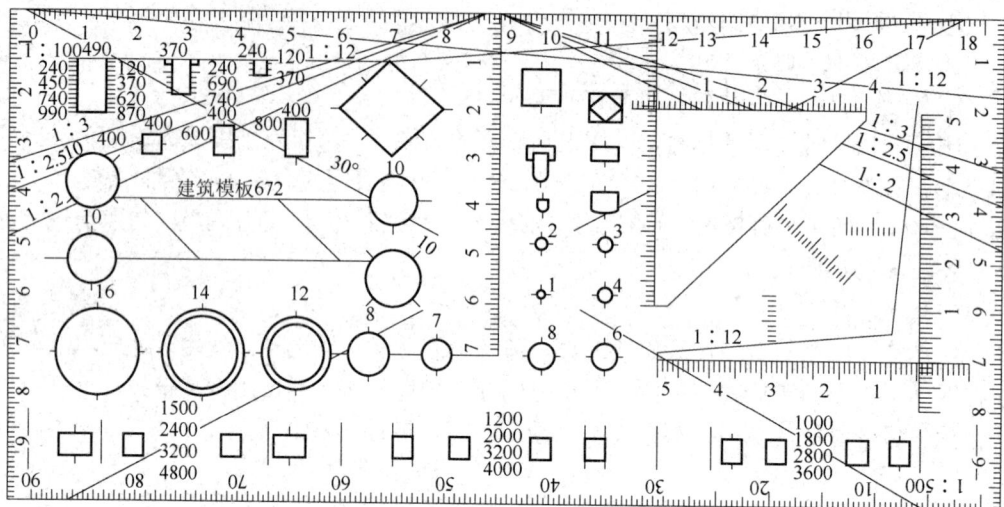

图 1.2.11　建筑模板

二、平面几何作图方法

平面几何作图在建筑制图中广泛应用。下面介绍常用的平面几何作图方法。

1. 用三角板作一直线平行（垂直）于已知直线

作图步骤（图 1.2.12）：

① 三角板 Ⅱ 的一尺边对准已知直线 AB，并与三角板 Ⅰ 的一尺边靠紧。

② 按住三角板 Ⅰ，三角板 Ⅱ 靠紧三角板 Ⅰ 的尺边移动至所需位置，沿原尺边画出与 AB 平行的直线。

③ 按住三角板 Ⅱ，将三角板 Ⅰ 的直角边靠紧三角板 Ⅱ 的原尺边移动到所需的位置，画出 AB 的垂直线。

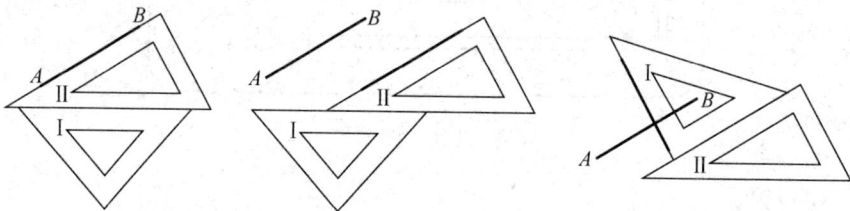

图 1.2.12　作一直线平行（垂直）于已知直线

2. 线段和角的等分

（1）线段的任意等分

作图步骤（图 1.2.13）：

① 已知直线段 AB，过 A 点作任意直线 AC，用直尺在 AC 上从 A 点起截取任意长

度的五等分，得 1、2、3、4、5 点。

② 连接 B5，过其他点分别作直线平行于 B5，交 AB 于四个等分点，即为所求。

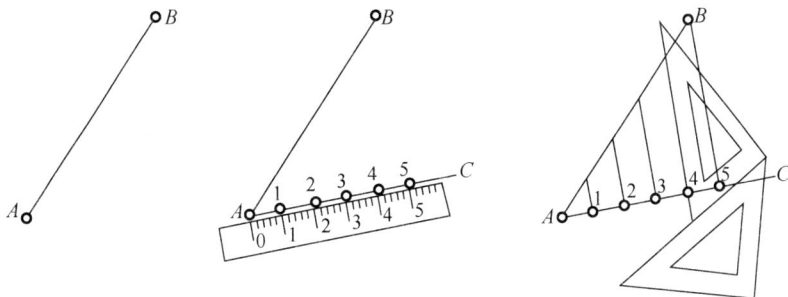

图 1.2.13 等分线段

（2）等分平行线

作图步骤（图 1.2.14）：

① 已知平行线 AB 和 CD，将直尺的 0 点置于 CD 上，调整尺身使刻度 5 落在 AB 上，截得 1、2、3、4 各等分点。

② 过各等分点作 AB（或 CD）的平行线，即为所求。

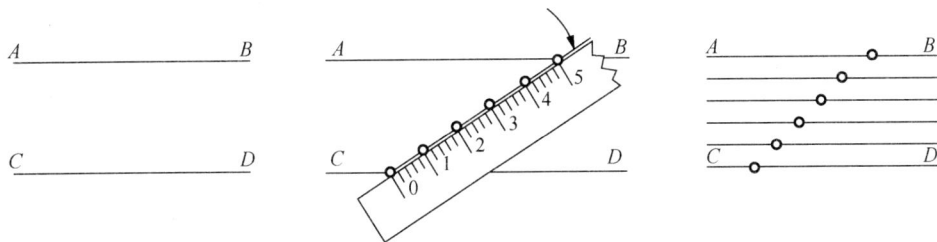

图 1.2.14 等分平行线

（3）等分角度

作图步骤（图 1.2.15）：

① 以 O 为圆心，任意长为半径作弧，交 OB 于 C，交 OA 于 D。

② 分别以 C、D 为圆心，以相同半径 R 作弧，两弧交于点 E。

③ 连接 OE，即为所求分角线。

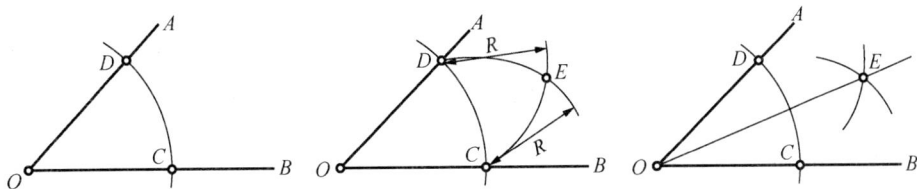

图 1.2.15 等分角度

3. 等分圆周

（1）作正三角形等分圆周

1）用圆规和三角板作圆的内接正三角形。

作图步骤（图1.2.16）：

以 D 为圆心，R 为半径作弧交圆于 B、C 两点。连接 AB、BC、CA，即得圆内接正三角形。

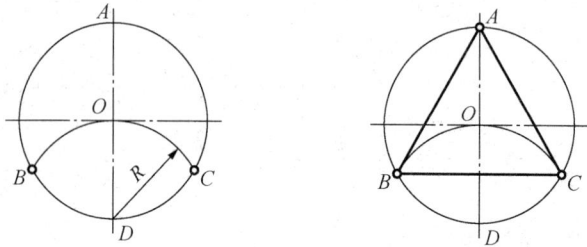

图 1.2.16 用圆规和三角板作圆的内接正三角形

2）用丁字尺和三角板作圆的内接正三角形。

作图步骤（图1.2.17）：

将 30°三角板的短直角边靠紧丁字尺的工作边，沿斜边过 A 作直线 AB，水平翻转三角板，沿斜边过 A 作直线 AC，连接 B、C 两点，即得圆内接正三角形。

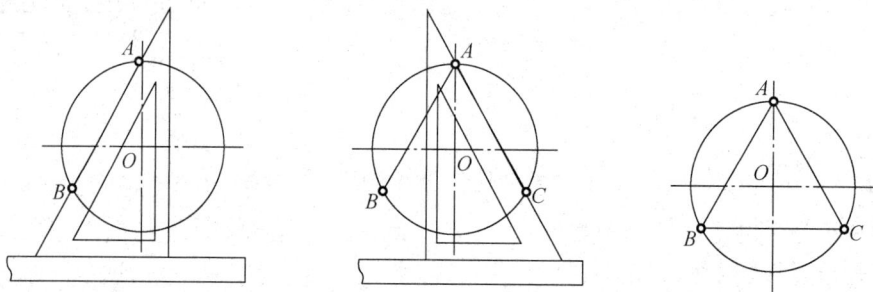

图 1.2.17 用丁字尺和三角板作圆的内接正三角形

（2）作正四边形等分圆周

作图步骤（图1.2.18）：

将 45°三角板的直角边靠紧丁字尺的工作边，过圆心 O 沿斜边作直径 AC，翻转三角板，过圆心 O 沿斜边作直径 BD，依次连接 AB、BC、CD、DA，即得圆内接正四边形。

（3）作正五边形等分圆周

作图步骤（图1.2.19）：

① 作 OF 的垂直平分线交 OF 于点 G。

② 以 G 为圆心，AG 长为半径画弧交直径于点 H。

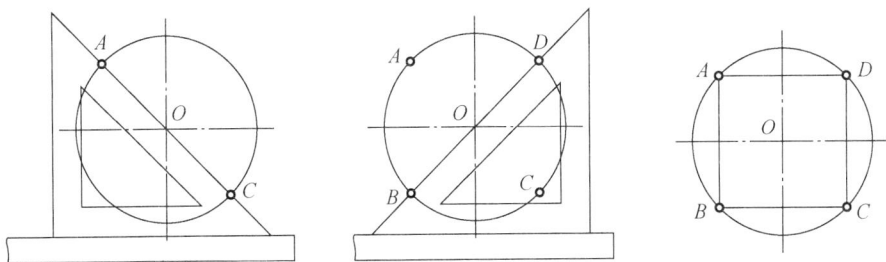

图 1.2.18　用丁字尺和三角板作圆的内接正四边形

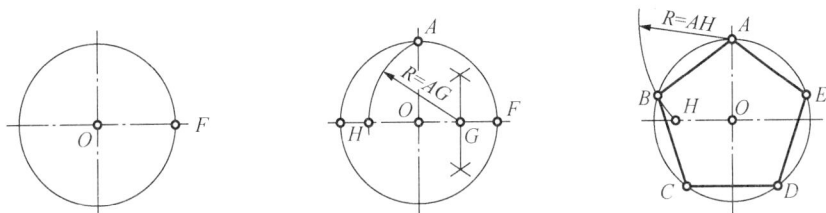

图 1.2.19　用圆规和三角板作圆的内接正五边形

③ AH 即为五边形的边长，用圆规以 AH 为边长等分圆周得五等分点 A、B、C、D、E。

④ 连接圆周各等分点，即得圆内接正五边形。

（4）作正六边形等分圆周

绘制正六边形，一般利用正六边形的边长等于外接圆半径的原理，因此，画正六边形只要知道外接圆的直径 D 即可。

作图步骤（图 1.2.20）：

分别以 A、D 为圆心，以圆半径 R 为半径作弧，交圆于 F、B、E、C，顺次连接圆上各点，即得正六边形 $ABCDEF$。

用三角板配合丁字尺，也可做圆的内接正六边形。绘制方法如图 1.2.20（b）所示。

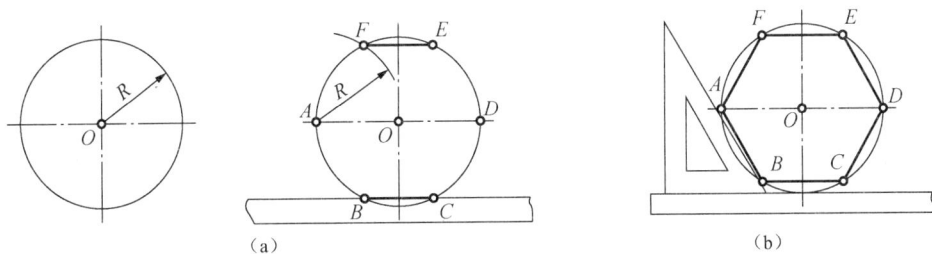

（a）　　　　　　　　　（b）

图 1.2.20　用圆规和三角板作圆的内接正六边形

4. 斜度和锥度

（1）斜度

斜度是指一条直线或一个平面对另一条直线或一个平面的倾斜程度，其大小用它们之间的角度 α 的正切值表示，通常把比值化为 $1:n$ 的形式，即

$$斜度\ S=\tan\alpha=H:L=1:(L/H)=1:n$$

斜度与锥度

29

绘图时斜度符号的方向应与斜度的方向一致，如已知直线段 AC 的斜度为 1：4，其画法及标注如图 1.2.21 所示。

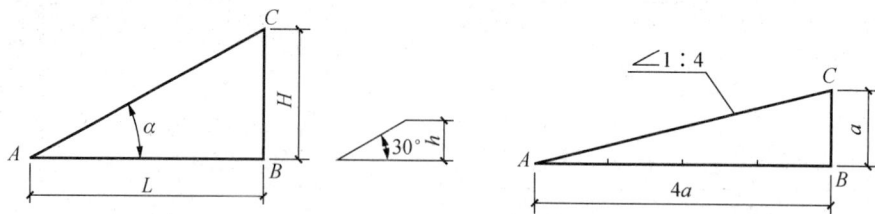

图 1.2.21　斜度的画法及标注

（2）锥度

锥度是指圆锥的底圆直径与高度之比，而圆台的锥度就是两个底圆直径之差与圆台高度之比。通常也是把比值化为 1：n 的形式，即

$$锥度\ C=D：L=(D-d)/l=2\tan(\alpha/2)$$

锥度符号应配置在基准线上，标注时，基准线应通过指引线与圆锥的轮廓素线相连，并且基准线与圆锥的轴线平行，锥度符号的方向应与圆锥方向一致。锥度的画法及标注如图 1.2.22 所示。

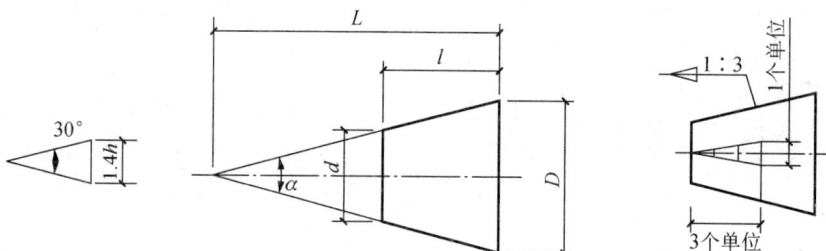

图 1.2.22　锥度的画法及标注

5. 圆弧连接

绘制工程图样时，需要用圆弧（半径为 R）去连接另外的已知圆弧（半径为 R_1、R_2）或直线，这类作图称为圆弧连接。圆弧连接的实质就是圆弧与圆弧，或圆弧与直线之间的相切，解决问题的关键在于正确地找出连接圆弧的圆心以及切点的位置。

由初等几何知识可知：当两圆弧以内切方式相连接时，连接弧的圆心要用 $R-R_1$、$R-R_2$ 来确定；当两圆弧以外切方式相连接时，连接弧的圆心要用 $R+R_1$、$R+R_2$ 来确定。圆弧连接的作图基本步骤如下。

圆弧连接

① 分清连接类别，求出连接弧的圆心。

② 定出切点。

③ 画连接圆弧（不超过切点）。

用手工绘图时，各种圆弧连接的画法如表 1.2.1 所示。

表 1.2.1　圆弧连接的画法

连接方式	圆弧连接的画法	作图说明
用半径为 R 的圆弧连接两已知相交直线 M、N		分别作两已知直线 M、N 的平行线 G、H，且使平行线的距离为 R，两线 G、H 的交点 O 即为连接弧的圆心；分别找出连接圆弧与直线 M、N 的切点 K_1、K_2，以 O 为圆心，R 为半径画出连接弧
用半径为 R 的圆弧连接两已知圆弧		分别以 O_1、O_2 为圆心，$R+R_1$、$R+R_2$（外切）或 $R-R_1$、$R-R_2$（内切）为半径画圆弧，两圆弧的交点即为连接弧的圆心 O；再分别找出连接弧与两已知弧的切点 K_1、K_2，以 O 为圆心，R 为半径画出连接弧
用半径为 R 的圆弧连接一直线和一圆弧		以 O_1 为圆心，$R+R_1$ 为半径画圆弧，并在距 AB 直线 R 处，作 AB 的平行线，直线与圆弧的交点即为连接弧的圆心 O；再分别找出连接弧与已知圆弧及直线的切点 K_1、K_2，以 O 为圆心，R 为半径画出连接弧

6. 椭圆的近似画法

常用的椭圆近似画法为四圆弧法，即用四段圆弧连接起来的图形近似代替椭圆。如果已知椭圆的长、短轴 AB、CD，则其近似画法的步骤如下。

① 连接 AC，以 O 为圆心，OA 为半径画弧交 CD 延长线于 E，再以 C 为圆心，CE 为半径画弧交 AC 于 E_1。

椭圆的画法

② 作 AE_1 线段的中垂线分别交长、短轴于 O_1、O_2，并作 O_1、O_2 的对称点 O_3、O_4，求出四段圆弧的圆心，然后连接 O_2O_1、O_2O_3、O_4O_1、O_4O_3 并延长。

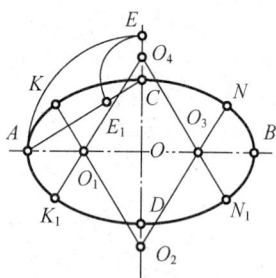

图 1.2.23　椭圆的近似画法

③ 分别以 O_1、O_3 和 O_2、O_4 为圆心，以 O_1A 或 O_3B 和 O_2C 或 O_4D 为半径作圆弧与 O_1O_2、O_2O_3、O_3O_4、O_4O_1 的延长线交于 K、N、N_1、K_1，它们即为四段圆弧的连接点。作图结果如图 1.2.23 所示。

三、平面图形的尺寸、线段分析与作图步骤

任何平面图形都是由若干线段（包括直线段、圆弧和曲线段）连接而成的，每条线段又由相应的尺寸来决定其长短（或大小）和位置。一个平面图形能否正确绘制出来，要看图中所给的尺寸是否齐全和正确。因此，绘制平面图形时应先进行尺寸分析和线段分析，明确作图步骤。

1. 平面图形的尺寸分析

（1）尺寸基准

标注尺寸的起点称为尺寸基准。通常以图形的对称中心线、较大圆的中心线、图形轮廓线作为尺寸基准。一个平面图形具有两个坐标方向的尺寸，因此，每个方向至少要有一个尺寸基准。尺寸基准也常是画图的基准，画图时，要从尺寸基准开始画。

（2）尺寸分类

根据尺寸的作用，平面图形中的尺寸可以划分为定形尺寸与定位尺寸两大类。

① 定形尺寸：确定几何元素大小的尺寸称为定形尺寸，如直线段的长度、圆弧的半径等。

② 定位尺寸：确定几何元素位置的尺寸称为定位尺寸，如圆心的位置尺寸、直线与中心线的尺寸等。

2. 平面图形的线段分析

平面图形中的线段依其尺寸是否齐全可分为三类。

（1）已知线段

具有齐全的定形尺寸和定位尺寸的线段为已知线段，作图时可根据已知尺寸直接绘出。

（2）中间线段

只给出定形尺寸和一个定位尺寸的线段为中间线段，其另一个定位尺寸可依靠与相邻已知线段的几何关系求出。

（3）连接线段

只给出线段的定形尺寸，定位尺寸可以靠其两端相邻的已知线段求出的线段为连接线段。

仔细分析上述三类线段的定义，不难得出线段连接的一般规律：在两条已知线段之间可以有任意中间线段，但有且只有一条连接线段。

3. 平面图形作图步骤

（1）绘制图形的基准线

画已知线段，即有齐全的定形尺寸和定位尺寸的线段。作图时，可以根据这些尺寸先行画出基准线。

（2）画中间线段

画只给定形尺寸和一个定位尺寸的线段，需待与其一端相邻的已知线段作出后，才能作图确定其位置。

（3）画连接线段

画只给出定形尺寸，没有定位尺寸的线段，需待与其两端相邻的线段作出后，才能确定它的位置。

（4）校核

校核作图过程，擦去多余的作图线，描深图形。

任务实施：工程图样的绘制

1. 平面图形的尺寸分析

尺寸基准：平面图形对称中心线和 65 尺寸的下端面为两个方向的绘图基准。

定形尺寸：40、80、$R120$、$R10$、$R20$、5。

定位尺寸：65、100。

2. 平面图形的线段分析

已知线段：$R120$、40、80、5、65。

中间线段：$R20$。

连接线段：$R10$。

3. 平面图形的绘制方法和步骤

画底稿的一般步骤为先画图框、标题栏，后画图形。画图形时，先画轴线或对称中心线，再画主要轮廓，然后画细部。

1）分析图形及其尺寸，判断各线段和圆弧的性质。

2）画基准线、定位线和已知线段，如图 1.2.24（a）所示。

3）画中间线段，如图 1.2.24（b）所示。

4）画连接线段，如图 1.2.24（c）所示。

5）擦去不必要的图线，标注尺寸，按线型描深，如图 1.2.24（d）所示。

6）绘制尺寸界线、尺寸线及箭头，注写尺寸数字，书写其他文字、符号，最后填写标题栏。完成后工程图样如图 1.2.25 所示。

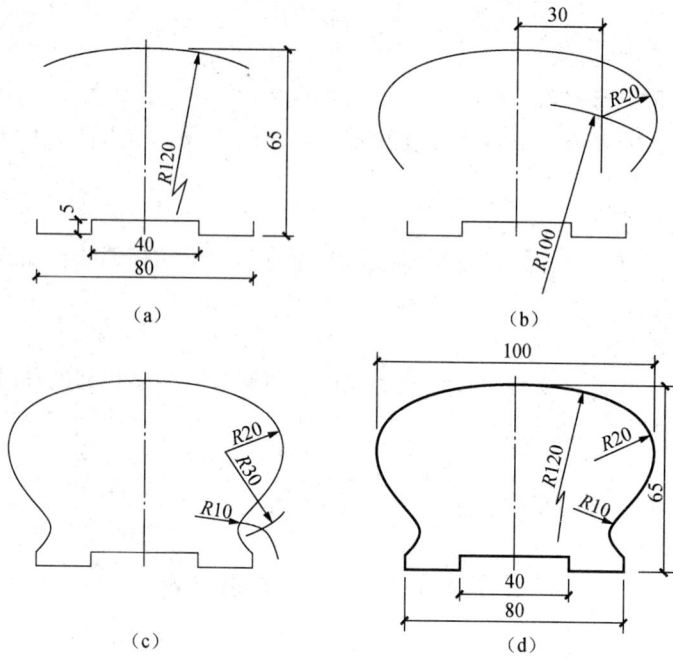

（a）　　　　　　　　　　　　　　　（b）

（c）　　　　　　　　　　　　　　　（d）

图 1.2.24　平面图形的绘制步骤

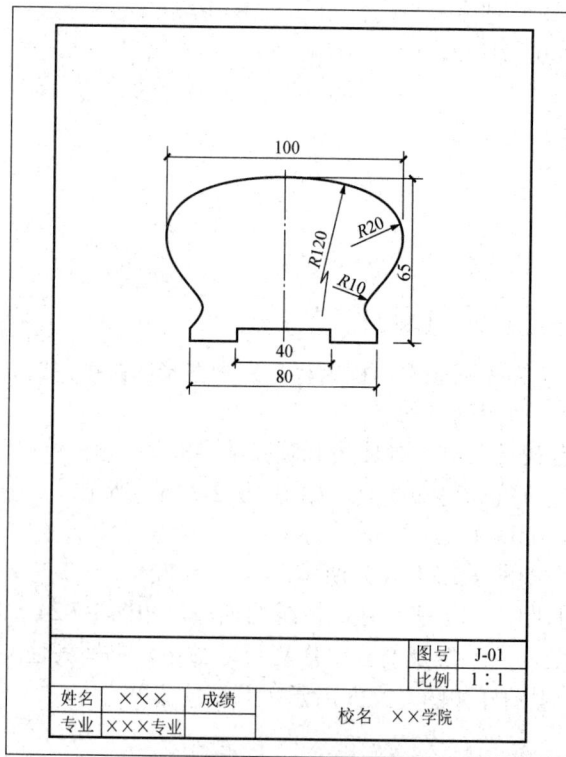

| 图号 | J-01 |
| 比例 | 1：1 |

| 姓名 | ×××　成绩 | |
| 专业 | ×××专业 | 校名　××学院 |

图 1.2.25　工程图样

能力提升：按比例抄画给定平面图

用 A4 图纸，按照 1 : 1 的比例抄画图 1.2.26 所示平面图形，并标注尺寸。

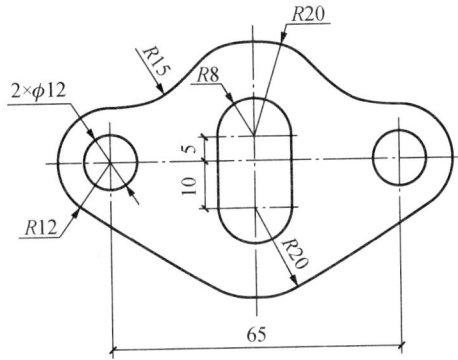

图 1.2.26 平面图形

学　习　页

绘制基本体三视图

▌思政目标　通过学习三投影体系的建立和三视图的形成，培养逻辑思维与辩证思维能力，用唯物辩证法的思想看待和处理问题，形成科学的世界观和方法论。培养敬业、精益、专注的匠心精神。

▌学习目标　掌握投影的基本概念和投影的基本性质。
掌握点、直线、平面的投影特征。
掌握基本体三视图的基本原理和绘制方法。

▌技能目标　能根据点、直线、平面的投影规律和作图方法，正确地绘制三视图。
掌握三视图的概念，初步培养学生"空间—平面"的思维能力，具有一定的空间分析和想象能力。

▌学习提示　投影法是工程制图的基本理论。工程制图依靠投影法来确定空间几何形体在平面图纸上的图形。通过投影法，就可利用平面图形正确地表达形体的形状。
点、直线、平面是构成形体的最基本的几何要素，建筑工程图中的各部件，从几何构成角度分析，都可以看作是由一些形状简单的几何体组合而成的。为了正确表示各种形体，需要牢固掌握点、直线、平面的投影规律及投影特性。
本模块以绘制基本体三视图为主要任务，讲解正投影作图原理和方法，重点培养空间思维和形体分析能力，为基本体的投影作图提供理论依据和方法。

学习情境一　绘制基本图形的投影图

任务描述与任务分析

任务描述：

如图 2.1.1 所示形体，分析形体上线段 *AB* 的位置特点，绘制其三视图，并分析其投影规律。

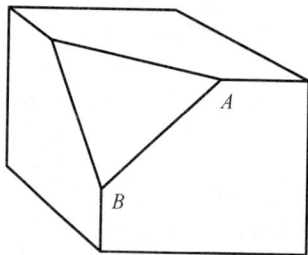

图 2.1.1　形体的立体图

任务分析：

要完成上述任务，首先应掌握绘制视图的原理——正投影法，其次应掌握三视图的投影规律，分析线段 *AB* 的位置特点，并根据位置绘制三视图。

知识窗：投影的由来

中国古代有关投影理论记载最早见于《诗经·公刘》的"既景乃冈，相其阴阳"。《周礼·考工记》提出了利用水准及太阳地球关系找水平、定方位的方法。这说明当时利用投影来确定方位的方法已应用于工程之中。

对中心投影的记载最早见于南宋画家宗炳所著《画山水序》。该著作以简洁的语言，论述了观察者所见同一景物的范围、大小和距离的关系，是中国古代透视理论最为系统的总结。同一物体，距离太近，不见全貌，距离加远，反而可看清轮廓，这是近大远小的缘故。

知识准备：基本图形投影图绘制基础知识

一、投影的形成及投影法的分类

1. 投影的形成

在日常生活中可以看到一种自然现象，当阳光或灯光照射物体时，会在墙面或地面上产生影子。这个影子只能反映出形体的外轮廓，而没有反映出形体的形状，且影子的位置和大小随着光线照射角度或距离而改变，如图 2.1.2（a）所示。

投影的形成和分类

人们从影子中得到启发，假设光线能穿透物体，将物体表面上的各个点和线都在承接影子的平面上落下它们的影子，使这些点、线的影子组成能够反映物体形状的"线框图"，这种"线框图"称为投影，如图 2.1.2（b）所示。这种把空间形体转化为平面图形的方法称为投影法。投影法是绘制工程图样的基本原理。

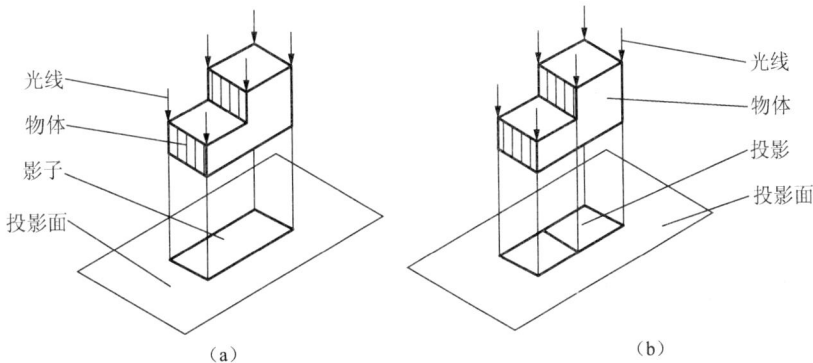

（a）   （b）

图 2.1.2 影子与投影的区别

投影的三要素：投影线、形体、投影面。

在制图上，把发出光线的光源称为投影中心，光线称为投影线，光线的射向称为投影方向，落影的平面称为投影面。用投影法画出物体的图形称为投影图，习惯上也将投影物体称为形体。投影图的形成如图 2.1.3 所示。

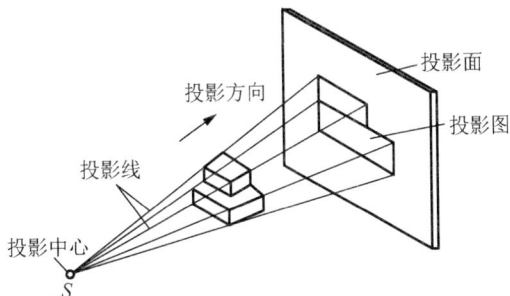

图 2.1.3 投影图的形成

工程中常用的投影图有正投影图、轴测投影图、透视投影图、标高投影图，如图 2.1.4 所示。其各自特点在后续模块中均有描述。

（a）正投影图　　　　（b）轴测投影图　　　　（c）透视投影图

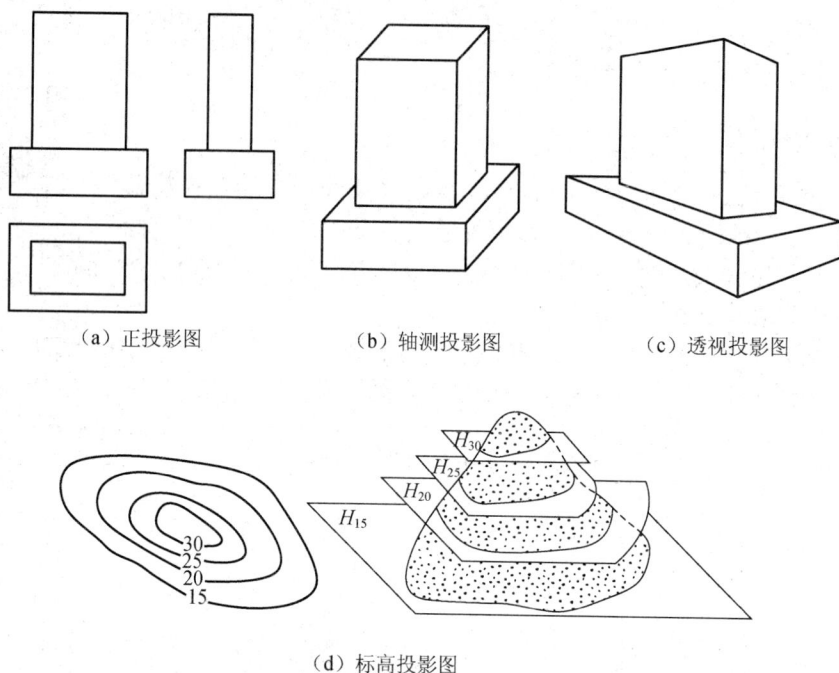

（d）标高投影图

图 2.1.4　工程中常用的投影图

2. 投影法的分类

根据投射线间的相对位置，投影法分为中心投影法和平行投影法两大类。

（1）中心投影法

所有的投射线都汇交于一点的投影法称为中心投影法。用这种方法得到的投影称为中心投影，如图 2.1.5（a）所示。

中心投影度量性较差，其投影的大小随投射中心、物体和投影面之间的相对位置的改变而改变，不反映物体的真实形状，工程图样中很少采用。但它的立体感较强，因此它常用于建筑物的透视图。

（2）平行投影法

所有的投影线互相平行的投影法称为平行投影法，其特点是投影线互相平行，所得投影的大小与物体离投影中心的远近无关。根据投影线与投影面之间的位置关系，平行投影法又分为斜投影法和正投影法两种。

1）投射线倾斜于投影面的平行投影法称为斜投影法。根据斜投影法所得到的图形称为斜投影（斜投影图），如图 2.1.5（b）所示。

2）投射线垂直于投影面的平行投影法称为正投影法。根据正投影法所得到的图形称为正投影（正投影图），如图 2.1.5（c）所示，它是工程中最主要的图样。优点是能准确地反映物体的形状和大小，作图方便，度量性好；缺点是立体感差，不宜看懂。

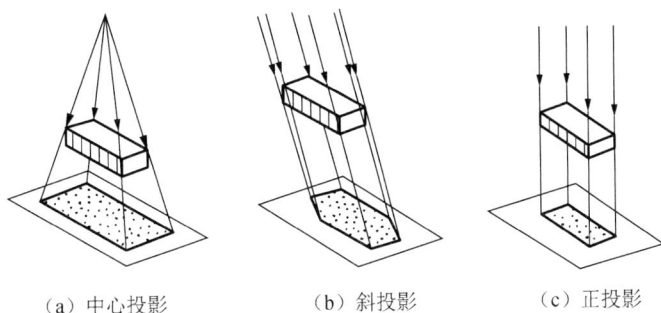

（a）中心投影　　　（b）斜投影　　　（c）正投影

图 2.1.5　投影的分类

二、正投影的基本性质

正投影具有以下基本特性。

1. 显实性（或实形性）

当直线或平面平行于投影面时，它们的投影反映实长或实形。投影的这种性质称为显实性（或实形性），如图 2.1.6 所示。

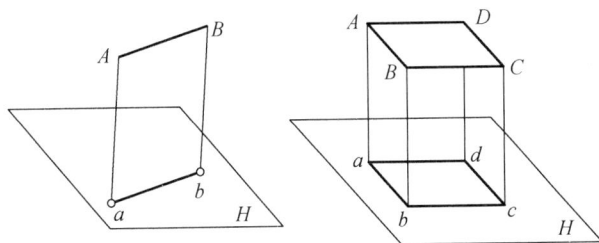

图 2.1.6　投影的显实性

2. 积聚性

当直线或平面垂直于投影面时，其投影积聚于一点或一直线。这样的投影称为积聚投影。投影的这种性质称为积聚性，如图 2.1.7 所示。

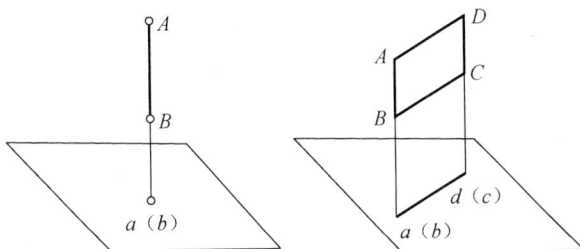

图 2.1.7　投影的积聚性

3. 类似性

直线或平面不平行于投影面时（垂直于平面除外），点的投影仍是点，直线的投影仍是直线，平面的投影仍是平面。其投影形状是空间形状的类似形，因而把投影的这种性质称为类似性，如图 2.1.8 所示。

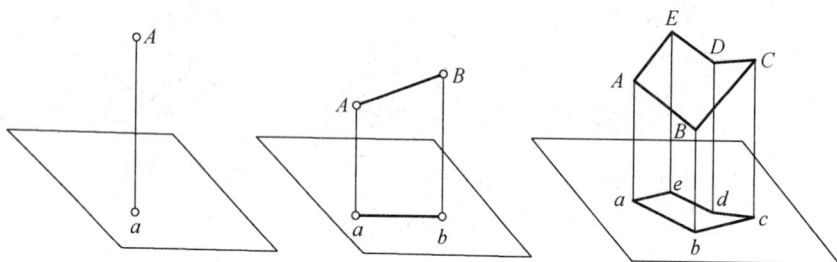

图 2.1.8 投影的类似性

4. 平行性

当空间两直线互相平行时，它们在同一投影面上的投影仍互相平行。平行投影的这种性质称为平行性，如图 2.1.9 所示。

5. 从属性与定比性

点在直线上，则点的投影必定在直线的投影上。这一性质称为从属性。点分线段的比例等于点分线段的投影所成的比例，这一性质称为定比性，即 $AB/BC=ab/bc$，如图 2.1.10 所示。

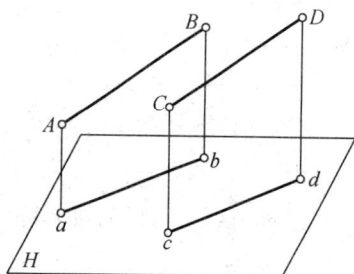

图 2.1.9 投影的平行性

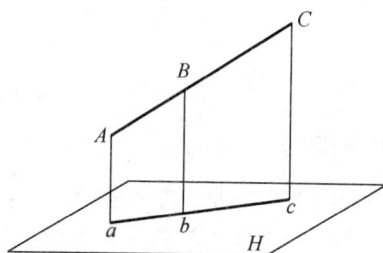

图 2.1.10 投影的从属性与定比性

三、三视图的形成及投影规律

1. 三视图的由来

用一个投影图来表达物体的形状是不够的。如图 2.1.11 所示，两个不同的物体，即使它们在同一投影面上的投影完全相同，也不能据此确定两个物体的空间形状和大小。因此，在工程上常用多个投影图来表达物体的形状和大小，基本的表达方法是采用三面正投影图，在制

三视图形成及
投影规律

图中称为三视图。

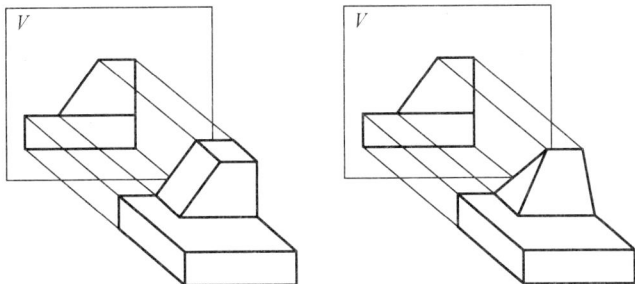

图 2.1.11 一个投影不能确定物体的形状和大小

2. 三面投影体系的建立

在工程图样的绘制中首先要建立一个三面投影体系，如图 2.1.12 所示，即三个相互垂直的投影面——H 面、V 面、W 面。其中，H 面为水平投影面，V 面为正立投影面，W 面为侧立投影面。H、V、W 三个面的交线 OX、OY、OZ 称为投影轴，分别简称为 X 轴、Y 轴、Z 轴。三轴互相垂直相交于一点 O，O 称为原点。

3. 三视图的形成

进行形体投影时，把形体放在三面投影体系中，并尽可能使形体的多数表面（或主要表面）平行或垂直于投影面（即形体正放），以便使它们的投影反映表面的实形。形体在三投影面体系中的位置一经选定，在投影过程中是不能移动或变更的，直到所有投影都绘制完毕。形体的位置确定后，其长、宽、高及上下、左右、前后的方位即确定，然后用正投影法向各投影面投射，可分别得到正面投影、水平投影和侧面投影。形体的正面投影称为主视图（即从前向后投射所得到的图形），形体的水平投影称为俯视图（即从上向下投射所得到的图形），形体的侧面投影称为左视图（即从左向右投射所得到的图形），三者即形体的三视图，如图 2.1.13 所示。

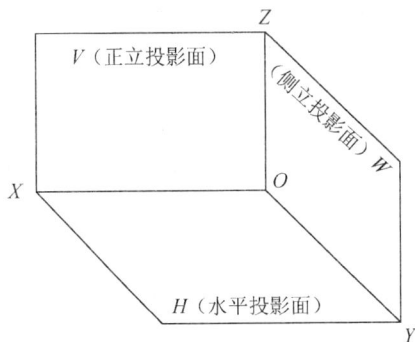

图 2.1.12 三面投影体系

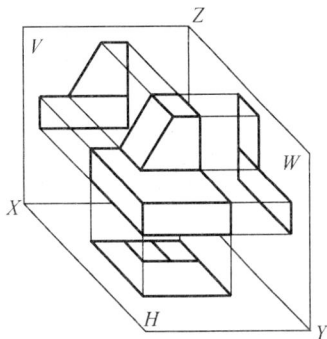

图 2.1.13 三视图的形成

4. 三视图的展开

三视图分别位于三个投影面上，画图时非常不方便。在实际绘图时，这三个投影图要画在一张图纸上（同一个平面上）。为此，要将投影面展开，如图 2.1.14 所示。展开时保持 V 面不动，将 H 面绕 OX 轴向下旋转 $90°$，将 W 面绕 OZ 轴向右旋转 $90°$，这样，三个投影面便位于同一绘图平面上了，如图 2.1.15（a）所示。这时，Y 轴分为两条，随 H 面旋转的记为 Y_H，随 W 面旋转的记为 Y_W。

从上述三视图的形成过程可知，各面投影图的形状和大小均与投影面的大小无关。可以想象，如果形体上、下、前、后、左、右平行移动，该形体的三视图仅在投影面上的位置有所变化，而其形状和大小是不会发生变化的，即三视图的形状和大小与形体和投影面的距离，即与投影轴的距离无关。因此，在画三视图时，一般不画出投影面的大小（即不画出投影面的边框线），也不画出投影轴，如图 2.1.15（b）所示。

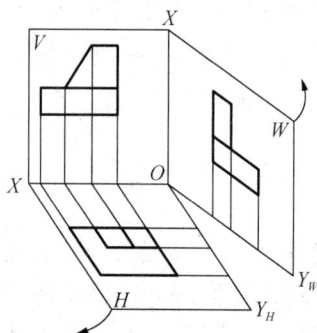

图 2.1.14　三个投影面的展开

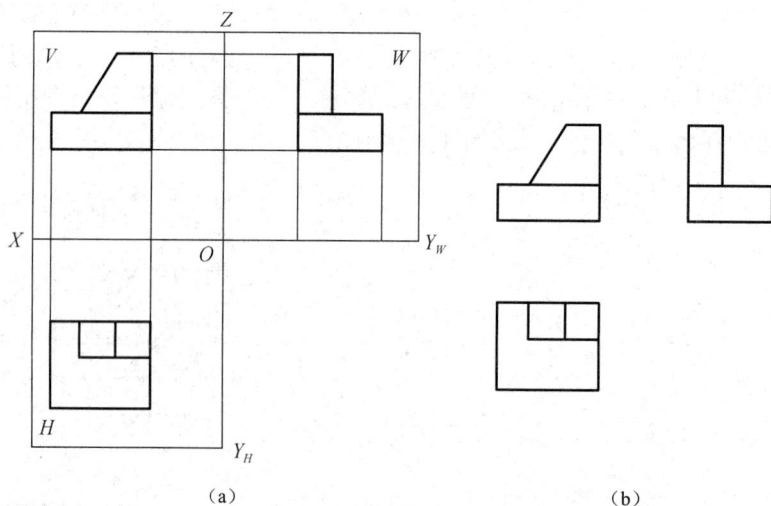

（a）　　　　　　　　　　　　　　　（b）

图 2.1.15　展开后的三视图

5. 三视图的对应规律

三视图之间、形体和三视图之间存在着以下投影规律。

（1）三视图间的位置关系

以主视图为准，俯视图在它的正下方，左视图在它的正右侧，位置固定，不必标注，如图 2.1.15（b）所示。

（2）三视图间的对应关系

1）每个视图所反映的形体尺寸情况。形体的 X 轴方向尺寸称为长度。Z 轴方向尺寸称为高度。Y 轴方向尺寸称为宽度。由三视图的形成可知，每个视图都表示形体两个方向的尺寸，如图 2.1.15（a）所示。

主视图：反映了形体上下方向的高度尺寸和左右方向的长度尺寸。

俯视图：反映了形体左右方向的长度尺寸和前后方向的宽度尺寸。

左视图：反映了形体上下方向的高度尺寸和前后方向的宽度尺寸。

2）三视图间的投影关系。每个视图所反映形体的尺寸情况及投影关系，如图 2.1.15（a）所示。

主视图、俯视图中相应投影（整体或局部）的长度相等，并且对正。

主视图、左视图中相应投影（整体或局部）的高度相等，并且平齐。

俯视图、左视图中相应投影（整体或局部）的宽度相等。

通常概括为"长对正、高平齐、宽相等"。这个规律是画图和读图时的根本规律，无论是对整个形体还是形体的局部，其三视图都必须符合这个规律。

（3）形体与三视图的方位关系

任何一个形体都有六个方位，由三视图的形成可知，每个视图都表示形体的四个方位，形体的水平投影反映左右和前后四个方位；正面投影反映左右和上下四个方位；侧面投影反映上下和前后四个方位，如图 2.1.16 所示。

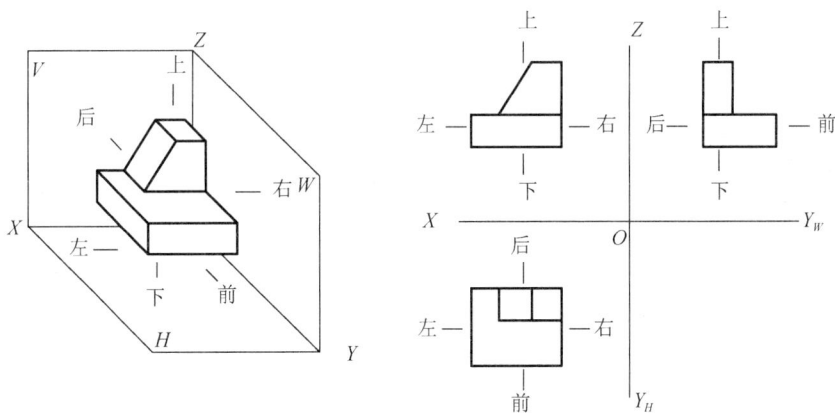

图 2.1.16　形体与三视图的方位关系

6. 三面投影的基本画法

绘制形体的投影图时，应按照投影方向将形体上的棱线和轮廓线都画出来，其中可见的线用实线表示，不可见的线用虚线表示，当虚线和实线重合时只画出实线。其具体步骤如下。

① 根据各投影图的比例与图幅大小的关系，在图纸上适当安排三个投影的位置，如为对称图形，则先作出对称轴线。选择水平投影面、正立投影面和侧立投影面时，要尽量减少三个投影图上的虚线。

② 绘制正面投影图，即先从最能反映形体特征的投影画起。

③ 根据"长对正、高平齐、宽相等"的投影关系作出其他两个投影。

四、点的投影

1. 点投影的形成

如图 2.1.17 所示，过空间 A 点向 H 面作垂直投射线，该投射线与 H 面的交点 a 即为 A 点在 H 面上的正投影。A 这个正投影是唯一确定的。但是，点的正投影 a 却不唯一对应空间中 A 点的位置，因为位于投射线 Aa 上的所有点在 H 面上的正投影均与 a 点重合。所以，由点的一个正投影不能确定该点在空间的位置。

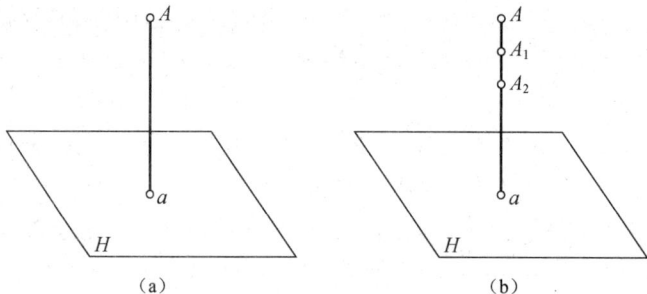

图 2.1.17　点的单面投影

如图 2.1.18 所示，建立包含 V 面和 H 面的投影体系，V 面和 H 面相交于轴线 OX。过空间中的 A 点，分别向 V 面和 H 面作单面正投影，可得到投影 a' 和 a。其中，a' 即为 A 点的正面投影，a 即为 A 点的水平投影。

同三面正投影的展开一样，将 H 面、V 面投影体系沿 OX 轴展开（H 面向下旋转 $90°$）即得到展开后点的两面投影图。

如图 2.1.19 所示，A 点位于三投影面体系的空间内，过 A 点分别向三个投影面作垂直投射线，可得到三个投影 a、a'、a''。其中，a'' 称为 A 点的侧面投影，也称为 W 面投影。将三个投影面展开在一个平面上，如图 2.1.19（b）所示。过 a 点的水平线与过 a'' 的竖直线刚好交于通过原点 O 的一条 $45°$ 斜线上，H 面投影与 W 面投影总满足此关系。

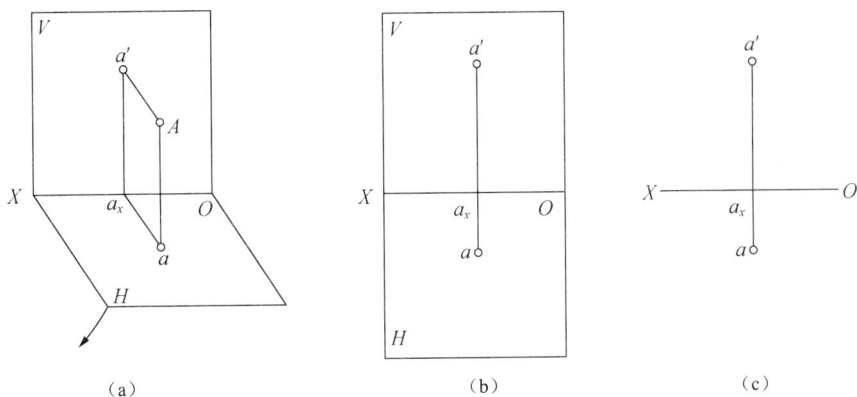

(a)　　　　　　　　　（b）　　　　　　　　　（c）

图 2.1.18　点在两面投影体系中的投影图

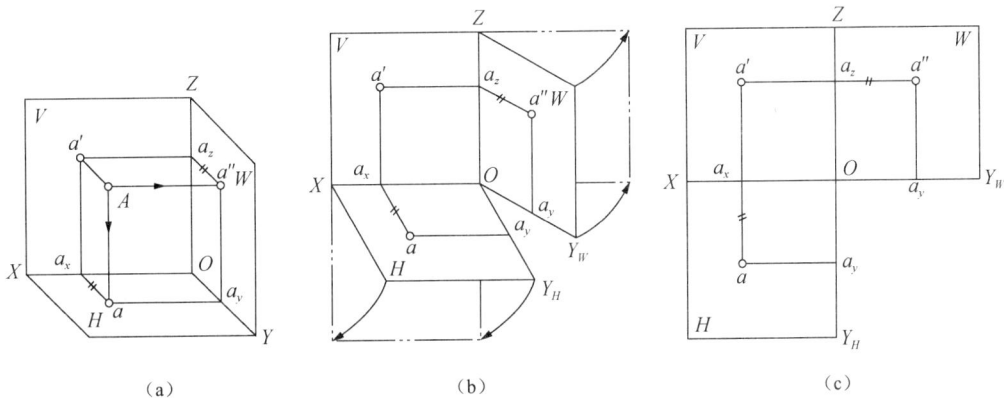

（a）　　　　　　　　　（b）　　　　　　　　　（c）

图 2.1.19　点在三面投影体系中的投影图

空间点及投影的表示方法规定：空间点用大写字母 A、B、C …标记；H 面上的投影用同名小写字母 a、b、c…标记；V 面上的投影用同名小写字母加一撇 a'、b'、c'…标记；W 面上的投影用同名小写字母加两撇 a''、b''、c''…标记。

2. 点的投影规律

由图 2.1.19（c）投影图可看出，点的投影存在以下规律。

① 点的正面投影与水平投影的连线一定垂直于 OX 轴，即 $a'a \perp OX$ 轴。

② 点的正面投影与侧面投影的连线一定垂直于 OZ 轴，即 $a'a'' \perp OZ$ 轴。

③ $aa_y=a'a_z=x=A$ 到 W 面的距离；$a'a_x=a''a_y=z=A$ 到 H 面的距离；$aa_x=a''a_z=y=A$ 到 V 面的距离。

上述可概括为：点的投影的连线垂直于相应的投影轴。点的投影到投影轴的距离，反映该点到相应投影面的距离。

根据投影的特性，可知点的两面投影确定点的空间位置；已知点在任意两面的投影，可求出点在第三面的投影。

【例 2-1】 已知 A 点的水平投影 a 和正面投影 a'，求其侧面投影 a''。

【解】 作图步骤：

① 过 a' 作 OZ 轴的垂线 $a'a_z$，所求点 a'' 必在 $a'a_z$ 的延长线上。

② 在 $a'a_z$ 的延长线上截取 $a_za''=aa_x$，a'' 即为所求。也可以 O 点为圆心作 45°辅助线，过 a 作 $aa_{yH}\perp OY_H$ 并延长交辅助线于一点，过此点作 OY_W 轴垂线交 $a'a_z$ 延长线于一点，即所求点 a''，如图 2.1.20 所示。

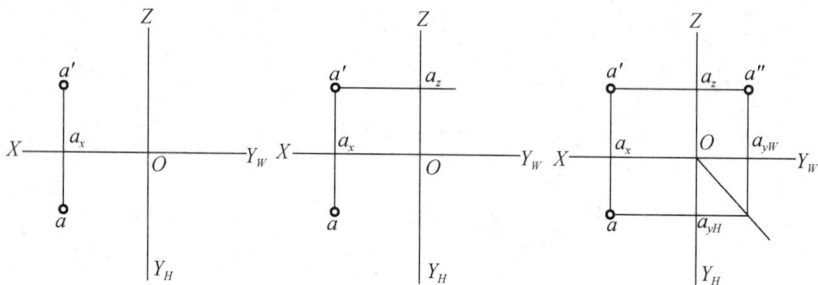

图 2.1.20 求点的第三面投影

如图 2.1.21 所示，将三面投影体系中的三个投影面看作是直角坐标系中的三个坐标面，则原点相当于坐标原点，三条投影轴相当于坐标轴，点 A 的空间位置可用其直角坐标（X,Y,Z）来表示，X 坐标反映空间 A 点到 W 面的距离；Y 坐标反映空间 A 点到 V 面的距离；Z 坐标反映空间 A 点到 H 面的距离。

点的一个投影能反映两个坐标，即 H 面投影由（X,Y）坐标确定，V 面投影由（X,Z）坐标确定，W 面投影由（Y,Z）坐标确定。若已知点的三面投影，即可以量出该点的三个坐标；相反，若已知点的坐标，也可以作出该点的三面投影。

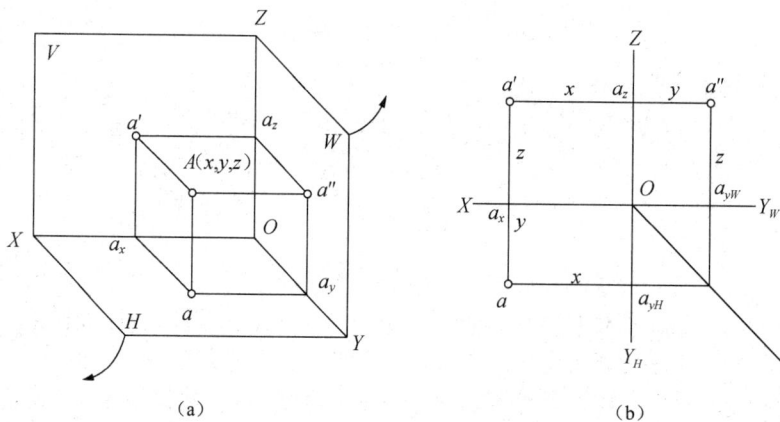

（a） （b）

图 2.1.21 点的投影与坐标

【例 2-2】 已知点 A（14,10,20），求其三面投影。

【解】 作图步骤：

方法 1：

在投影轴 OX、OY_H、OY_W、OZ 上，分别从原点 O 截取 14mm、10mm、10mm、20mm，

得点 a_x、a_{yH}、a_{yW} 和 a_z。过点 a_x、a_{yH}、a_{yW} 和 a_z 作投影轴 OX、OY_H、OY_W、OZ 的垂线，即可得到空间 A 点的三面投影，如图 2.1.22（a）所示。

方法 2：

在 OX 轴上从原点 O 截取 14mm，得到点 a_x；过点 a_x 作 OX 轴的垂线，并延长，从点 a_x 向下截取 10mm，得到点 a，从点 a_x 向上截取 20mm，得到点 a'；过原点 O 作 45°辅助线，过点 a 作 OY_H 轴的垂线并与辅助线交于一点，过该点作 OY_W 轴的垂线并延长，过点 a' 作 OZ 轴的垂线，交延长线于一点 a''，如图 2.1.22（b）所示。

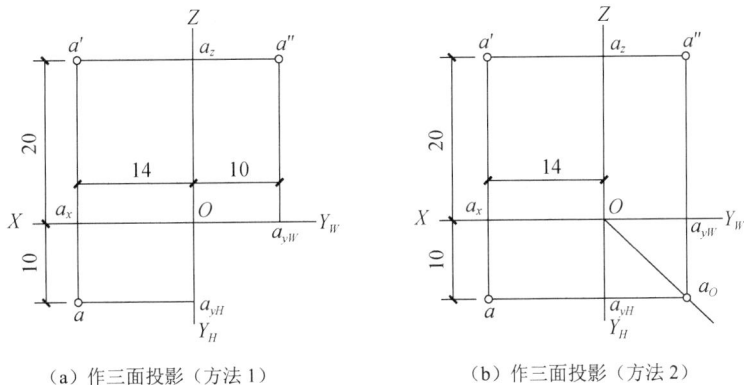

（a）作三面投影（方法 1）　　　　　（b）作三面投影（方法 2）

图 2.1.22　已知点的坐标作三面投影

3. 点的位置投影

（1）投影面上的点

当点的三个坐标中有一个坐标为零时，则该点在某一投影面上。如图 2.1.23 所示，空间 A 点在 H 面上，空间 B 点在 V 面上，空间 C 点在 W 面上，对于 A 点来说，其 H 面投影 a 与空间 A 点重合，V 面投影 a' 在 OX 轴上，W 面投影 a'' 在 OY_W 轴上，同理可以得出空间 B 点和 C 点的投影。

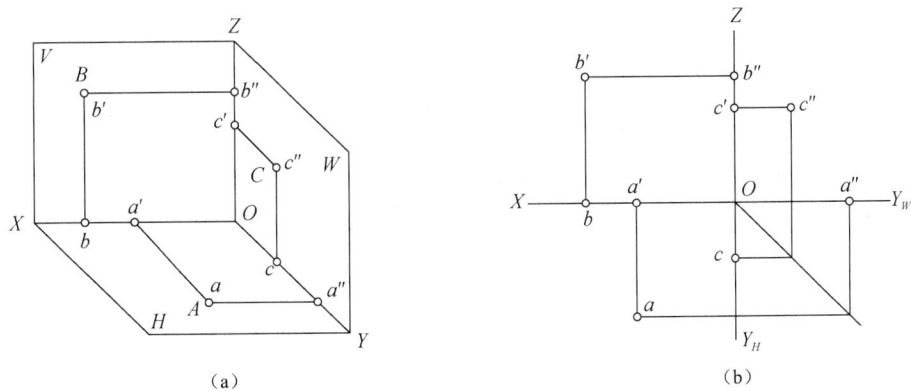

（a）　　　　　　　　　　　　（b）

图 2.1.23　投影面上点的投影

（2）投影轴上的点

当点的三个坐标中有两个坐标为零时，则该点一定在某一投影轴上。如图 2.1.24 所示，空间 D 点在 X 轴上，空间 E 点在 Y 轴上，空间 F 点在 Z 轴上，对于 D 点来说，其 H 面投影 d、V 面投影 d' 都与 D 点重合，并在 OX 轴上，其 W 面投影 d'' 与原点 O 重合，同理可以得出空间 E 点和 F 点的投影。

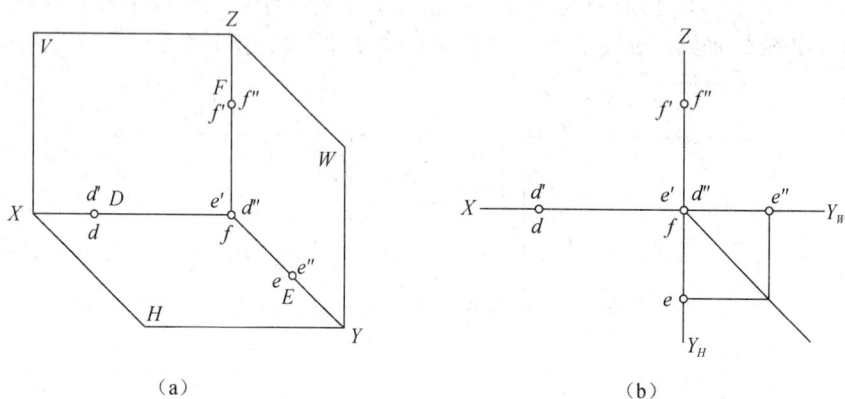

（a）

（b）

图 2.1.24　投影轴上点的投影

4. 点的位置判定

空间两点的相对位置，是以其中一个点为基准，来判断另一个点在该点的前或后、左或右、上或下。

空间两点的相对位置可以根据其坐标关系来确定：x 坐标大者在左，小者在右；y 坐标大者在前，小者在后；z 坐标大者在上，小者在下。

也可以根据空间两点的同面投影来确定：V 投影反映它们的上下、左右关系，H 投影反映它们的左右、前后关系，W 投影反映它们的上下、前后关系。

如图 2.1.25 所示，点 A 在点 B 左、下、前面。

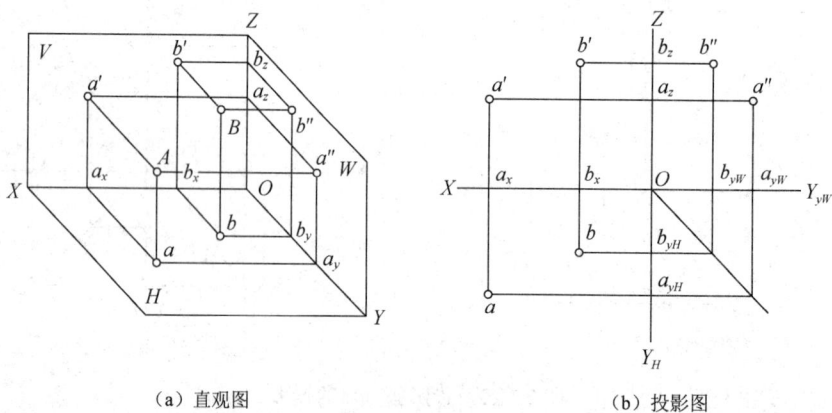

（a）直观图

（b）投影图

图 2.1.25　点的空间位置判断

5. 点的重影性

若两个点处于某一投影面的同一投影线上，则两个点在这个投影面上的投影便互相重合，这个重合的投影称为重影，空间的两点称为重影点。表 2.1.1 所示为各投影面重影点的投影，重影点的三个坐标值中必有两个相同，另一个不同。

重影点需要判断其可见性，将不可见点的投影用括号括起来。

表 2.1.1 各投影面重影点的投影

水平投影面的重影点	正立投影面的重影点	侧立投影面的重影点

五、直线的投影

1. 直线投影的形成

从几何原理可知，两点决定一条直线，直线的投影也可以由直线上两点的投影确定。求直线的投影，只要作出直线上两个点的投影，再将同一投影面上的两点投影连起来即可，如图 2.1.26 所示。

直线的投影

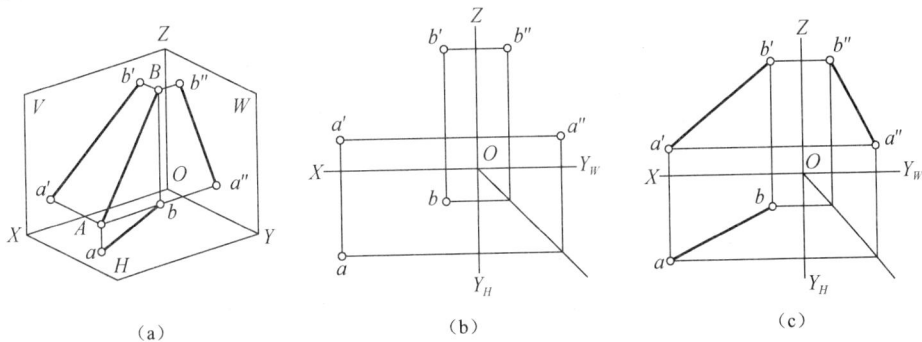

图 2.1.26 直线投影的形成

2. 直线的投影特性

在三面投影体系中，直线与投影面的相对位置可以分为三种：直线倾斜于三个投影面、直线平行于某一投影面、直线垂直于某一投影面。

倾斜于三个投影面的直线称为一般位置直线。

平行于某一投影面的直线称为投影面平行线。

垂直于某一投影面的直线称为投影面垂直线。

投影面平行线和投影面垂直线统称为特殊位置直线。

直线的投影特性如下。

真实性：直线平行于投影面时，其投影仍为直线，并且反映实长，这种性质称为真实性，如图 2.1.27（a）所示。

积聚性：直线垂直于投影面时，其投影积聚为一点，这种性质称为积聚性，如图 2.1.27（b）所示。

类似性：直线倾斜于投影面时，其投影仍是直线，但长度缩短，不反映实长，这种性质称为类似性，如图 2.1.27（c）所示。

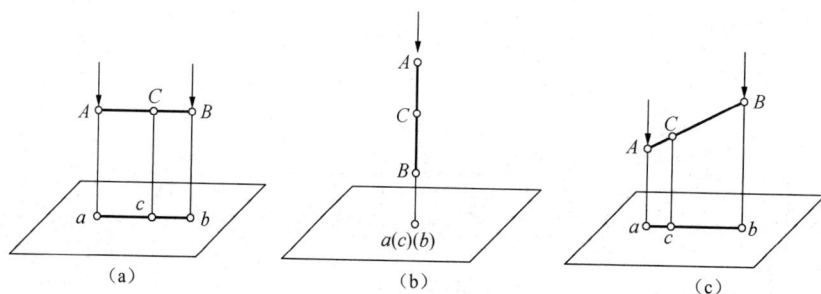

图 2.1.27　直线投影特性

（1）一般位置直线

规定一般位置直线（或平面）对 H 面、V 面、W 面的倾角分别用 α、β、γ 表示，如图 2.1.28 所示。

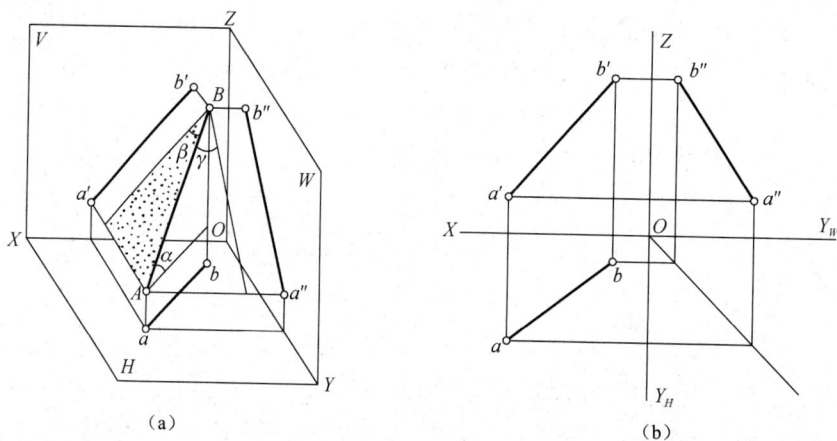

图 2.1.28　一般位置直线

一般位置直线的投影特性如下。

① 三面投影均不反映直线的实长（均小于实长）。

② 直线与投影面之间的倾角在投影图中均不反映实形。

（2）投影面平行线

与 V 面平行的直线称为正平线，与 H 面平行的直线称为水平线，与 W 面平行的直线称为侧平线，其直观图、投影图及投影特性如表 2.1.2 所示。

表 2.1.2　投影面平行线

名称	直观图	投影图	投影特性
正平线	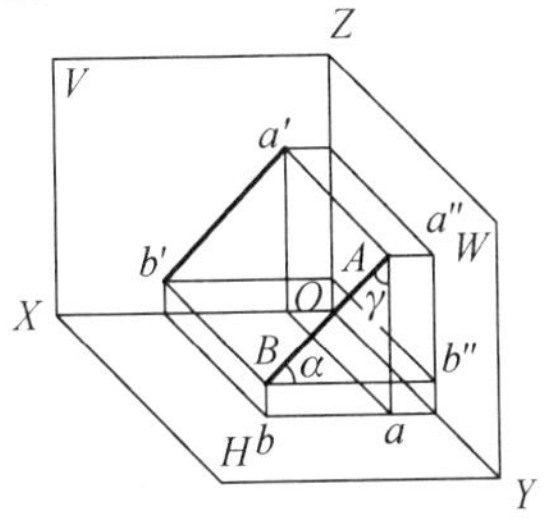	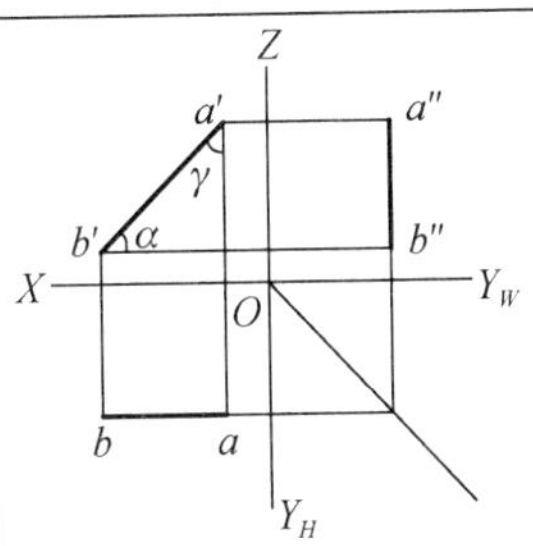	① 正面投影反映实长，与 X 轴夹角 α，与 Z 轴夹角为 γ ② 水平投影平行于 OX 轴 ③ 侧面投影平行于 OZ 轴
水平线	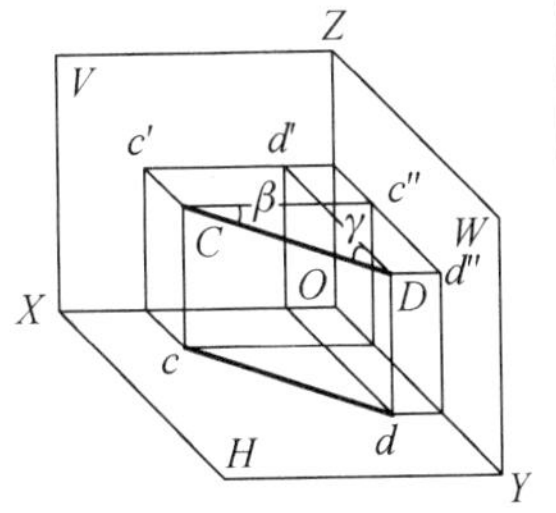	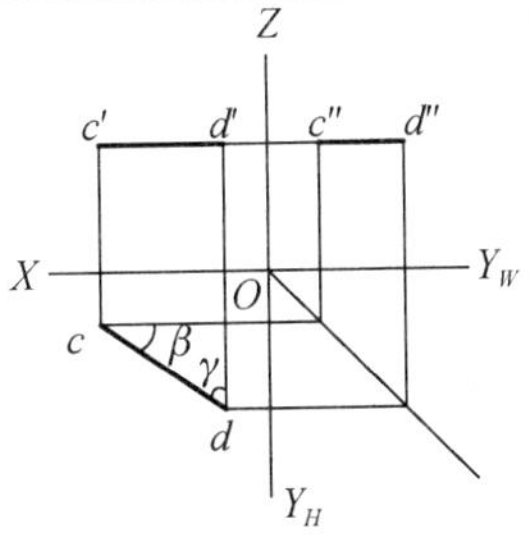	① 水平投影反映实长，与 X 轴夹角 β，与 Y 轴夹角为 γ ② 正面投影平行于 OX 轴 ③ 侧面投影平行于 OY 轴
侧平线	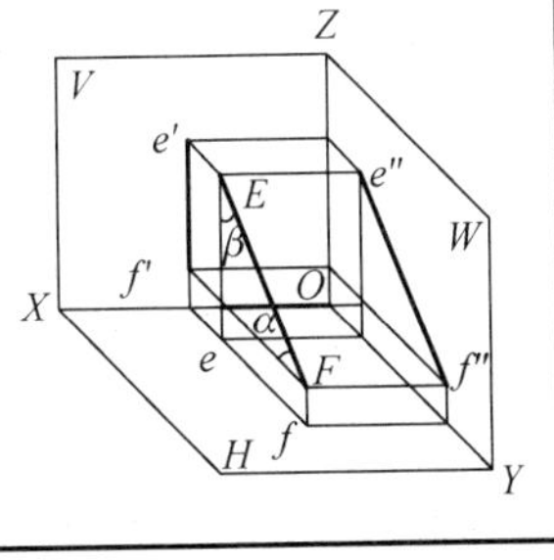	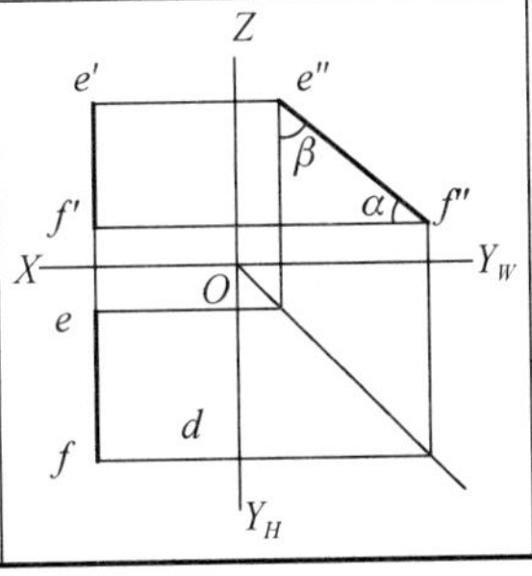	① 侧面投影反映实长，与 Y 轴夹角 α，与 Z 轴夹角为 β ② 正面投影平行于 OZ 轴 ③ 水平投影平行于 OY 轴

投影面平行线的投影特性如下。

① 直线在它所平行的投影面上的投影反映实长，且反映对其他两个投影面倾角的实形。

② 该直线在其他两个投影面上的投影分别平行于相应的投影轴，且小于实长。

（3）投影面垂直线

与 V 面垂直的直线称为正垂线，与 H 面垂直的直线称为铅垂线，与 W 面垂直的直线称为侧垂线，其直观图、投影图及投影特性如表 2.1.3 所示。

表 2.1.3　投影面垂直线

名称	直观图	投影图	投影特性
正垂线	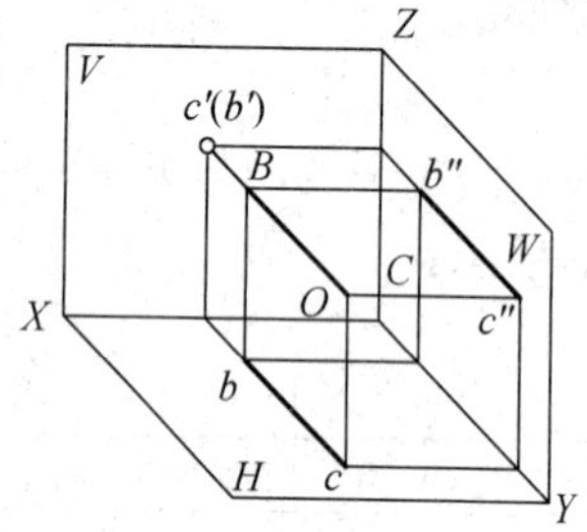	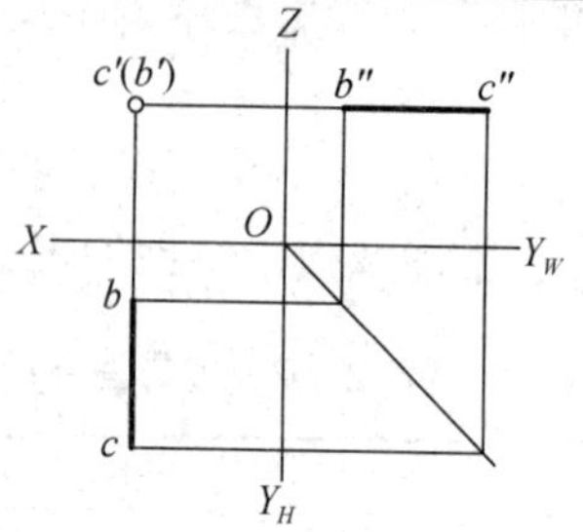	① 正面投影积聚为一点 ② 水平投影和侧面投影分别垂直于 OX 轴和 OZ 轴，并反映实长
铅垂线	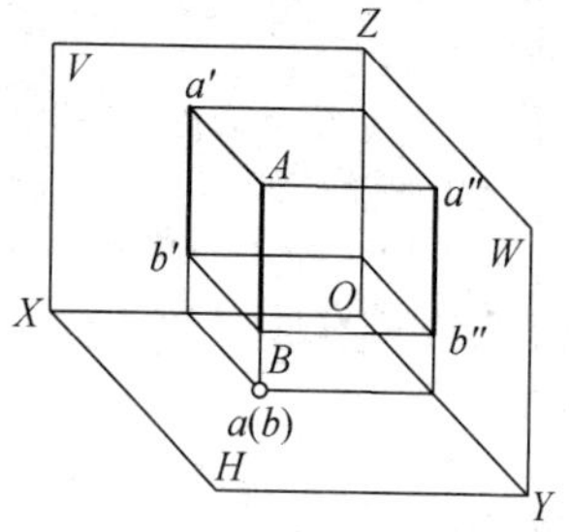	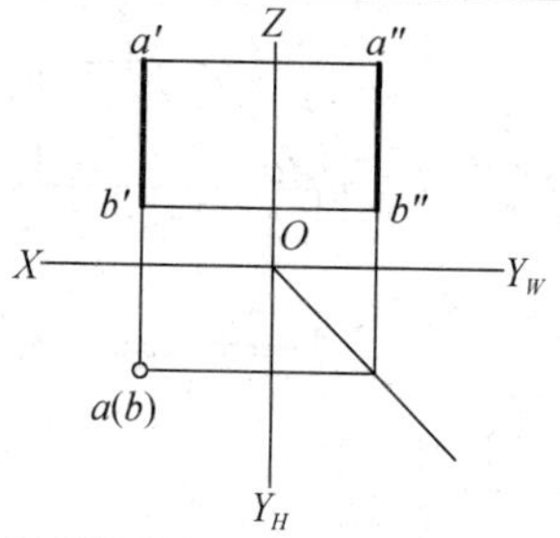	① 水平投影积聚为一点 ② 正面投影和侧面投影分别垂直于 OX 轴和 OZ 轴，并反映实长
侧垂线	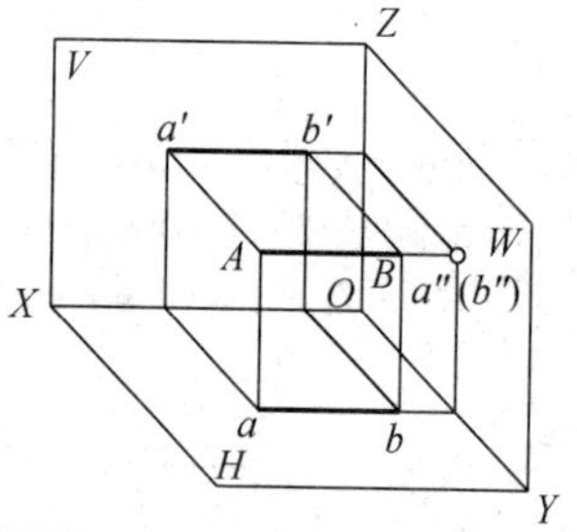	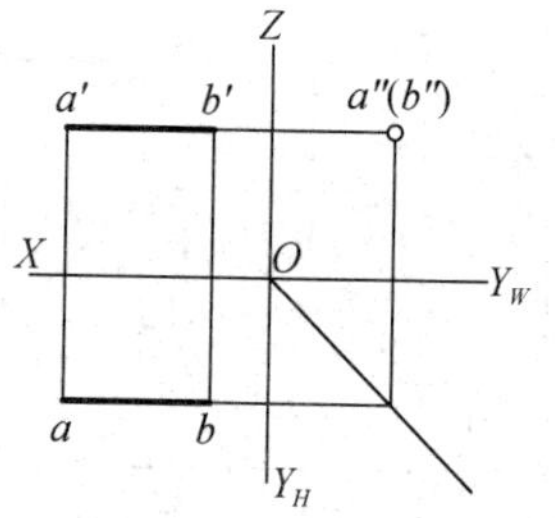	① 侧面投影积聚为一点 ② 正面投影和水平投影分别垂直于 OZ 轴和 OY 轴，并反映实长

投影面垂直线的投影特性如下。

① 直线在它所垂直的投影面上的投影积聚成一点。

② 该直线在其他两个投影面上的投影分别垂直于相应的投影轴，且都等于该直线的实长。

3. 直线上的点

点与直线的位置关系有两种：点在直线上和点不在直线上。一般利用直线上点投影的从属性和定比性进行位置关系判断。

判断方法 1：点在直线上，则点的各个投影必定在该直线的同名投影上，且符合点的投影规律，如图 2.1.29 所示。

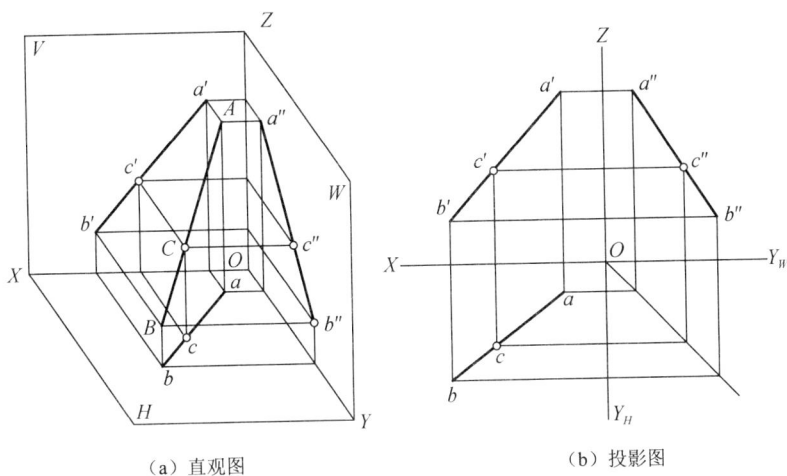

（a）直观图 （b）投影图

图 2.1.29 直线上点的投影

对于一般位置直线，判别点是否在直线上，可由它们的任意两个投影决定，如图 2.1.30（a）所示。

对于投影面平行线，判别点是否在直线上，还应根据直线所在平行的投影面上的投影判断，如图 2.1.30（b）所示。

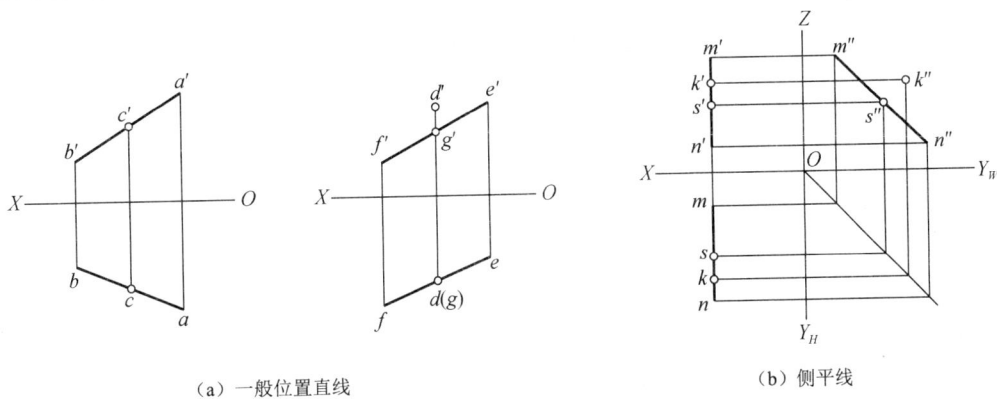

（a）一般位置直线 （b）侧平线

图 2.1.30 判别点是否在直线上

判断方法 2：根据直线上两线段长度之比等于它们的同名投影长度之比可判断点与直线的位置。如图 2.1.29 所示，若 C 点在直线 AB 上，则 $AC：CB=ac：cb=a'c'：c'b'=a''c''：c''b''$。直线上点的投影规律可作为求直线上点的投影或判断点是否在直线上的依据。

【例 2-3】 已知直线 AB 的投影 ab、$a'b'$，C 点在直线 AB 上，且 $AC：CB=2：3$，求 C 点的投影 c、c'，如图 2.1.31 所示。

【解】 作图步骤：

① 过 a 点、b 点、a' 点、b' 点中的任意一点作一条斜线，本题是过 a 点作了一条斜线，把该斜线等分为 5 份。

② 连接 b5，过第 2 等分点作 b5 的平行线，得 c 点，过 c 点向上作垂线交 a'b' 于 c' 点。

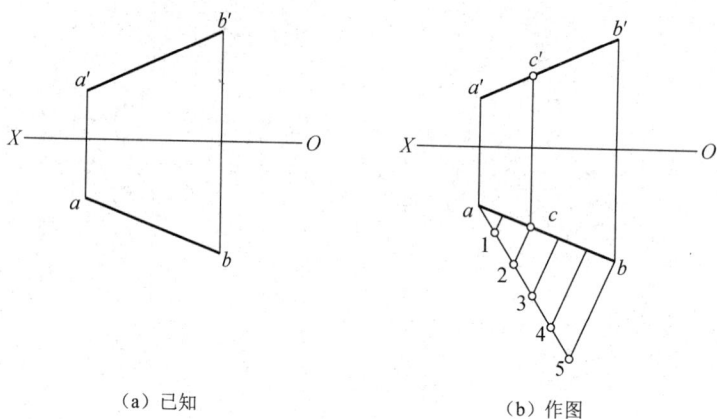

（a）已知　　　　　　　　　　　　（b）作图

图 2.1.31　求直线上点的投影

4. 两直线相对位置关系

空间两直线有三种不同的相对位置，即相交、平行和交叉。

两相交直线或两平行直线都在同一平面上，所以它们都称为共面线。

两交叉直线不在同一平面上，所以称为异面线。

（1）相交

两直线相交，它们的同名投影也必定相交，且各投影的交点符合点的投影规律。反之，如果两直线的各组同名投影都相交，且交点符合空间点的投影规律，则这两直线在空间一定相交，如图 2.1.32 所示。

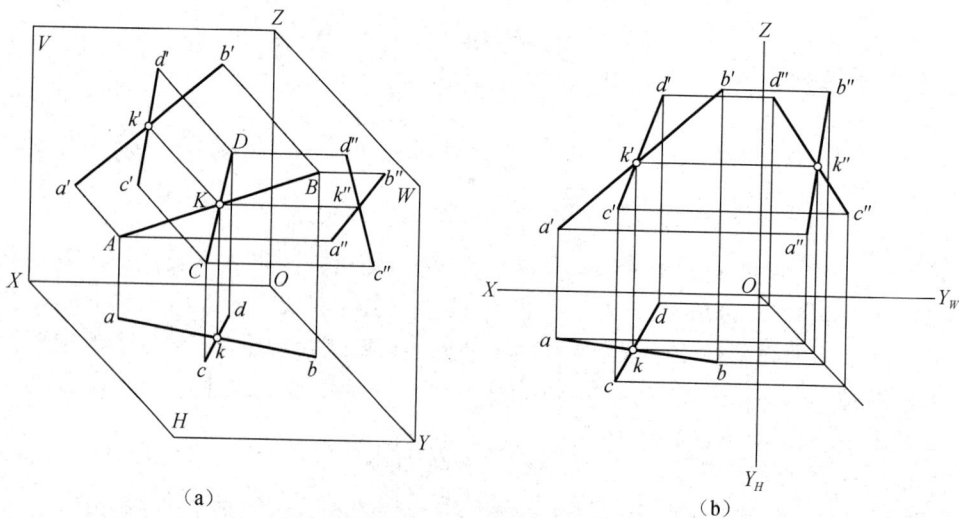

（a）　　　　　　　　　　　　（b）

图 2.1.32　两直线相交

（2）平行

两直线平行，它们的同名投影必相互平行。反之，如果直线各组同名投影都互相平行，则两直线在空间必定互相平行，如图 2.1.33 所示。

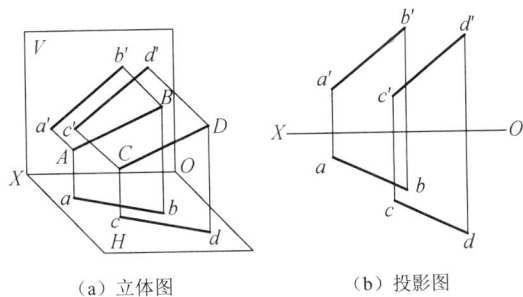

(a) 立体图　　　　(b) 投影图

图 2.1.33　两直线平行

（3）交叉

两直线既不平行又不相交称为交叉。其投影特征是：各面投影既不符合两直线平行的投影特征，也不符合两直线相交的投影特征。

判断交叉两直线重影点可见性的步骤为：先从重影点画一根垂直于投影轴的直线到另一个投影中去，就可以将重影点分成两个点，所得两点中坐标值大的点为可见，坐标值小的点为不可见，不可见的投影点要加括号。

如图 2.1.34 所示，过 V 面重影点 g'（h'）向下作联系线交 ab 于 h 点，交 cd 于 g 点，g 点在前，h 点在后，说明当从前向后看时，CD 遮挡住 AB；过 H 面重影点 e（f）向上作联系线交 $a'b'$ 于 e' 点，交 $c'd'$ 于 f' 点，e' 点在上，f' 点在下，说明当从上向下看时，AB 遮挡住 CD。

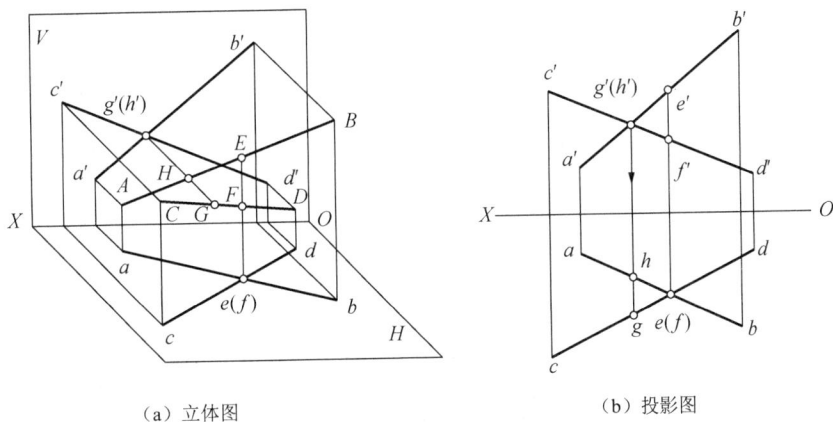

(a) 立体图　　　　(b) 投影图

图 2.1.34　两直线交叉

【例 2-4】　如图 2.1.35 所示，判断两侧平线 AB 与 CD 是否平行。

【解】　如图 2.1.35 所示，直线 AB 与 CD 的两面投影为平行线，按照投影规律绘制其第三面投影，其侧面投影非平行线，所以 *AB* 与 *CD* 不是平行关系。

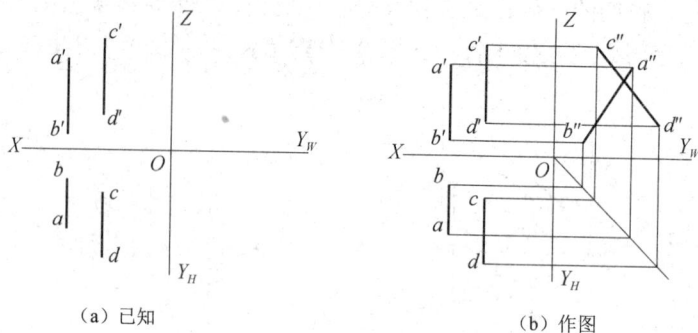

(a) 已知　　　　　　　　　　　(b) 作图

图 2.1.35　判断两直线位置

六、平面的投影

1. 平面投影的形成

从几何原理可知，下列五种方式可表达平面：不在同一直线上的三个点、一直线和直线外一点、两相交直线、两平行直线、任意平面图形。如图 2.1.36 所示，按投影规律绘制相关点和直线的投影，再将同一投影面上的投影连起来，即是平面的投影。

平面的投影

(a)　　　　　(b)　　　　　(c)　　　　　(d)　　　　　(e)

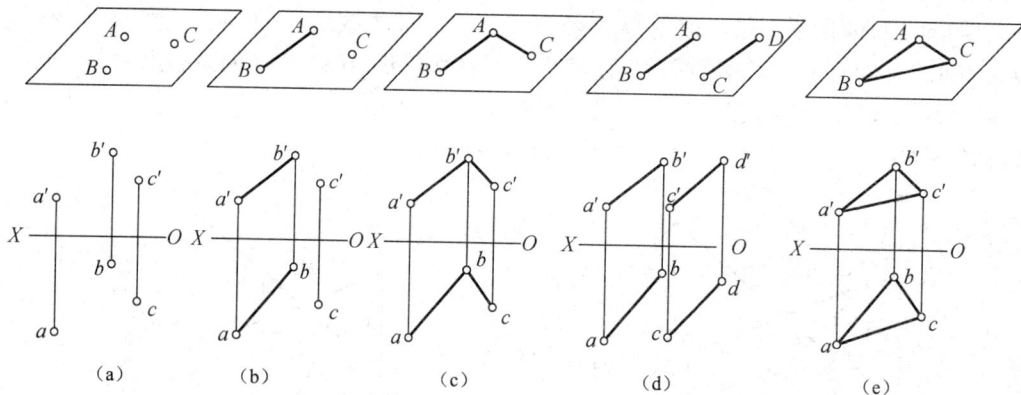

图 2.1.36　平面的表示法

2. 平面的投影特性

在三面投影体系中，平面与投影面的相对位置可以分为三种：平面倾斜于三个投影面、平面平行于某一投影面、平面垂直于某一投影面。

倾斜于三个投影面的平面称为一般位置平面。

平行于某一投影面的平面称为投影面平行面。

垂直于某一投影面的平面称为投影面垂直面。

投影面平行面和投影面垂直面统称为特殊位置平面。

平面的投影特性如下。

真实性：平面平行于投影面时，其投影仍为一个平面，且反映该平面的实际形状，这种性质称为真实性，如图 2.1.37（a）所示。

积聚性：平面垂直于投影面时，其投影积聚为一直线，这种性质称为积聚性，如图 2.1.37（b）所示。

类似性：平面倾斜于投影面时，其投影为不反映实形且缩小了的类似形线框，这种性质称为类似性，如图 2.1.37（c）所示。

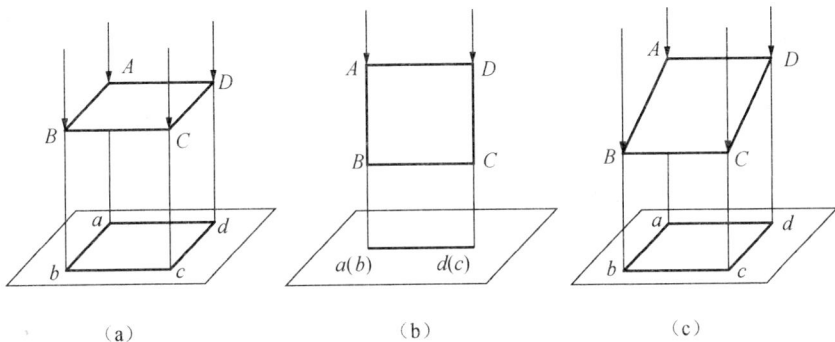

（a）　　　　　　　　　（b）　　　　　　　　　（c）

图 2.1.37　平面投影特性

（1）一般位置平面

规定平面对 H 面、V 面、W 面的倾角分别用 α、β、γ 表示，如图 2.1.38 所示。

一般位置平面的投影特性如下。

① 三面投影均不反映平面的实形（均小于实形）。

② 平面与投影面之间的倾角在投影图中均不反映实形。

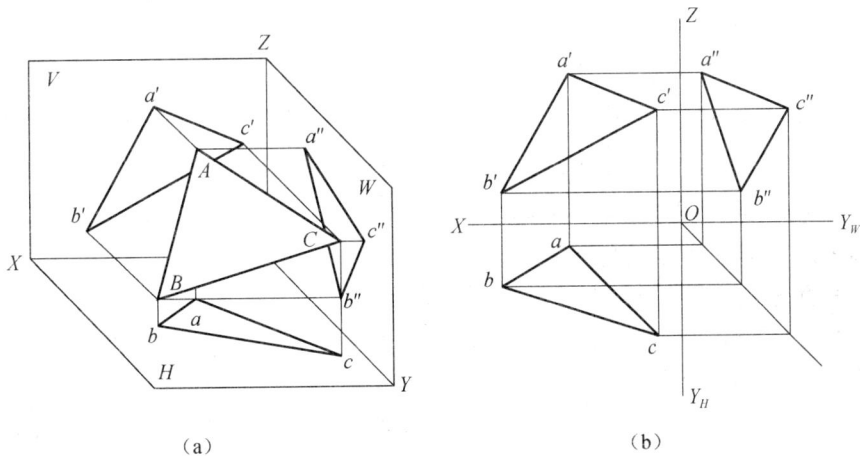

（a）　　　　　　　　　　　　　　　　（b）

图 2.1.38　一般位置平面

（2）投影面平行面

与 V 面平行的平面称为正平面，与 H 面平行的平面称为水平面，与 W 面平行的平面称为侧平面。投影面平行面的直观图、投影图及投影特性如表 2.1.4 所示。

表 2.1.4　投影面平行面

名称	直观图	投影图	投影特性
正平面			① 正面投影反映实形 ② 水平投影积聚成平行于 OX 轴的直线 ③ 侧面投影积聚成平行于 OZ 轴的直线
水平面			① 水平投影反映实形 ② 正面投影积聚成平行于 OX 轴的直线 ③ 侧面投影积聚成平行于 OY 轴的直线
侧平面			① 侧面投影反映实形 ② 正面投影积聚成平行于 OZ 轴的直线 ③ 水平投影积聚成平行于 OY 轴的直线

投影面平行面的投影特性如下。

① 平面在它所平行的投影面上的投影反映实形。

② 平面在另外两个投影面上的投影积聚成直线，且分别平行于相应的投影轴。

（3）投影面垂直面

与 V 面垂直的平面称为正垂面，与 H 面垂直的平面称为铅垂面，与 W 面垂直的平面称为侧垂面。投影面垂直面的直观图、投影图及投影特性见表 2.1.5。

表 2.1.5　投影面垂直面

名称	直观图	投影图	投影特性
正垂面	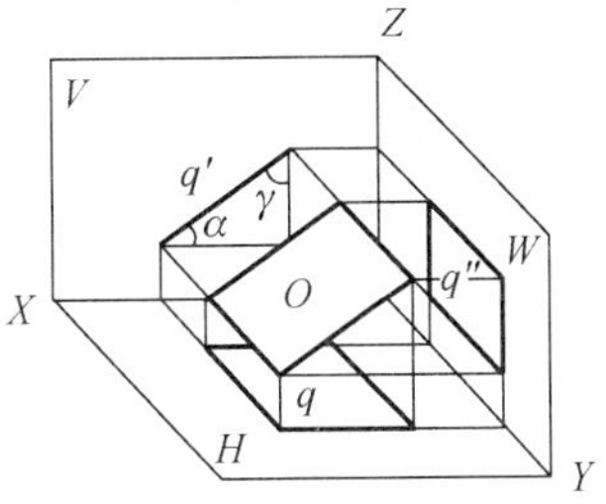	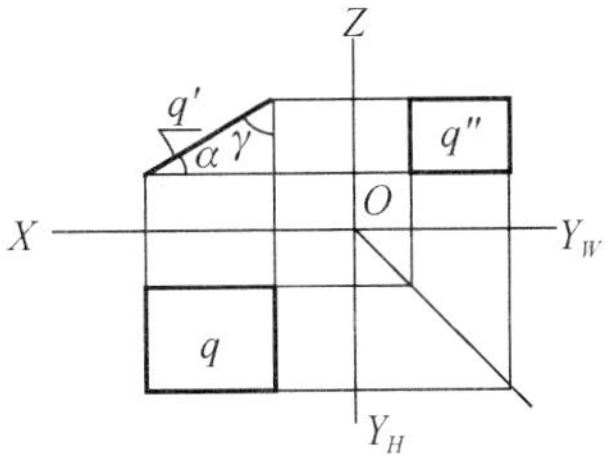	① 正面投影积聚成直线，与 OX 轴夹角为 α，与 OZ 轴夹角为 γ ② 水平投影和侧面投影为该平面的类似形
铅垂面	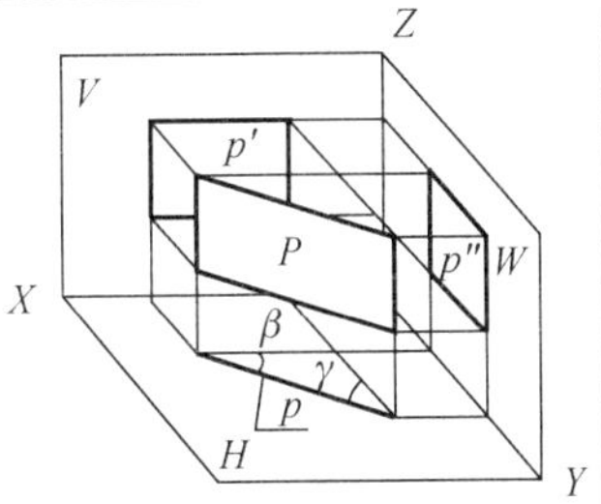	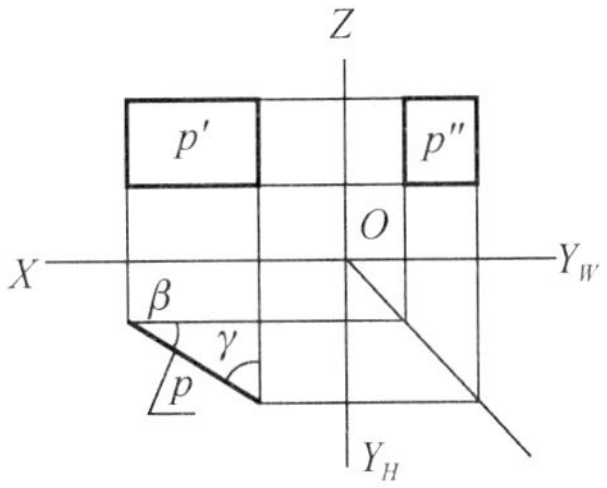	① 水平投影积聚成直线，与 OX 轴夹角为 β，与 OY 轴夹角为 γ ② 正面投影和侧面投影为该平面的类似形
侧垂面	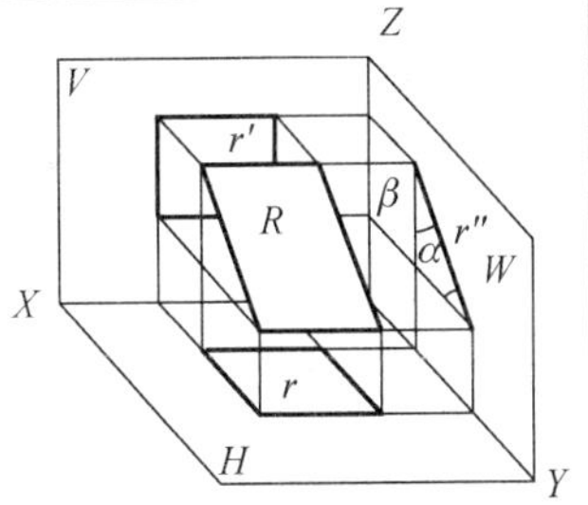	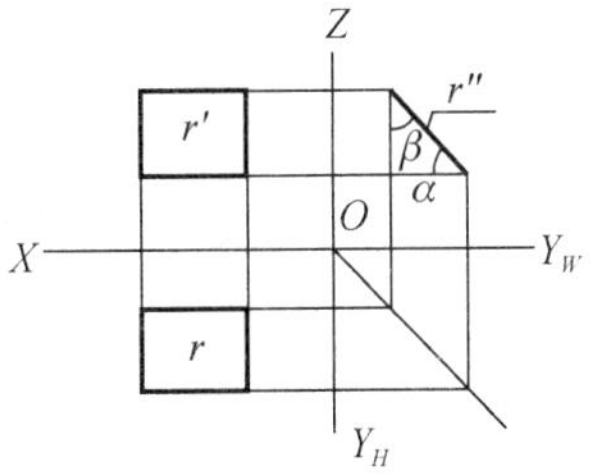	① 侧面投影积聚成直线，与 OY 轴夹角为 α，与 OZ 轴夹角为 β ② 正面投影和水平投影为该平面的类似形

投影面垂直面的投影特性如下。

① 平面在它所垂直的投影面上的投影积聚为一条斜线，该斜线与投影轴的夹角反映该平面与相应投影面的夹角。

② 平面在另外两个投影面上的投影不反映实形，且变小。

【例 2-5】　如图 2.1.39（a）所示，已知正方形平面 $ABCD$ 垂直于 V 面以及 AB 的两面投影，求作此正方形的三面投影图。

【解】　作图步骤：

① 已知 A、B 两点的两面投影，根据点的投影规律，将 A、B 两点的侧面投影绘制出来。

② 因 $ABCD$ 垂直于 V 面，是正垂面，其在 V 面内投影积聚成线，该线长度为正方形平面 $ABCD$ 的边长，将 C、D 两点的水平面投影绘制出来。根据两面投影完成第三面投影。

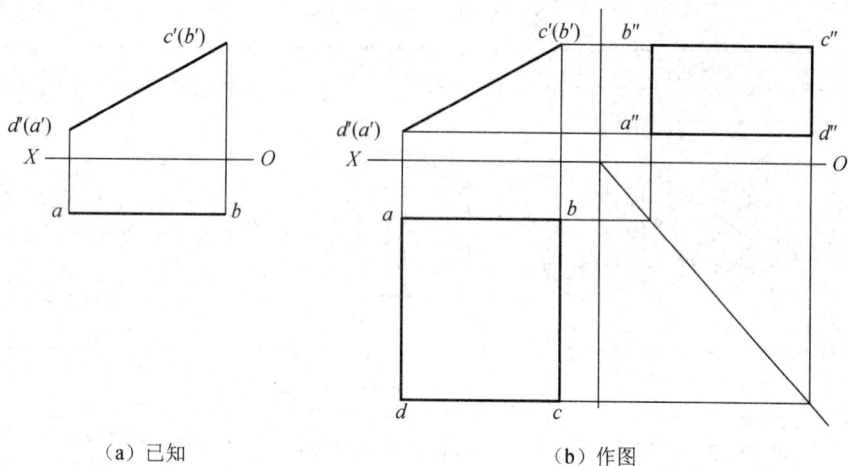

（a）已知 （b）作图

图 2.1.39　正方形平面的投影

3. 平面上的点和直线

（1）平面上的点

一个点如果在一个平面上，则它一定在这个平面的一条直线上。如图 2.1.40 所示的 E 点，由于它在平面 SBC 的一条直线 DC 上，所以它必然在平面 SBC 上。

（2）平面上的直线

一条直线如果通过平面上两个点或者通过平面上的一个点且平行于平面上的某条直线，则该条直线必在该平面上。如图 2.1.40 所示，直线 DC 通过平面 SBC 上的 D 点、C 点，则 DC 必在平面 SBC 上；直线 DF 通过平面 SBC 上的 D 点且平行于平面 SBC 上的一条直线 BC，则 DF 必在平面 SBC 上。

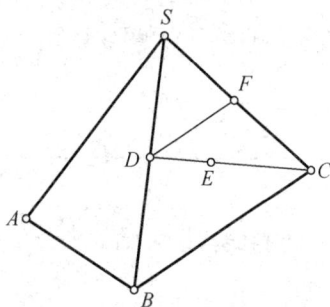

图 2.1.40　平面上的点和直线

【例 2-6】　已知平面 ABC 上的 K 点在 H 面的投影为 k，试求 K 点在 V 面的投影 k′，如图 2.1.41 所示。

【解】　分析：K 点在平面 ABC 上，则它一定在这个平面的一条直线上。

作图步骤：

① 在 H 面内，连接 ak 并延长交 bc 于 d 点，过 d 点向上作联系线交 b′c′ 于 d′点。

② 过 k 点向上作联系线交 a′d′ 于 k′点。

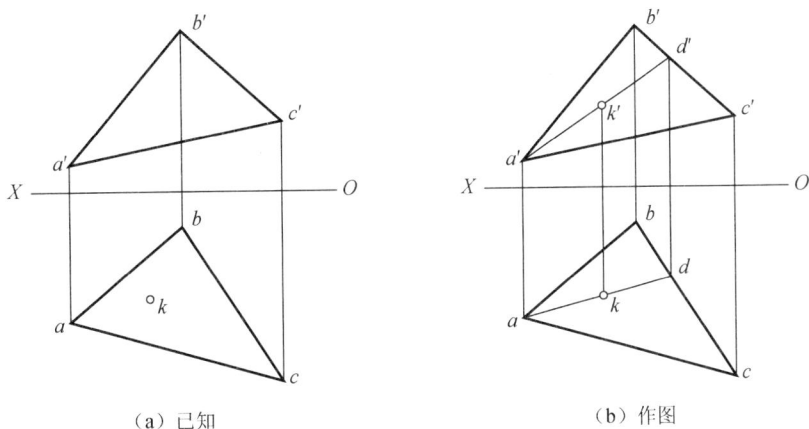

（a）已知　　　　　　　（b）作图

图 2.1.41　求作平面上 K 点的投影

任务实施：基本图形三视图的绘制

图 2.1.42 所示形体上的 AB 是平行于正投影面的直线，即正平线，其投影特点是：直线 AB 在它所平行的正投影面上的投影反映实长。该直线在其他两个投影面上的投影分别平行于相应的投影轴 OX、OZ，且小于实长。

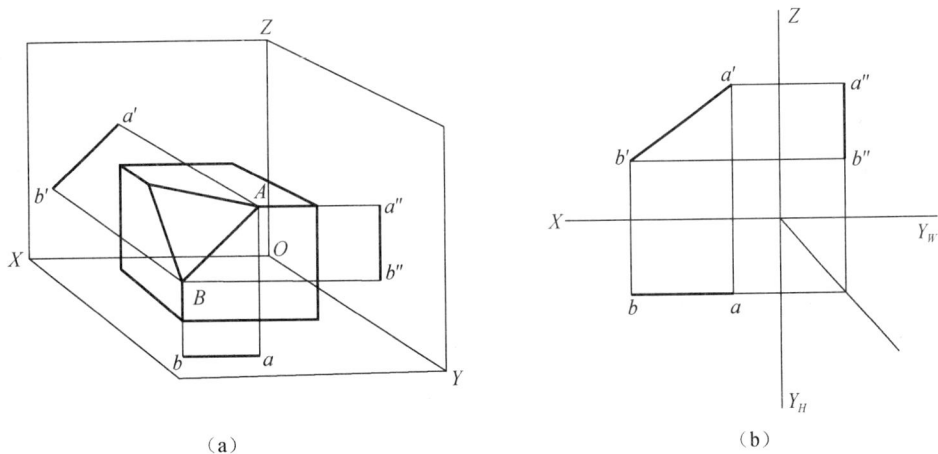

（a）　　　　　　　　　（b）

图 2.1.42　三视图绘制步骤

绘图步骤：

① 画出三视图的投影轴线。

② 根据正投影的基本性质，先画出主视图，然后根据三视图的投影关系作俯视图和左视图。作图时，以垂直线保证主视图、俯视图长对正，以水平线保证主视图、左视图高平齐，再在俯视图、左视图上截取物体的宽，保证宽相等。

能力提升：绘制水平线的正面投影和水平投影

如图 2.1.43 所示，已知某平面 ABC，在平面内作水平线 AD，并完成水平线 AD 的正面投影和水平投影。

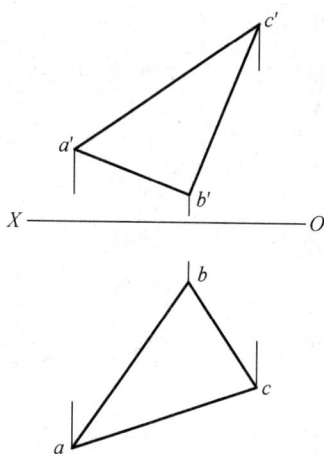

图 2.1.43　某平面 ABC 的投影

学 习 页

学习情境二　绘制平面立体的投影图

任务描述与任务分析

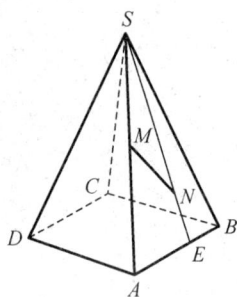

任务描述：

如图 2.2.1 所示，已知基本形体 *SABCD*，形体表面有线 *MN*，完成形体及线 *MN* 的三视图的绘制。

任务分析：

在工程制图中把工程上经常使用的单一的几何形体，如棱柱、棱锥、圆柱、圆锥、球和圆环等称为基本形体，简称基本体。根据其表面的不同形状，把基本体分为平面体和曲面体两种。立体的形状、大小和位置，由其表面所决定。表面全是平面的立体，称为平面体；表面是由平面和曲面组成的，或全是由曲面组成的立体，称为曲面体。平面体有棱柱（体）、棱锥（体）等，如图 2.2.2（a）所示；曲面体有圆柱（体）、圆锥（体）、圆台（体）等，如图 2.2.2（b）所示。

图 2.2.1　平面立体的直观图

研究基本体的投影，实质上就是研究基本体表面上的点、线、面的投影。

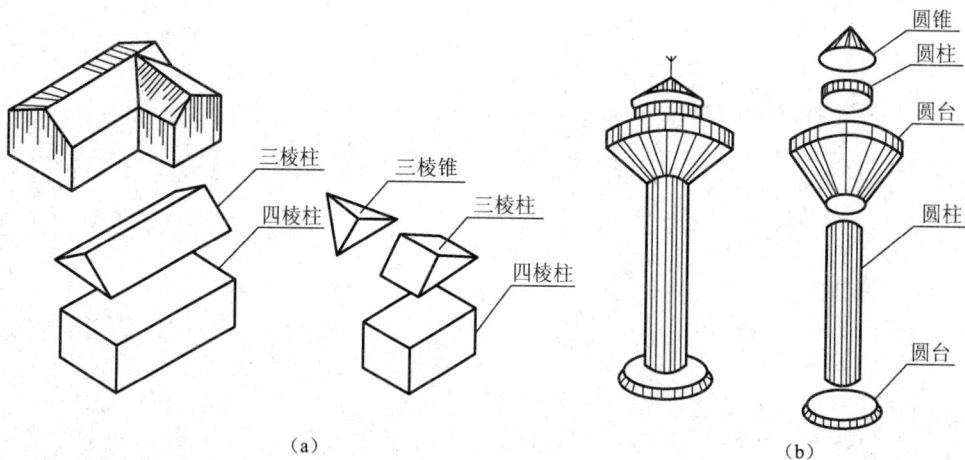

（a）

（b）

图 2.2.2　建筑的基本形体

知识窗：梁思成与中国古代建筑保护——手绘图样

梁思成与中国
古代建筑
保护——手绘
图样

梁思成（1901—1972 年），建筑历史学家、建筑教育家，被誉为"中国近代建筑之父"。毕生从事中国古代建筑研究和建筑教育事业，系统调查、整理、研究了中国古代建筑的历史和理论，从 1932 年到 1937 年，梁思成和林徽因考察了 137 个县市，调查古建筑 1823 座，详细测绘建筑 206 组，考察测绘了赵州桥、武义延福寺、山西应县木塔、五台山佛光寺等古建筑，为后人留下了数千古建筑肖像。在当年没有 CAD 的年代，就只能用手绘制施工图和效果图，梁思成手绘图样的精确度让人叹为观止。那不仅是简单的图样，更是一件艺术品。

（注：具体内容请扫码查看。）

知识准备：平面立体投影图绘制基础

平面立体也称为平面几何体。在建筑工程中，多数构配件是由平面几何体构成的。根据棱体中各棱线之间的相互关系，可以将平面立体分为棱柱体和棱锥体两种。

棱柱体是各棱线相互平行的几何体，如正方体、长方体、三棱柱、六棱柱等。

棱锥体是各棱线或其延长线交于一点的几何体，如三棱锥、四棱锥、四棱台等，如图 2.2.3 所示。

平面立体的投影

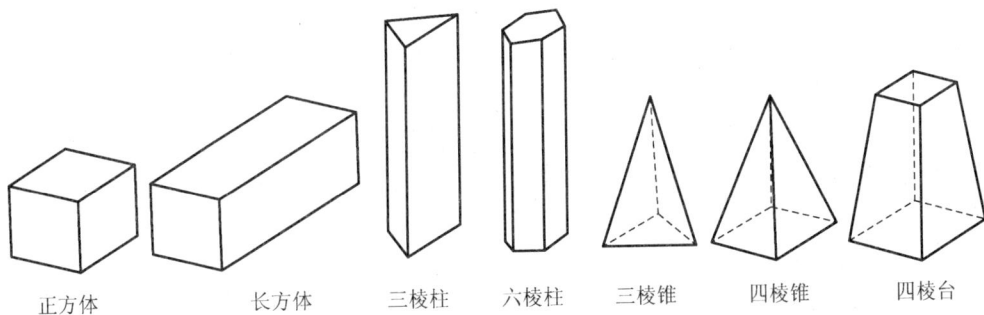

| 正方体 | 长方体 | 三棱柱 | 六棱柱 | 三棱锥 | 四棱锥 | 四棱台 |

图 2.2.3　常见平面立体

绘制平面立体的投影，实质上就是绘制平面立体各多边形表面的投影，即绘制各棱线和各顶点的投影。

在平面立体的投影图中，可见棱线用实线表示，不可见棱线用虚线表示，以区分可见表面和不可见表面。

一、棱柱体的三面投影

1. 棱柱体的形体特征

棱柱体的各棱线互相平行，底面、顶面为多边形，棱线垂直于顶面时称直棱柱，棱线倾斜于顶面时称斜棱柱。

如图 2.2.4（a）所示正六棱柱体，它的上、下底面为全等且相互平行的正六边形，六个棱面为全等的矩形且与底面垂直，六条棱线平行且相等，是六棱柱的高。

2. 正棱柱体的投影

正棱柱体在投影体系中正放的投影特点：上、下底面在所平行的投影面上的投影为反映实形的多边形，多边形各边为侧面的积聚投影，多边形各顶点为棱的积聚投影；其他两面投影为多个实线或两侧边为虚线的矩形线框，上、下两线为上、下底面的积聚投影，矩形线框反映各侧面的实形或类似形。

以六棱柱体为例，进行投影分析。

正六棱柱体由上、下两个底面和六个棱面所围成，六条棱线相互平行。

（1）确定形体投影位置

为了作图方便，将正六棱柱体放置成上、下底面与 H 面平行，而垂直于 V 面、W 面，前、后棱面与 V 面平行，其余四个棱面都垂直于 H 面但倾斜于 V 面、W 面。

（2）投影分析

① 俯视图为正六边形，反映上、下底面的实形。正六边形的六条边是垂直于 H 面的六个棱面的积聚投影，六个顶点是六条棱线的积聚投影。

② 主视图为三个并列的矩形线框，中间的矩形线框是平行于 V 面的前、后棱面实形的投影；左、右两个矩形线框为其余倾斜于 V 面的四个棱面的投影；上、下两条水平线是上、下底面的积聚投影。

③ 左视图为两个并列的矩形线框，是六棱柱左右四个棱面投影的重合；前、后两条铅垂线分别是前、后两个棱面的积聚投影；上、下两条水平线分别是上、下底面的积聚投影。

（3）作图步骤

① 画投影轴。

② 画反映底面实形的俯视图，为正六边形。

③ 根据"长对正"和正六棱柱体的高度画主视图。

④ 根据"宽相等、高平齐"画左视图。

⑤ 检查后加深线条颜色，如图 2.2.4（b）所示。

同理分析，可画出图 2.2.5 所示的各棱柱体的三视图。从这些图可以得出棱柱体三视图的投影特征为：两个视图为矩形线框（最外轮廓），第三视图为反映底面形状的多边形线框。

（a）立体图　　　　　　　　　　　（b）投影图

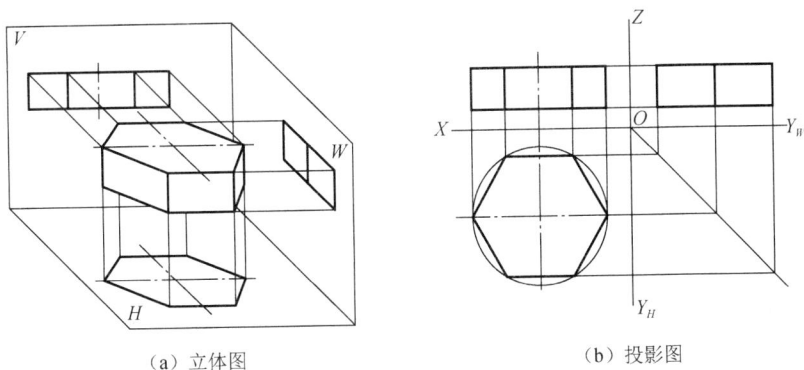

图 2.2.4　正六棱柱体的投影

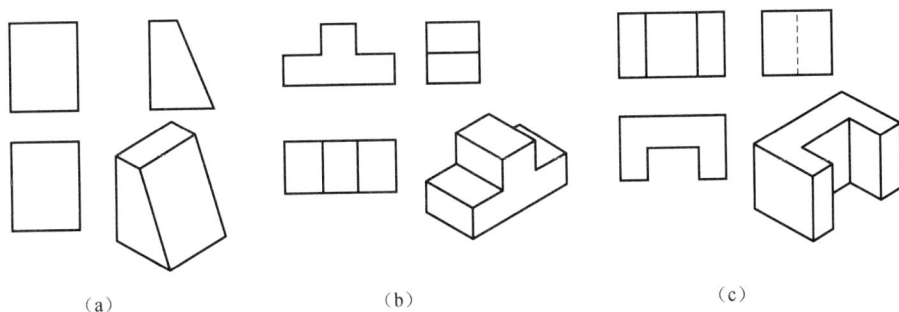

（a）　　　　　　　　　　（b）　　　　　　　　　　（c）

图 2.2.5　棱柱体的投影特征

3. 正棱柱体表面上点的投影

在平面立体表面上取点实际就是在平面上取点。其作图的基本原理：平面立体上的点和直线一定在立体表面上。

其求解方法如下。

① 从属性法：当点位于立体表面的某条棱线上时，那么点的投影必定在棱线的投影上，即可利用线上点的"从属性"求解。

② 积聚性法：当点所在的立体表面对某投影面的投影具有积聚性时，那么点投影必定在该表面对这个投影面的积聚投影上。

③ 辅助线法：若点所在的立体表面为一般位置平面，则必须根据点的投影规律，通过该点作一条辅助线，先求出辅助线的投影，再求出点的投影。

因为正棱柱体的各个面均为特殊位置面，均具有积聚性，所以棱柱体表面上点的投影可利用点所在面具有的积聚性特性来求得。

判断平面立体表面上点和线可见与否的原则如下。

如果点、线所在的表面投影可见，那么点、线的同名投影一定可见，否则不可见。注意当点的投影与积聚成直线的平面重影时，不加括号。

【例2-7】 如图2.2.6（a）所示，已知棱柱体表面上 M 点的正面投影 m'，求作它的其他两面投影 m、m''。

【解】 作图步骤：

平面立体上点的投影

① 用积聚性法求 M 点的投影。因为 m' 可见，所以 M 点必在平面 ABCD 上。

② 此棱面是铅垂面，其水平投影积聚成一条直线，故 M 点的水平投影 m 必在此直线上，再根据 m、m' 可求出 m"。

③ 因为平面 ABCD 的侧面投影为可见，故 m" 点也为可见，如图 2.2.6（b）所示。

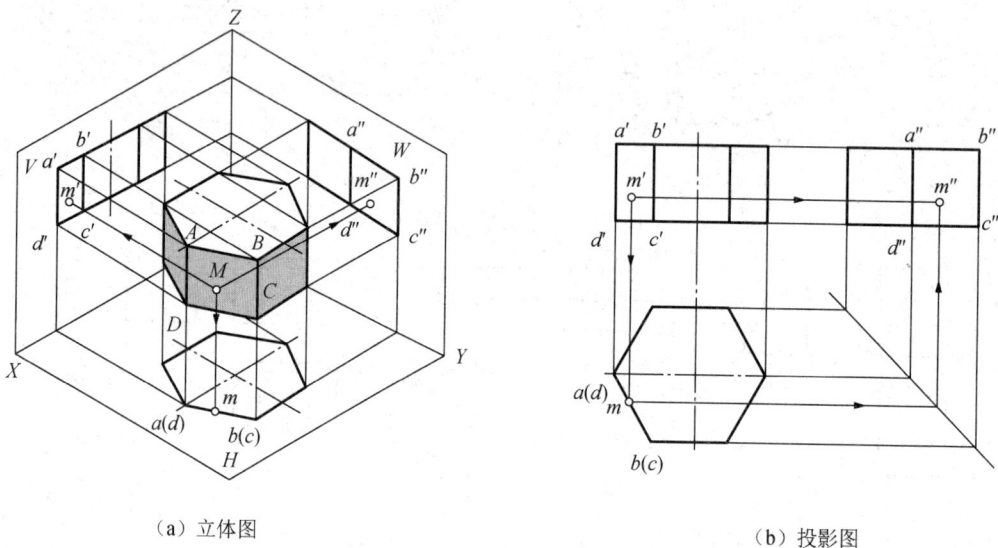

（a）立体图　　　　　　　　　　　　　　　　（b）投影图

图 2.2.6　正六棱柱表面上点的投影

二、棱锥体的三面投影

1. 棱锥体的形体特征

棱锥体是各棱线或其延长线交于一点的几何体，其底面为多边形，侧棱面均为三角形。

如图 2.2.7（a）所示正三棱锥体的底面为正三角形，三个棱面为全等的等腰三角形，轴线通过底面重心并与底面垂直，三条棱线交于锥顶点。轴线的高是正三棱锥的高。

2. 正棱锥体的投影

正棱锥体在投影体系中正放的投影特点：下底在所平行的投影面上的投影为反映实形的多边形，其他投影面上的线框为反映各侧面的类似形。

以三棱锥体为例，进行投影分析。

（1）形体投影位置

将正三棱锥体放置成底面与水平面平行，后棱面为侧垂面，其底面边线为侧垂线。

（2）投影分析

① 俯视图为正三角形，是底面的投影，反映实形。锥顶点 S 的投影落在正三角形 abc 的重心 s 上，s 点与正三角形 abc 三个角点的连线即为三条棱线的投影。

② 主视图为等腰三角形，其中底边为底面的投影；两条斜边、中间铅垂线是三条侧棱的投影。

③ 左视图为一斜三角形，其中，底边为底面的投影；斜边 $s''a''$ (c'') 为正三棱锥体后棱面的积聚投影，$s''b''$ 为前面棱线 SB 的投影，且反映实长。

（3）作图步骤

① 画投影轴。

② 画反映底面实形的俯视图，先画等边三角形 abc，由重心 s 连 sa、sb、sc。

③ 根据"长对正"和正三棱锥的高度画主视图。

④ 根据"宽相等、高平齐"画左视图。

⑤ 检查后加深，如图 2.2.7（b）所示。

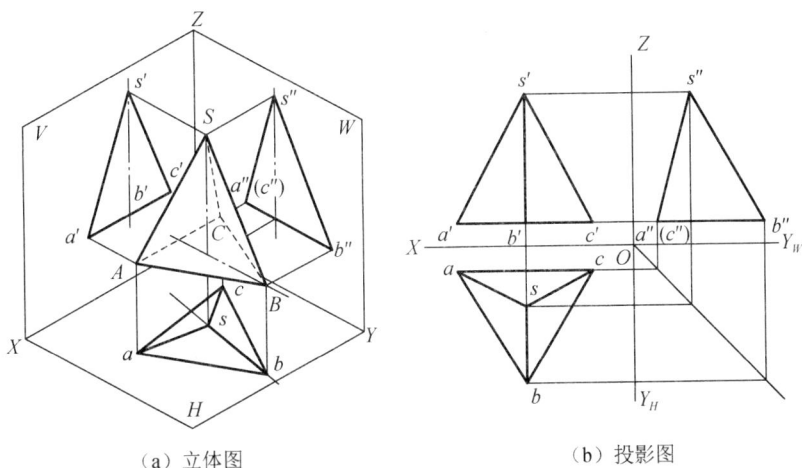

（a）立体图　　　　　（b）投影图

图 2.2.7　正三棱锥体的投影

同理分析，可画出图 2.2.8 所示的各棱锥体的三视图。由此可以得出棱锥体三视图的投影特征为：两个视图为三角形（或几个共顶点的三角形）线框，第三视图为多边形线框。

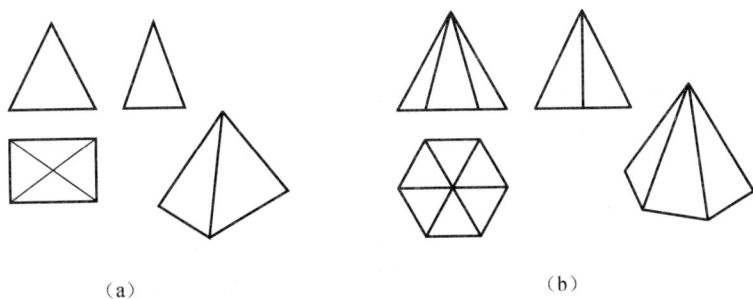

（a）　　　　　　　　　（b）

图 2.2.8　棱锥体的投影特征

3. 正棱锥体表面上点的投影

在棱锥体表面上取点首先应确定点位于棱锥体的哪个平面上，并分析该平面的投影特性，然后根据点的投影规律求得。

1）从属性法：当点位于棱锥体表面的某条棱线上时，那么点的投影必定在棱线的投影上，即可利用线上点的"从属性"求解。

2）积聚性法：求作棱锥体表面上点的投影时，对于特殊位置平面上的点（如垂直于 W 面的侧面上的点），可利用平面的"积聚性"来作。

3）辅助线法：若点所在的棱锥体表面为一般位置平面，则必须根据点的投影规律，通过该点作一条辅助线，先求出辅助线的投影，再求出点的投影。

【例 2-8】 如图 2.2.9（a）所示，已知正三棱锥体表面上 K 点的正面投影 k'，求作它的其他两面投影 k、k''。

【解】 作图步骤：

① 用辅助线法求 K 点的投影。因为 k' 可见，所以 K 点必在平面 SAC 上。

② 连接 $s'k'$ 成线，即为平面 SAC 上的线 SK 的正投影，其与棱线 AC 正投影交于点 e'，依据投影规律 E 点的水平投影 e 必在棱线 AC 的水平投影上。连接 se，k 必在此直线上，再根据 k、k' 可求出 k''。

③ 因为平面 SAC 的侧面投影为可见，故 k'' 点也为可见，其投影如图 2.2.9（b）所示。

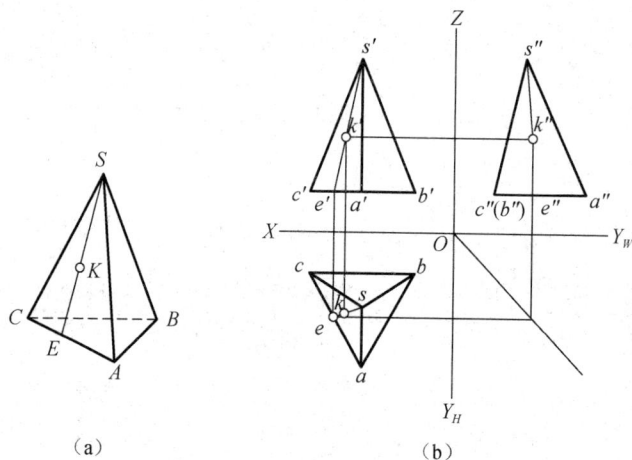

（a）　　　　　　　　（b）

图 2.2.9　正三棱锥体表面上点的投影

任务实施：平面立体及其表面直线三视图的绘制

（1）平面立体形体分析

图 2.2.10（a）所示的平面立体是正四棱锥体，其底面为正四边形，各棱线交于一点，侧棱面均为全等的等腰三角形。投影时将正四棱锥体放置成底面与水平面平行，一侧棱线在最前方。

（2）投影分析

俯视图为正四边形，是底面的投影，反映实形。锥顶点 S 的投影落在正四边形 $abcd$ 的中心 s 上，s 点与正四边形 $abcd$ 四个角点的连线即为四条棱线的投影。M 点、N 点分别位于棱线 SA 上和平面 SAB 内，利用从属性法和辅助线法可绘制其投影。

（3）作图步骤

① 画投影轴。

② 画反映底面实形的俯视图,先画正四边形 *abcd*,找出中心点 *s* 连接 *sa*、*sb*、*sc*、*sd*。

③ 根据"长对正"和正四棱锥体的高度画主视图。

④ 根据"宽相等、高平齐"画左视图。

⑤ 利用从属性法和辅助线法可绘制 *M*、*N* 投影。

⑥ 检查后加深线条颜色,如图 2.2.10(b)所示。

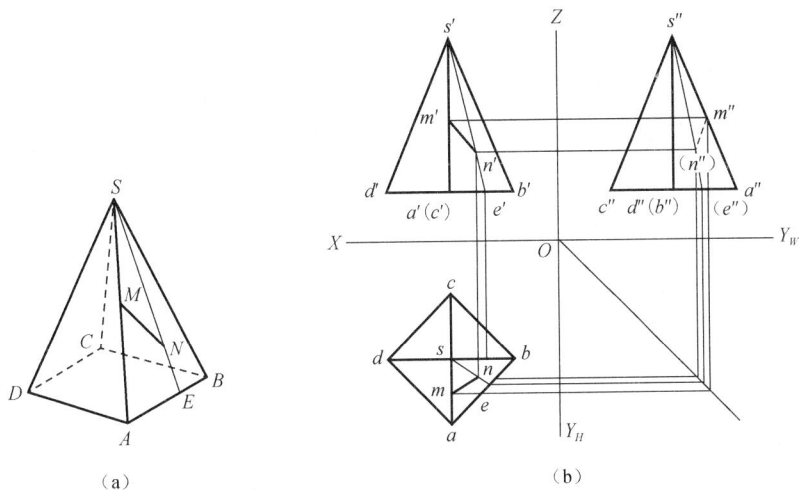

图 2.2.10　正四棱锥体及表面上点的投影

能力提升:平面立体中利用辅助线确定给定点的投影

如图 2.2.11 所示正三棱锥体,利用过 *K* 点且平行于底边的直线为辅助线求 *K* 点的各投影。

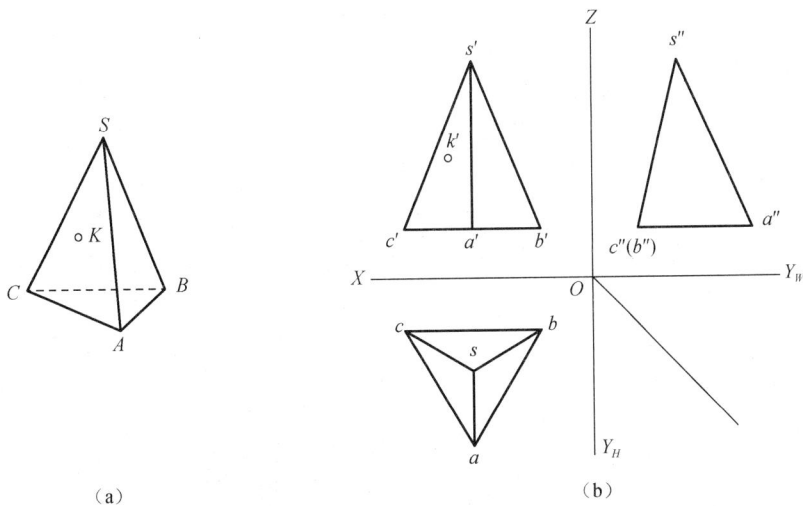

图 2.2.11　正三棱锥体及表面上点的投影

学 习 页

学习情境三 绘制曲面立体的投影图

任务描述与任务分析

任务描述:

如图 2.3.1 所示,已知基本形体的三视图,形体表面有曲线 $ABCD$,完成线 $ABCD$ 三视图的绘制。

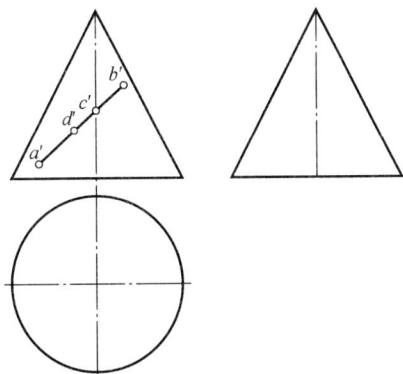

图 2.3.1 曲面立体及线的投影

任务分析:

曲面立体指的是曲面或曲面和平面组成的立体。建筑工程中的壳体屋盖、隧道的拱顶及常见的设备管道等的几何形状都是曲面立体。

曲面是由直线或曲线在一定约束条件下运动形成的。这条运动的直线或曲线,称为曲面的母线。曲面上任一位置的母线称为素线。如图 2.3.2 所示,母线 Aa 沿着曲线 AD 运动,并始终平行于直线 L,便形成了一个曲面,其中直线 L 称为导线。

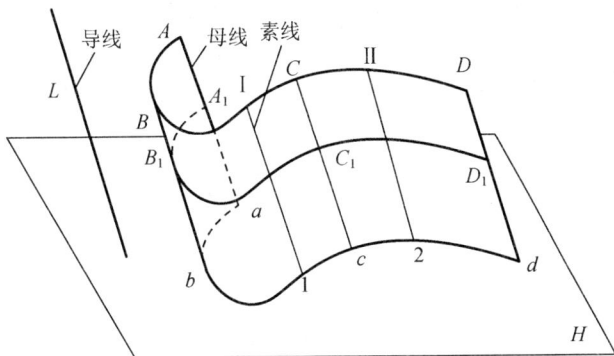

图 2.3.2 曲面的形成

　　曲面可以看作母线运动后的轨迹，也可以是曲面上所有素线的集合。其中起到轮廓作用的素线称为轮廓素线。曲面立体的投影只画各投影面轮廓线。

　　在绘制曲面立体投影图时，通常将曲面立体在投影体系中正放，也就是使曲面立体的底面平行于投影面，使曲面立体的轴线垂直于投影面，并使曲面立体处于稳定平放的位置。

知识窗：赵州桥的结构特点

　　赵州桥，是一座位于河北省石家庄市赵县洨河之上的石拱桥，因赵县古称赵州而得名。赵州桥始建于隋代，由匠师李春设计建造，已有1400多年历史。

赵州桥的
结构特点

　　赵州桥的结构特点如下。

　　1）敞肩拱。两个拱肩部分各建两个对称的小拱，伏在主拱的肩上，符合结构力学原理，增加排水面积的同时又可节省石料。

　　2）跨度大，弧形平。采取单孔长跨形式，河心不立桥墩；采用圆弧拱形式，降低了石拱的高度，相比于单跨跨度小、桥墩多的多孔桥，更利于泄洪。

　　3）两端宽中间窄。

　　4）采用纵向并列砌筑法砌筑。

　　（注：具体内容请扫码查看。）

知识准备：曲面立体投影图绘制基础（圆柱、圆锥、圆台、圆球）

一、基本概念

　　1. 曲线

　　曲线可以看成是一个点按一定规律运动而形成的轨迹。分为平面曲线和空间曲线。

曲面立体的投影

　　平面曲线：曲线上各点都在同一个平面内（如圆、椭圆、双曲线、抛物线等）。

　　空间曲线：曲线上各点不在同一个平面内（如圆柱螺旋线等）。

　　2. 曲面

　　曲面可以看成是由直线或曲线在空间按一定规律运动而形成的。曲面分为直线曲面和曲线曲面。

　　直线曲面：由直线运动而形成的曲面。

　　曲线曲面：由曲线运动而形成的曲面。

　　回转体是由一母线（直线或曲线）绕一固定轴线作回转运动形成的。圆柱体、圆锥体、球体和环体都是回转体，其曲表面称为回转面，如图2.3.3所示。

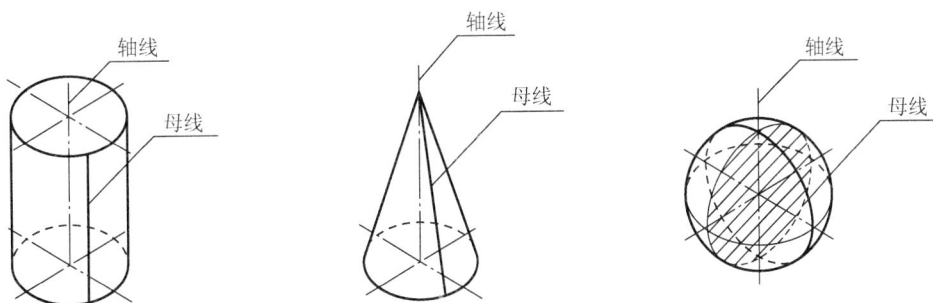

图 2.3.3 回转体的形成

3. 素线与轮廓线

形成曲面的母线，它们在曲面上称为素线。

我们把确定曲面范围的外形线称为轮廓线（或转向轮廓线），轮廓线也是可见与不可见的分界线。

当回转体的旋转轴在投影体系中摆放的位置合理时，轮廓线与素线重合，这种素线称为轮廓素线。在三面投影体系中，常用的四条轮廓素线分别为：形体最前边素线、最后边素线、最左边素线和最右边素线。

4. 纬圆

由回转体的形成可知，母线上任意一点的运动轨迹为圆，该圆垂直轴线，此圆即为纬圆。

二、圆柱体的三面投影

1. 圆柱体的形体特征

圆柱体由圆柱面和两个底面组成。圆柱体的上、下两个底面为直径相同且相互平行的两个圆面，轴线与底面垂直。轴线的高是圆柱体的高。

2. 圆柱体的投影

（1）形体投影位置

为了作图方便，将圆柱体放置成轴线垂直于侧平面 W，上、下底面与 W 面平行的位置，如图 2.3.4（a）所示。

（2）投影分析

① 左视图为一个圆，反映左、右底面的实形。圆柱面的投影积聚在该圆周上。

② 主视图为一个矩形，其左、右边线为圆柱体底面的积聚投影，其上、下边线为上、下两条轮廓素线的投影。

③ 俯视图为一个矩形，其左、右边线为圆柱体底面的积聚投影，其前、后边线为前、后两条轮廓素线的投影。

（3）作图步骤

① 定中心线和轴线的位置。

② 画侧面投影，画出反映底面实形的图。

③ 根据"高平齐"和圆柱体的长度画主视图的矩形线框。

④ 根据"长对正、宽相等"画俯视图的矩形线框。

⑤ 检查后加深线条颜色，如图 2.3.4（b）所示。

注意：非轮廓线的素线投影不必画出。

曲面立体上
点线的投影

3. 圆柱体表面上点的投影

圆柱体表面上点的投影可用积聚性法求得，因为圆柱体的圆柱面和两底面至少有一个投影具有积聚性。

判断曲面立体表面上点和线可见性的原则与平面立体的判定原则相同，点、线所在的表面投影可见，那么点、线的同名投影一定可见，否则不可见。注意当点的投影与积聚成直线的平面重影时，不加括号。

【例2-9】 如图 2.3.4（a）所示，已知圆柱面上 M 点的正面投影 m'，求作 M 点的其余两个投影 m、m''。

【解】 作图步骤：

① 因为圆柱面的投影具有积聚性，故圆柱面上点的侧面投影一定重影在圆周上。又因为 m' 点可见，所以 M 点必在前半圆柱面的上边，由 m' 点可求得 m'' 点。

② 由 m' 点和 m'' 点求得 m 点，如图 2.3.4（b）所示。

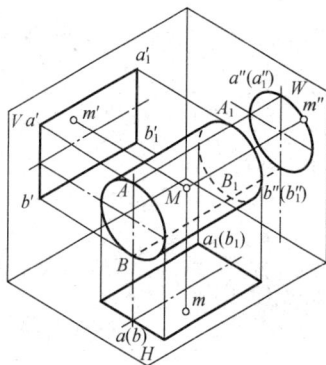

（a）立体图

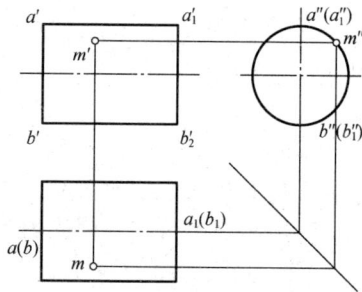

（b）投影图

图 2.3.4　圆柱体的投影

三、圆锥体的三面投影

1. 圆锥体的形体特征

圆锥体由圆锥面和底面圆组成，轴线通过底面圆心并与底面垂直，轴线的高是圆锥体的高。

2. 圆锥体的投影

（1）形体投影位置

为了作图方便，将圆锥放置到轴线与水平面 H 垂直，底面与 H 面平行的位置。

（2）投影分析

①　俯视图为一个圆，这个圆既反映圆锥体底面的实形，又是圆锥面的水平投影。圆锥顶点的水平投影位于该圆的圆心。

②　主视图为一个等腰三角形，三角形的底边是圆锥体底面的积聚投影，其左、右两腰是圆锥面上的最左、最右两条轮廓素线的投影。

③　左视图为一个等腰三角形，三角形的底边是圆锥体底面的积聚投影，其前、后两腰是圆锥面上的最前、最后两条轮廓素线的投影。

（3）作图步骤

①　定中心线和轴线的位置。

②　画水平投影，画出反映底面实形的图。

③　根据"长对正"和圆锥的高度画正面投影三角形线框。

④　根据"宽相等、高平齐"画侧面投影三角形线框。

⑤　检查后加深线条颜色，如图 2.3.5（b）所示。

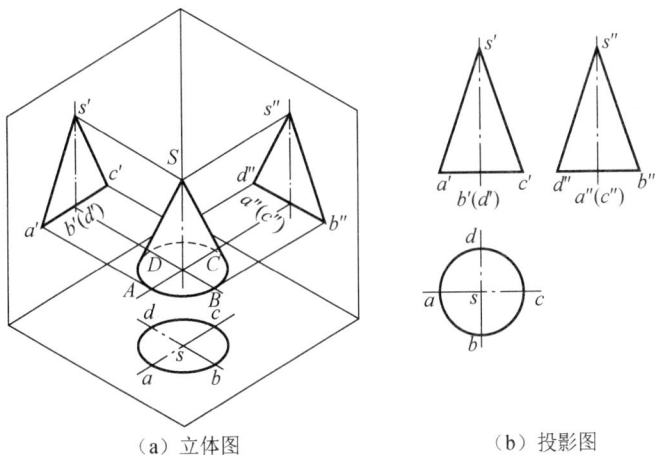

（a）立体图　　　　　　　　　　（b）投影图

图 2.3.5　圆锥体的投影

3. 圆锥体表面上点的投影

圆锥体的投影没有积聚性，在其表面上取点的方法有两种：素线法和纬圆法。

（1）素线法

绘制步骤：

如图 2.3.6（a）所示，过锥顶点 S 和 M 点作一条直线 SA，与底面交于 A 点。M 点的各个投影必在直线 SA 的相应投影上。在图 2.3.6（b）中过 m' 点作直线 $s'a'$，然后求出其水平投影 sa。由于 M 点属于直线 SA，由点在直线上的从属性质可知 m 点必在直线 sa 上，故可求出水平投影 m 点，再根据 m、m' 点求出 m'' 点。

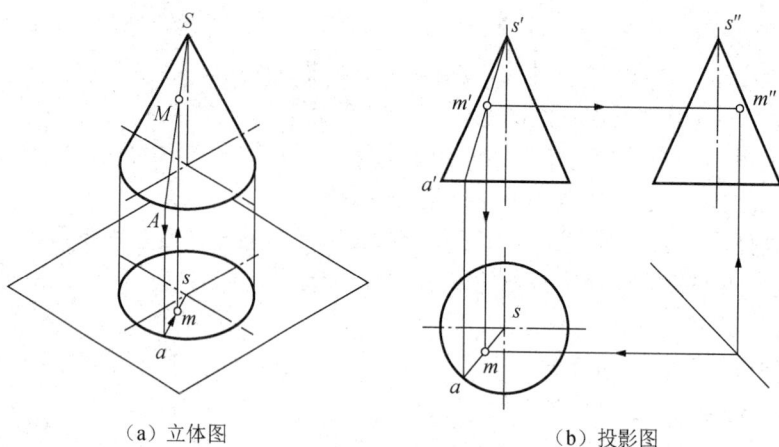

（a）立体图 （b）投影图

图 2.3.6　素线法求圆锥体表面上点的投影

（2）纬圆法

绘制步骤：

如图 2.3.7（a）所示，过圆锥面上的 M 点作一个垂直于圆锥轴线的辅助圆，M 点的各个投影必在此辅助圆的相应投影上。在图 2.3.7（b）中过 m' 点作水平线 $a'b'$，此为辅助圆的正面投影积聚线。辅助圆的水平投影为一个直径等于 $a'b'$ 的圆，圆心为 s 点，由 m' 点向下引联系线与此圆相交，根据 M 点的可见性，即可求出 m 点。然后再由 m' 点和 m 点求出 m'' 点。

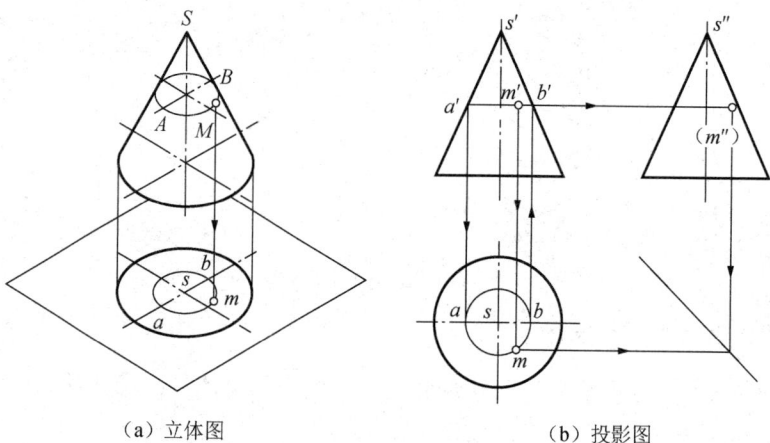

（a）立体图 （b）投影图

图 2.3.7　纬圆法求圆锥体表面上点的投影

四、圆台体的三面投影

圆台体可以看成是由用平行于圆锥体底面的平面截切锥顶后形成的，圆台体两个底面为相互平行的圆。圆台体三视图及其表面上点的投影的作图方法和步骤同圆锥体。图 2.3.8 所示为圆台的投影。

圆台体三视图的投影特征为：两个视图为梯形线框，第三个视图为两个同心圆。

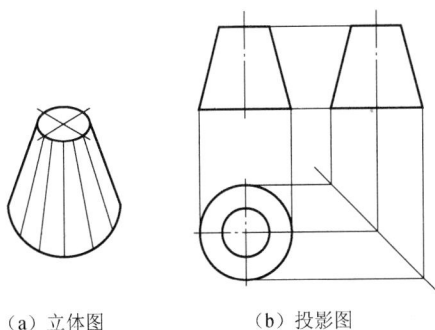

（a）立体图　　　　　　（b）投影图

图 2.3.8　圆台体的投影

五、圆球体的三面投影

1. 圆球体的形体特征

圆球体由球面组成。球面可看作是一个圆绕通过圆心的固定轴线回转而成的，此圆称为母线圆，母线圆的任一位置即为球表面的素线。

2. 圆球体的投影

（1）投影分析

圆球体的三个视图是三个直径相等的圆，其直径等于球的直径。但这三个圆分别表示三个不同方向的圆球面轮廓素线的投影。正面投影的圆是平行于 V 面的圆素线 A（它是前面可见半球与后面不可见半球的分界线）的投影。与此类似，侧面投影的圆是平行于 W 面的圆素线 C 的投影；水平投影的圆是平行于 H 面的圆素线 B 的投影，如图 2.3.9（a）所示。这三条圆素线的其他两面投影都与相应圆的中心线重合，不应画出。

（2）作图步骤

先画圆球体的中心线，确定球心的三面投影，再画三个与圆球体直径相等的外轮廓圆，如图 2.3.9（b）所示。

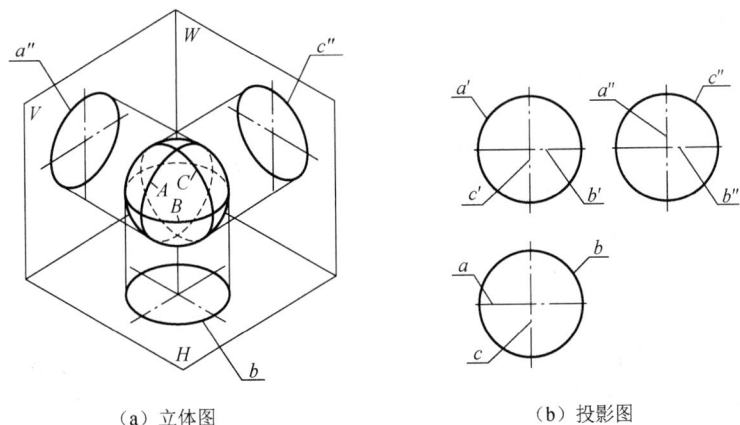

（a）立体图　　　　　　　　　　（b）投影图

图 2.3.9　圆球体的投影

3. 圆球体表面上点的投影

由于圆球面的投影没有积聚性，因此求作其表面上点的投影时需采用纬圆法，即过该点在球面上作一个平行于任一投影面的辅助圆。

具体作图步骤如下：

① 过 M 点作一个平行于正立投影面的辅助圆，它的水平投影为过 m 点的直线 ab，正面投影为直径等于 ab 长度的圆。

② 自 m 点向上引联系线，在正面投影上与辅助圆相交于两点。又因为 m 点可见，故 M 点必在上半个圆周上，据此可确定位置偏上的点即为 m′点。

③ 由 m 点、m′点求出 m″点，如图 2.3.10（b）所示。

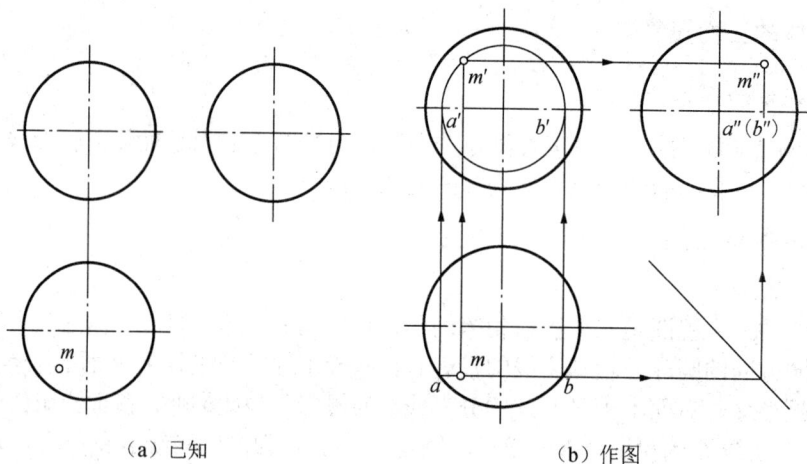

（a）已知　　　　　　　　　　（b）作图

图 2.3.10　圆球体表面上点的投影

任务实施：曲面立体及其表面曲线三视图的绘制

（1）投影分析

① 图 2.3.11 所示曲面立体为圆锥体，其轴线与水平面 H 垂直，底面与 H 面平行。

② 俯视图为一个圆，这个圆既反映圆锥体底面的实形，又是圆锥面的水平投影。圆锥顶点的水平投影位于该圆的圆心。主视图为一个等腰三角形，三角形的底边是圆锥体底面的积聚投影，其左、右两腰是圆锥面上的最左、最右两条轮廓素线的投影。左视图为一个等腰三角形，三角形的底边是圆锥体底面的积聚投影，其前、后两腰是圆锥面上的最前、最后两条轮廓素线的投影。

③ 圆锥面上有四个点，其中两端点是 A、B，点 C 位于最前面的素线上。

（2）实施原则

① 作圆锥面上线段投影的方法：求出线段上的端点、轮廓线上的点、分界点等特

殊位置的点及适当数量的一般点，并依次连接各点的同面投影。

② 圆锥投影不具有积聚性，一般采用辅助线法绘制面上点的投影。

（3）作图步骤

过圆锥面上的 A、B、C、D 点分别作一个垂直于圆锥轴线的辅助圆，各点的各个投影必在此辅助圆的相应投影上。分别绘制出四个点的投影，连接各点的同名投影获得线的投影，如图 2.3.11 所示。

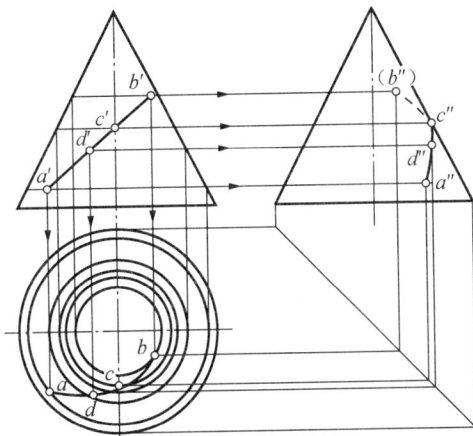

图 2.3.11　圆锥体及曲线的投影

能力提升：曲面立体中利用辅助线确定给定点的投影

分析图 2.3.12 所示圆环体投影的特点，并说明其面上点的绘制方法。

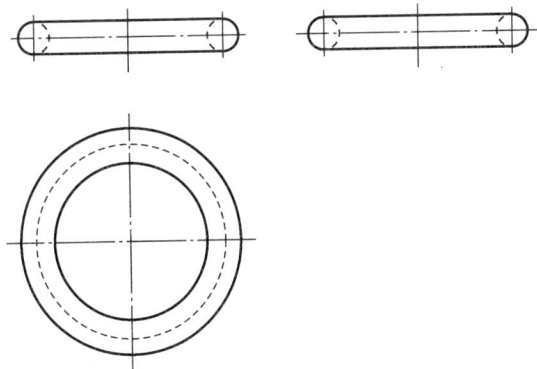

图 2.3.12　圆环体的投影

学　习　页

绘制识读组合体三视图

┃思政目标 通过从不同方向观察金字塔，感受不同视角所看到的侧视图、仰视图和俯视图，学会从不同角度看待问题，分析问题。了解装配式建筑的概念和特点，以及组合体整体与组成其整体的基本体之间的关系，引申出个体与整体、个人与国家之间的从属关系，提高爱国意识和大局意识；规范组合体投影的绘制和尺寸标注，树立严谨、求实的工作作风。

┃学习目标 了解组合体的各种组合形式。
掌握组合体三视图的绘图方法与步骤。
掌握组合体的形体分析法和线面分析法。
掌握组合体的尺寸分析与标注方法。

┃技能目标 能熟练运用形体分析和线面分析法分析、绘制和阅读组合体三视图。
能根据组合体模型、轴测图等绘制组合体三视图，并正确标注尺寸。

┃学习提示 建筑工程中的形体大多以组合体的形式出现，组合体是由基本几何体组成的，如图 3.0.1 所示。
要正确绘制组合体的三视图，首先要熟悉组合体的构成方式及表面连接关系，其次要掌握组合体的绘图方法及步骤。

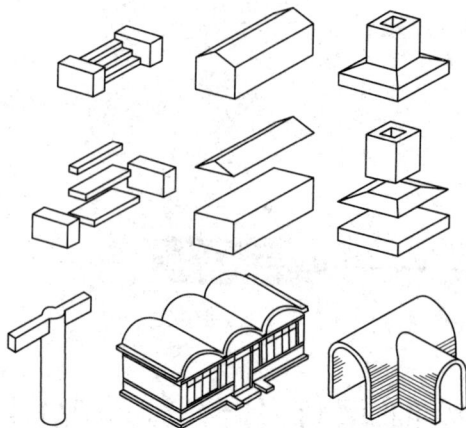

图 3.0.1　建筑工程中常见的组合体

学习情境一　绘制组合体三视图

任务描述与任务分析

任务描述：

绘制如图 3.1.1 所示窨井的三视图并标注尺寸。

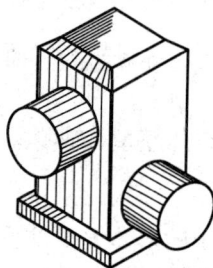

图 3.1.1　窨井的立体图

任务分析：

组合体的形状、结构之所以复杂，是因为它是由几个基本体组合而成的。在画图和读图时假想将一个复杂的组合体分解为若干个基本体，并分析其相对位置和组合形式，从而形成整个组合体的完整概念及思考方法称形体分析法。

形体分析法是画图、读图、标注尺寸的基本方法。画组合体的投影图，一般先进行形体分析，选择适当的投影图，然后进行画图。

知识窗：不同方向看金字塔所呈现的投影关系

埃及的金字塔是古埃及法老（即国王）和王后的陵墓。金字塔是用巨大石块修砌成的方锥形建筑，因形似汉字"金"字，故译作"金字塔"。在埃及已发现的金字塔中，最有名的是位于开罗西南面的吉萨高地上的祖孙三代金字塔。它们分别是大金字塔（也称胡夫金字塔）、海夫拉金字塔和门卡乌拉金字塔，与其周围众多的小金字塔形成金字塔群，为埃及金字塔建筑艺术的顶峰。

（注：具体内容请扫码查看。）

不同方向看金字塔
所呈现的投影关系

知识准备：组合体分析及三视图绘制方法

一、组合体分析

1. 组合形式

根据基本体组合方式的不同，组合体通常可分为叠加型组合体、切割型组合体和组合型组合体三种。如图 3.1.2 所示。

组合体的组合方式

1）叠加型组合体是由若干个基本体叠加而成的。

2）切割型组合体是由基本体切去某些形体而成的。

3）组合型组合体是既有叠加又有切割或相交的组合体。

工程实际中，单纯以叠加或切割方式组合而成的组合体较少，大多数为组合型组合体。

2. 基本体之间的表面连接关系

（1）不平齐

当相邻两基本体的表面分界处不平齐时，结合处应有分界线，相应视图中应有线隔开，如图 3.1.3 所示。

（2）平齐

当两基本体相邻表面平齐连成一个平面时，结合处没有分界线，相应视图中应无分界线，因为一个面应是一个封闭线框，如图 3.1.4 所示。

（3）相切

当相邻两基本体的表面相切时，由于在相切处两表面是光滑过渡的，不存在明显的分界线，因此在相切处不画分界线的投影。例如，当平面与曲面、曲面与曲面相切时，在相切处不存在交线，如图 3.1.5 所示，该物体由耳板和圆筒组成。画图时应注意，耳板顶面的投影应画至相切处，故画图时必须先找到切点。

（a）叠加型　　　　　　　　　　　　　（b）切割型

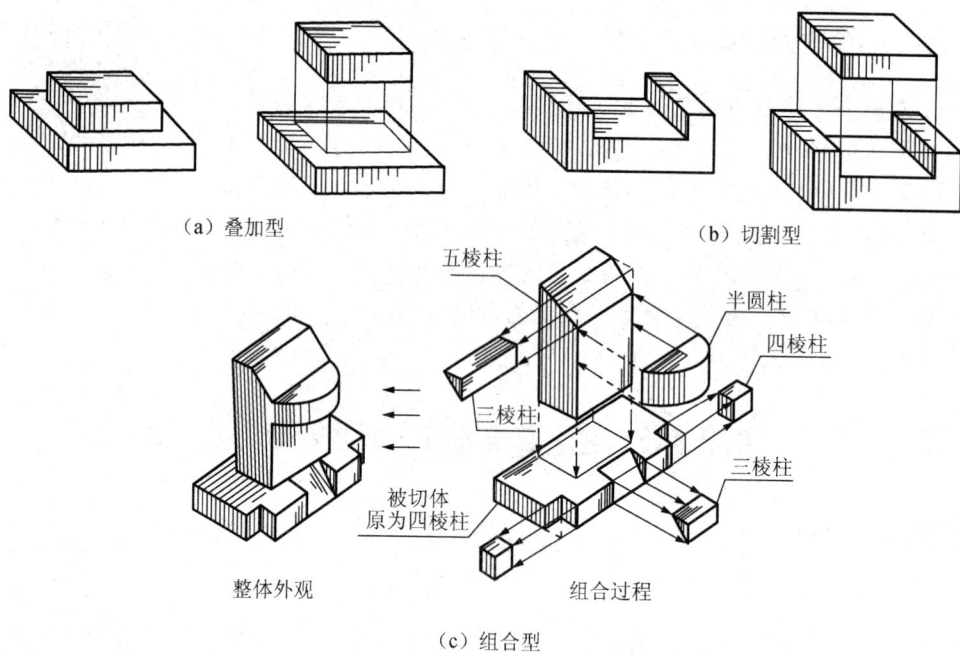

五棱柱

半圆柱

四棱柱

三棱柱

三棱柱

被切体
原为四棱柱

整体外观　　　　　　　　　　　　组合过程

（c）组合型

图 3.1.2　组合体的组合形式

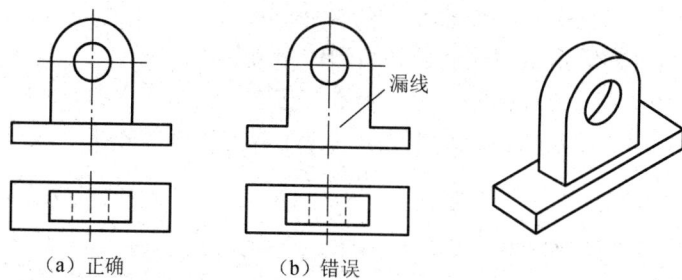

漏线

（a）正确　　　　　　（b）错误

图 3.1.3　不平齐的画法

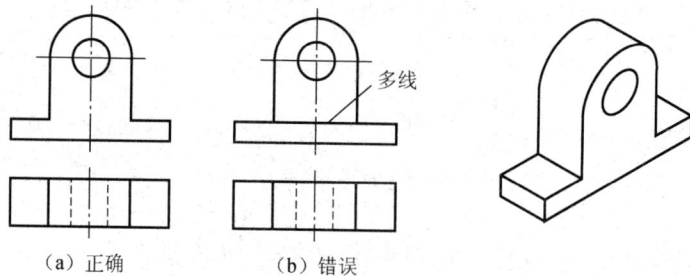

多线

（a）正确　　　　　　（b）错误

图 3.1.4　平齐的画法

（a）正确　　　　　　　　　　　　　（b）错误

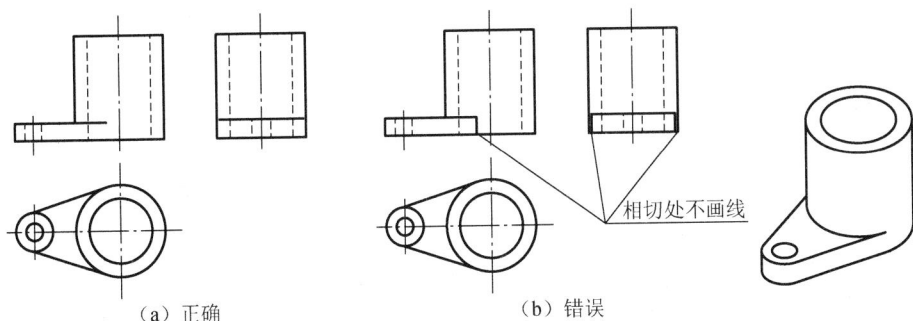

图 3.1.5　相切的画法

（4）相交

当两基本体的平面与平面、平面与曲面、曲面与曲面相交时，无论哪种情况均应在视图相应位置处画出交线的投影。如图 3.1.6 所示，耳板的前、后表面与圆筒表面的交线是直线，画图时应从平面和柱面有积聚性的投影处入手画出交线的其余投影。

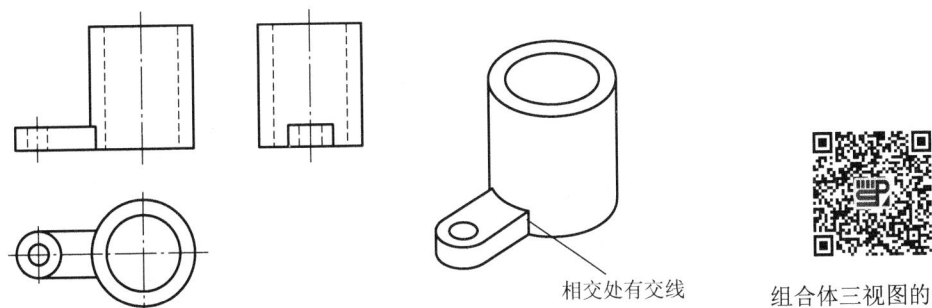

相交处有交线

图 3.1.6　相交的画法

组合体三视图的绘制
与识读（一）

二、形体分析法绘图步骤

以图 3.1.7 叠加型组合体为例对形体分析法绘制组合体三视图的步骤和方法进行说明。

1. 形体分析

首先应对组合体进行形体分析，了解它各部分的形状特征、相对位置、组合形式以及各表面之间的连接关系。

台阶体是由栏板和踏步板组合而成的叠加型组合体。中间由三块从大到小的四棱柱体按从下而上的顺序叠加起来当作踏步板，左右两侧则由两块五棱柱体叠靠在一起作为栏板。

2. 投影图选择

投影图选择包括确定物体的安放位置、选择正面投影及确定投影图数量等。

图 3.1.7　室外台阶体直观图

（1）确定安放位置

一要使形体处于稳定状态，二要考虑形体的工作状况。为了作图方便，应尽量使形

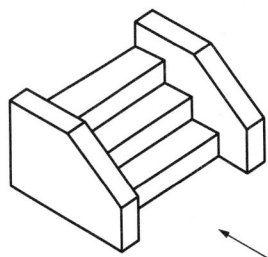

体的表面平行或垂直于投影面。

（2）选择正面投影

正立面图是表达形体的一组视图中最主要的视图，所以在视图分析的过程中应重点考虑。其选择的原则如下。

① 应使正面投影尽量反映出物体各组成部分的形状特征及其相对位置。

② 应使视图上的虚线尽可能少一些。

③ 应合理利用图纸的幅面。

台阶应平放，确定以最能反映台阶特征的箭头方向作为主视图，同时确定视图的数量。

（3）确定投影图数量

当正面投影选定以后，组合体的形状和相对位置还不能完全表达清楚，需要增加其他投影进行补充。为了便于看图，减少画图工作量，在保证完整、清楚地表达物体形状、结构的前提下，尽量减少投影图的数量。

根据图示结构，选择正面投影、水平投影和侧面投影表示组合体。

3. 绘制投影图

（1）选取作图比例、确定图幅

根据实物的大小定出符合国家标准的作图比例和图幅，图幅的大小应根据视图范围、尺寸标注和画标题栏等所需面积而定。布置视图时应力求图面匀称，视图之间的距离恰当并有足够的地方标注。

（2）布图、画基准线

先固定图纸，画出图框和标题栏。然后根据视图的数量和标注尺寸所需的位置，把各视图匀称地布置在图幅内。对于一般形体，应先根据形体总的长、宽、高尺寸，画出各视图所占范围。

（3）绘制底稿

根据物体投影规律，逐个画出各基本体的三视图。

画图的顺序是：一般先画实形体，后画虚形体（挖去的形体）；先画大形体，后画小形体；先画整体形状，后画细节形状。

画各部分的投影时，应从其反映形状特征的投影开始画起（如先画圆柱反映为圆的投影），三个视图配合着画完该部分。切记不要画完组合体的一个视图后，再画另一视图，对于截交线、相贯线更应如此，这样才能保证投影正确和提高画图速度。

（4）检查描深

底稿画完后，用形体分析法逐个检查各组成部分（基本体）的投影，以及它们之间的相互位置关系；对各基本体间邻接表面处于相切、共面或相交时产生的线、面的投影，用线、面的投影性质予以重点校核，纠正错误，补充遗漏。无错误后，可按规定的线型进行加深，如图3.1.8所示。

（a）画四棱柱　　　　　　　　　　（b）画栏板

（c）画第一阶踏步板　　　　　　　（d）画第二阶踏步板

（e）画第三阶踏步板　　　　　　　（f）整理，成图

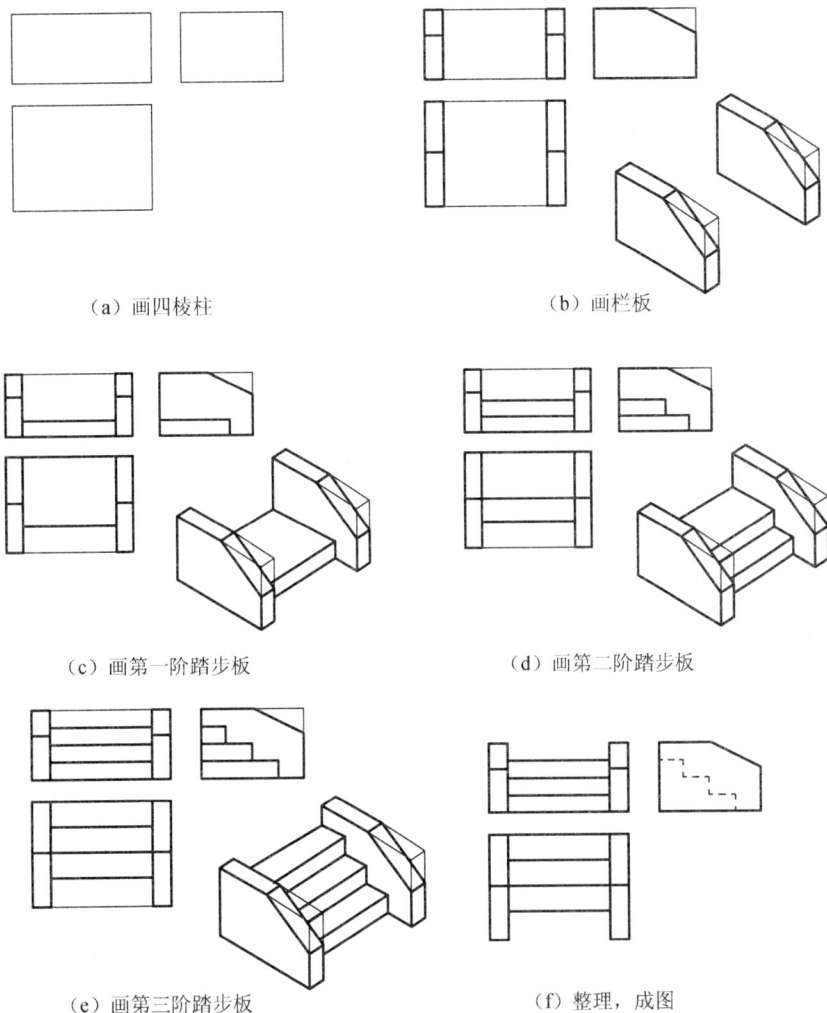

图 3.1.8　台阶体投影图的绘制

【例 3-1】　绘制图 3.1.9 切割型组合体的三视图。

【解】　提示：首先应从整体出发，逐步挖切，对于被切去的部分应先画出反映其形状特征的视图，即从有积聚性的投影入手，再画其他视图。

作图步骤：

① 形体分析。该物体可以分析为由长方体三次切割而成，如图 3.1.10 所示。

② 选择视图。以箭头所指方向作为主视图的投影方向，可明显地反映形状特征，其他投影均无虚线，图纸利用也较合理。

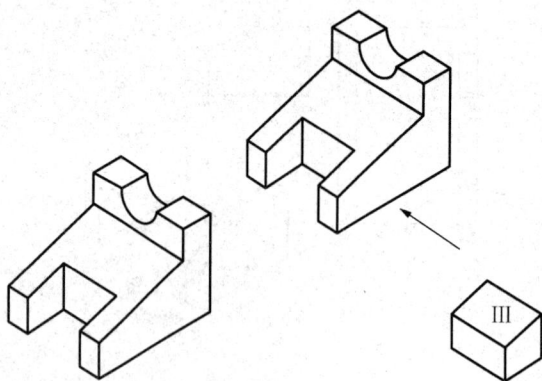

图 3.1.9　切割型组合体　　　　　　　图 3.1.10　切割型组合体的形体分析

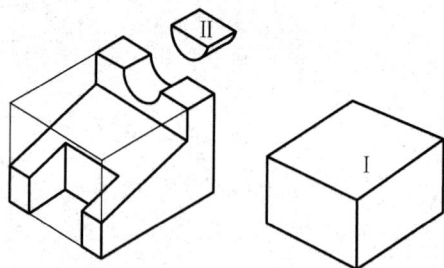

③　画底稿、校核和加深图线。如图 3.1.11 所示，首先画出长方体的三视图，从主视图着手先切去梯形块，并补全另两面视图；再切去半圆柱，应从投影特征明显的左视图入手，然后画主视图和俯视图；最后切去梯形口，先画俯视图（投影特征明显），再作出主视图、左视图中因切割而产生的交线。底稿画完后，应认真检查全图，按规定线型加深，最后完成全图。

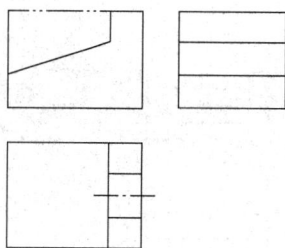

（a）切去左上梯形块　　　　　　　　　　（b）切去右上半圆柱

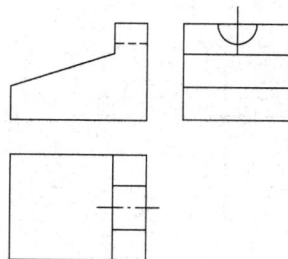

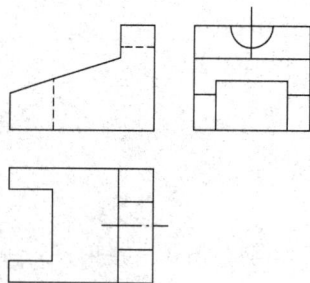

（c）切去左下梯形块　　　　　　　　　　（d）整理

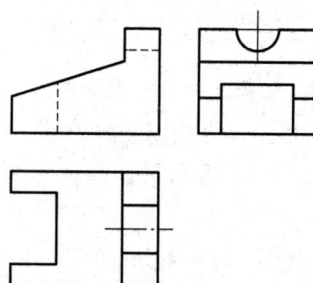

图 3.1.11　切割型组合体的画图步骤

三、组合体的尺寸标注

组合体的三视图只是定性地表达了它的形状，还需要标注出尺寸才能准确地表达出组合体的确切形状及真实大小。

1. 尺寸标注的基本要求

1）正确：尺寸标注要符合国家标准的有关规定。

2）完整：尺寸的标注必须齐全，既不重复，也不遗漏。

3）清晰：尺寸的布置应清晰、整齐，便于标注和看图。

4）合理：尺寸标注要符合设计和工艺要求，便于加工和测量。

2. 基本体尺寸标注

组合体由基本体组合而成，要想掌握组合体的尺寸标注，必须先能正确标注基本体的尺寸。

任何基本体都有长、宽、高三个方向上的尺寸，在视图上，通常要把反映这三个方向的尺寸都标注出来。基本体所需的尺寸个数与形状有关。

（1）平面立体的尺寸标注

常见平面立体的尺寸标注方法如表 3.1.1 所示。

表 3.1.1 平面立体的尺寸标注方法

三棱柱体	四棱柱体	
三棱锥体	五棱锥体	四棱台体

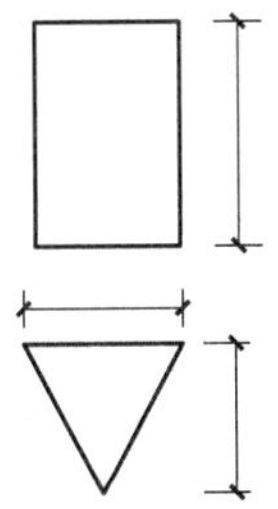

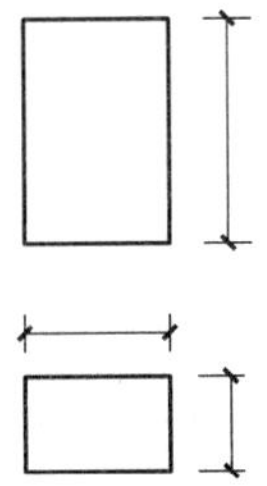

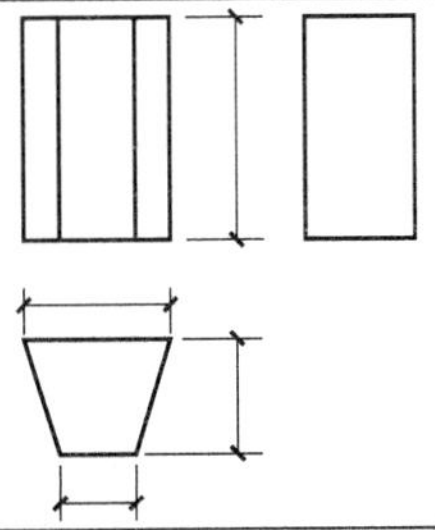

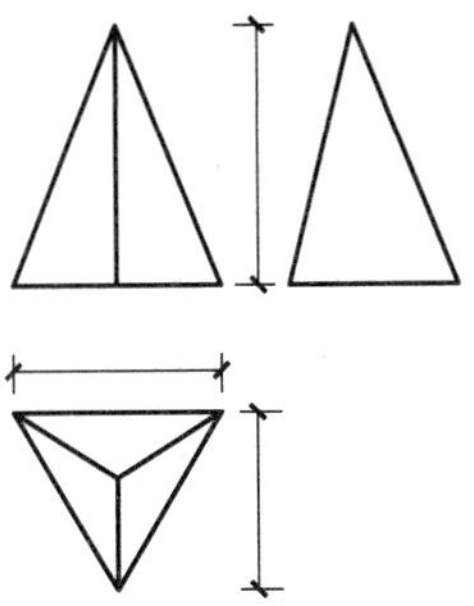

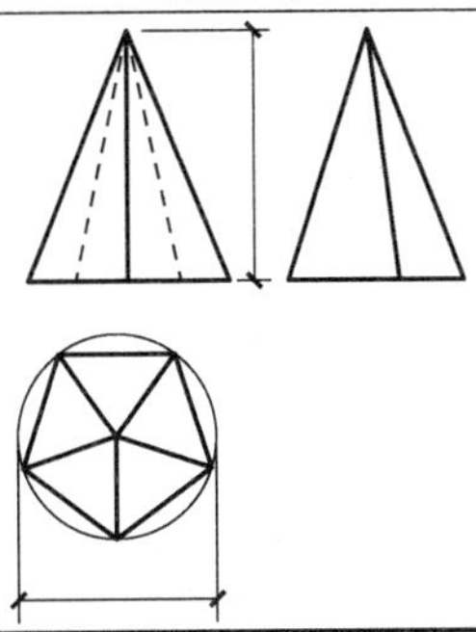

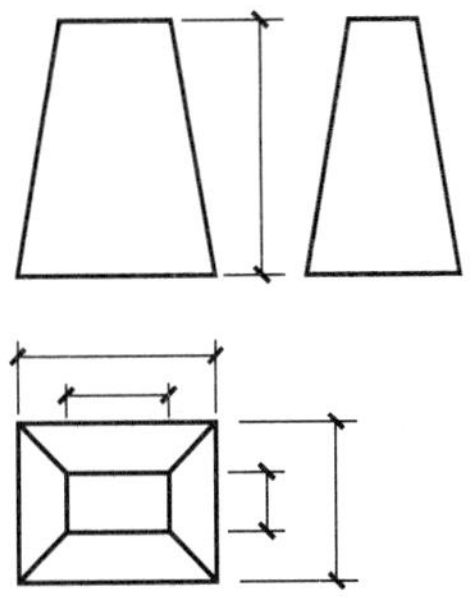

（2）曲面立体的尺寸标注

常见曲面立体的尺寸标注方法如表 3.1.2 所示。

表 3.1.2　曲面立体的尺寸标注方法

圆柱体	圆锥体
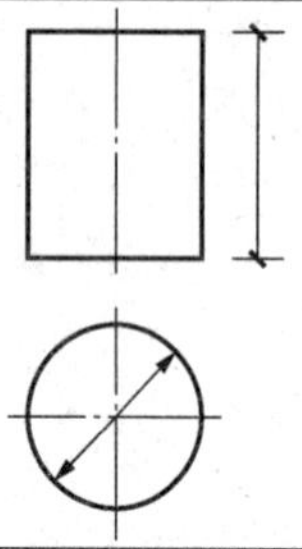	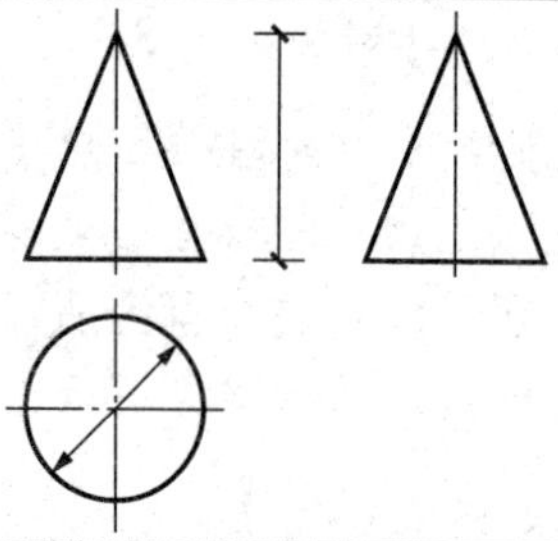
圆锥台体	球体
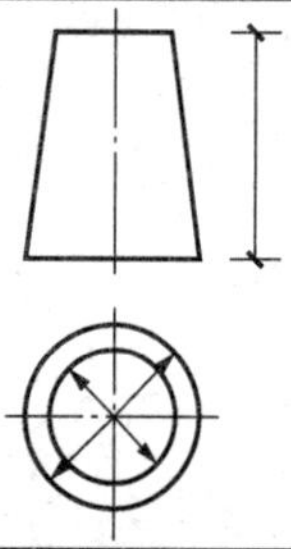	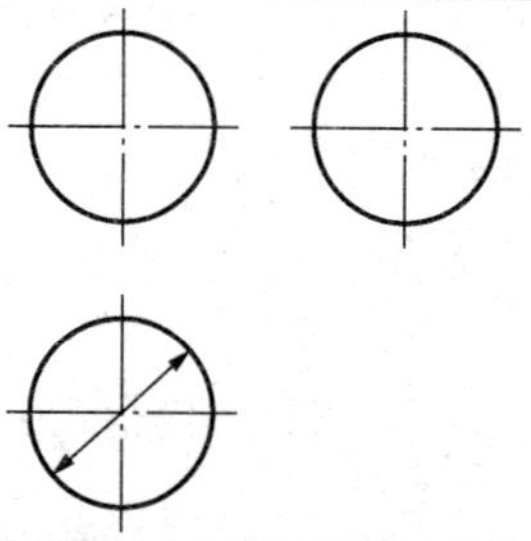

3. 组合体尺寸标注

（1）组合体尺寸的组成

组合体的尺寸包括以下三种。

① 定形尺寸。定形尺寸是确定组合体中各组成形体的大小（长、宽、高）的尺寸。

注意，两个以上具有相同结构的形体或两个以上有规律分布的相同结构只标注一次定形尺寸，如底板上的圆柱孔和圆角的定形尺寸。

② 定位尺寸。定位尺寸是确定组合体中各组成形体之间相对位置（上下、左右、前后）的尺寸。

每个形体都有长、宽、高三个方向的尺寸，因此需要有三个方向的定位尺寸，但有时由于在视图中已经确定了某个方向的相对位置，也可省略其定位尺寸。如竖板和底板的前后对称面重合且又位于宽度基准上，故不需要标注竖板的宽度定位尺寸。

③ 总体尺寸。总体尺寸是表示组合体总长、总高、总宽的尺寸。

注意：当标注总体尺寸与定形、定位尺寸相重复或冲突时，要对已标注尺寸作调整。

当组合体的某一方向为回转面时，该方向一般不标注总体尺寸，而是标注回转面轴线的定位尺寸和回转面的定形尺寸（半径或直径），如图 3.1.12 所示。

（2）尺寸基准

每一个尺寸都有起点和终点，标注尺寸的起点就是尺寸基准（简称基准）。

组合体具有长、宽、高三个方向的尺寸，标注每一个方向的尺寸都应先选择好基准。选作基准的位置可以是一个点、一条线或一个面，一般情况下，选用组合体（或形体）的对称平面（对称线）、主要的轴线和较大的平面（底面、端面）作为主要基准。

图 3.1.12 组合体标注示例

（3）尺寸标注中应注意的事项

① 一个尺寸只需标注一次，尽量标注在反映形体特征的投影图上。

② 尺寸应尽可能标注在图形轮廓线外面，不宜与图线、文字及符号相交；某些细部尺寸允许标注在图形内。

③ 表达同一几何形体的定形、定位尺寸，应尽量集中标注在一两个投影的下方或右方，必要时才注写在上方或左方。

④ 尺寸线的排列要整齐。对同方向上的尺寸线，组合起来排成几道尺寸，从被注图形的轮廓线由近至远整齐排列，小尺寸线离轮廓线近，大尺寸线应离轮廓线远些，且尺寸线间的距离应相等。

⑤ 尽量避免在虚线上标注尺寸。

⑥ 直径尺寸尽量标注在投影为非圆的视图上，半径尺寸必须标注在投影为圆的视图上。

⑦ 在标注尺寸时，有时会出现不能完全兼顾上述要求的情况，此时就必须在保证标注尺寸正确、完整、清晰的条件下进行合理标注。

⑧ 切割型组合体标注时，要标注立体未切割前的原体尺寸和切口处各截平面的定位尺寸。切口处截断面的形状不注尺寸，而由截平面与立体的相对位置来决定，如图 3.1.13 所示。

（4）尺寸标注的步骤

标注组合体尺寸前，需先进行形体分析，确定要反映到投影图上的基本体及其尺寸标注要求。除此之外，还必须掌握合理的标注方法。

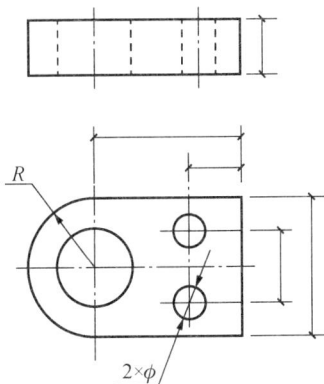

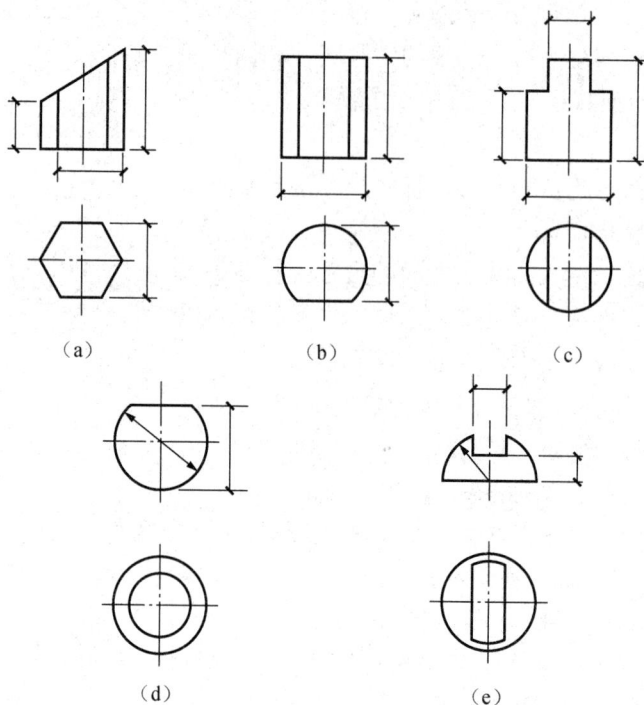

图 3.1.13　切割型组合体的基本几何体尺寸标注示例

【例 3-2】 标注图 3.1.14 所示组合体的尺寸。

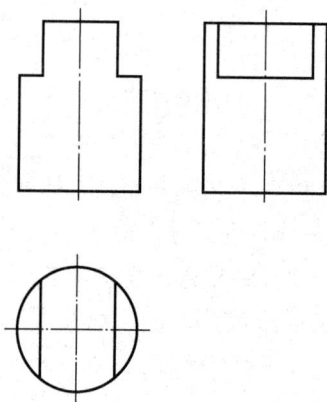

图 3.1.14　切割型组合体的投影图

【解】 作图步骤:

① 标注原体尺寸,如图 3.1.15（a）所示。

② 标注截平面的定位尺寸,如图 3.1.15（b）所示。

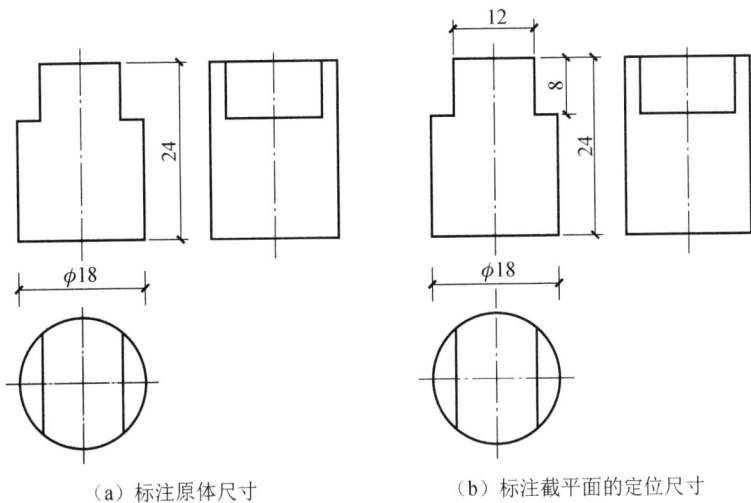

（a）标注原体尺寸　　　　　　　　（b）标注截平面的定位尺寸

图 3.1.15　切割型组合体的尺寸标注

任务实施：绘制组合体（窖井）三视图

首先对窖井进行形体分析，然后根据三视图的步骤，确定主视图，选定比例和图幅，画出底稿检查无误后描深，最后进行尺寸标注。

（1）形体分析

窖井可以看为由长方体、圆柱体和四棱台叠加而成的，如图 3.1.16 所示。

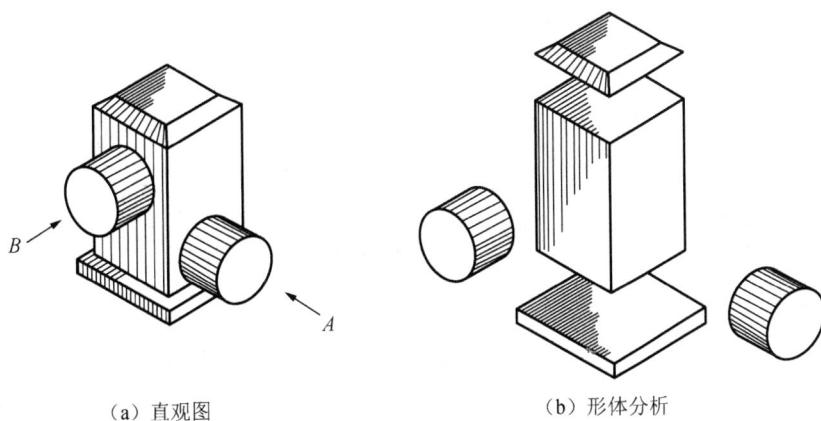

（a）直观图　　　　　　　　（b）形体分析

图 3.1.16　窖井的形体分析

（2）选择视图

以 *A*、*B* 箭头所指方向分别作为主视图和左视图的投影方向，可明显地反映形状特征，其投影均无虚线，图纸利用也较合理。

（3）画底稿、校核和加深图线

如图 3.1.17 所示，首先画出组合体的中心线，定出各投影图的绘制位置，并完成底板的视图；再根据底板、井身、盖板的位置关系，绘制井身和盖板的投影图；最后完成圆柱体的投影图，先绘制其有积聚性的投影图，再根据投影关系完成圆柱体在其他投影面的投影。底稿画完后，应认真校核全图，按规定线型加深，最后完成全图。

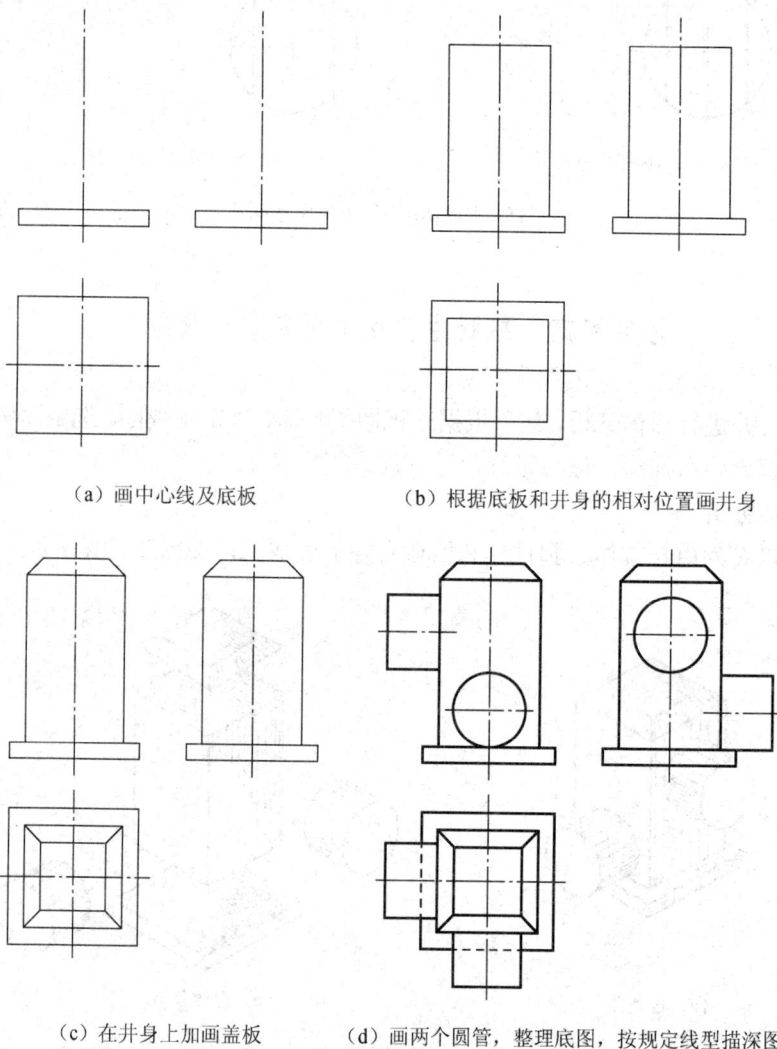

（a）画中心线及底板　　　　　　（b）根据底板和井身的相对位置画井身

（c）在井身上加画盖板　　　　（d）画两个圆管，整理底图，按规定线型描深图线

图 3.1.17　窨井的三视图

（4）尺寸标注

① 对组合体进行形体分析。

② 有序地标注每一组成部分的定形尺寸。

③ 标注定位尺寸。

④ 标注总体尺寸。

⑤ 全面检查，补上遗漏的尺寸，去掉重复的尺寸，如图 3.1.18 所示。

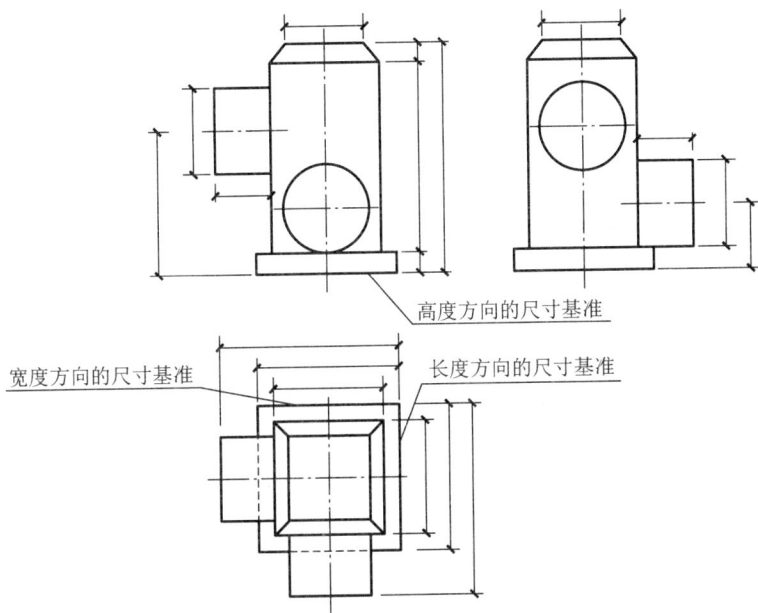

图 3.1.18　窑井的尺寸标注及尺寸基准的确定

能力提升：利用形体分析法绘制组合体三视图

试用形体分析法绘制图 3.1.19 所示肋式杯形基础的三视图。

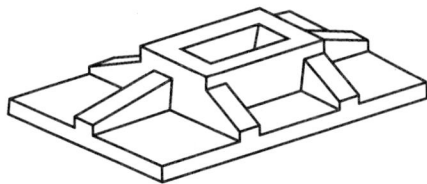

图 3.1.19　肋式杯形基础立体图

学　习　页

学习情境二 识读组合体三视图

任务描述与任务分析

任务描述：

已知图 3.2.1 所示为组合体三视图，正确识读其三视图。

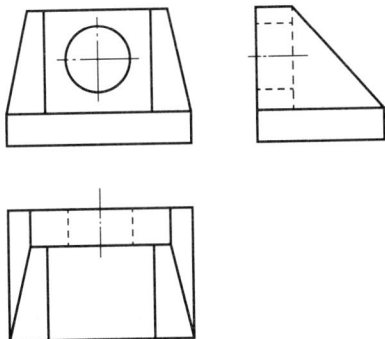

图 3.2.1 组合体三视图

任务分析：

画图是将形体运用正投影法表达在图纸上，是一种从空间形体到平面图形的表达过程。识图则是个逆过程，是根据平面图形（视图）想象出空间物体的结构形状。为了看懂组合体的视图，必须掌握识图的相关要领和方法。识图的基本方法有两种，一种为形体分析法，另一种为线面分析法。

知识窗：装配式建筑

装配式建筑是指把传统建造方式中的大量现场湿作业工作转移到工厂中进行，在工厂加工制作好建筑用构件和配件（如楼板、墙板、楼梯、阳台等）后，运输到建筑施工现场，通过可靠的连接方式在现场装配安装而成的建筑。

装配式建筑

装配式建筑有以下特点。

1）大量的建筑构件由车间生产加工完成，构件种类主要有外墙板、内墙板、叠合板、阳台、空调板、楼梯、预制梁、预制柱等。

2）现场进行大量的装配作业，原始现浇作业大大减少。

3）采用建筑、装修一体化设计、施工，理想状态是装修可随主体施工同步进行。

4）设计标准化和管理数字化。构件越标准，生产效率越高，相应的构件成本越低。

配合工厂的数字化管理，整个装配式建筑的性价比会越来越高。

5）符合绿色建筑的要求。

6）节能环保。

（注：具体内容请扫码查看。）

知识准备：组合体三视图的识读方法与应用

一、识图的基本知识

1. 将反映形体特征的视图联系起来识读

形体的形状一般是通过几个视图来表达的，每个视图只能反映形体一个方向的形状，一般情况下，一个视图不能确定形体的形状。

如图3.2.2所示形体的主视图均相同，但俯视图不同，他们所表示的形体形状就不同。

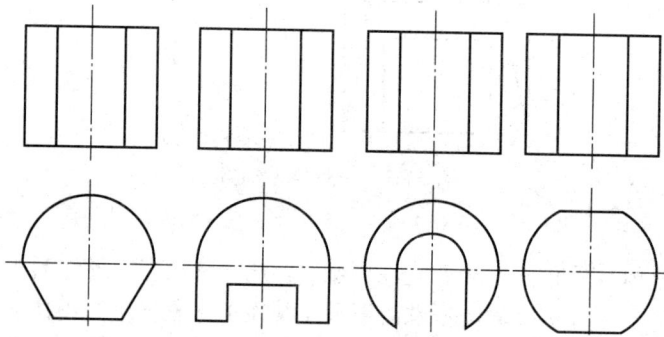

图 3.2.2　主视图相同的不同形体

有时两个视图也不能唯一确定形体的形状。如图3.2.3所示形体的主、俯视图相同，而左视图不同，其表达的形体形状也不同。因此，看图时，不能单看一个或两个视图，必须把所有已知的视图联系起来看，才能想象出形体的准确形状。

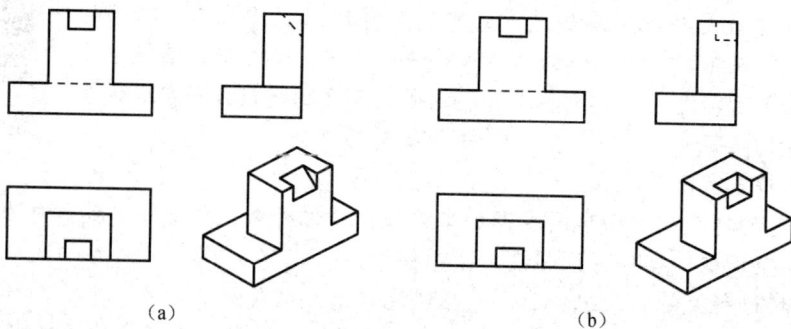

（a）　　　　　　　　　　　　　　（b）

图 3.2.3　两个视图相同的不同形体

2. 正确理解视图中线框和图线的含义

线框是指图上由图线围成的封闭图形。明确线框和线的含义对识图很重要。

视图中的图线的含义：具有积聚性的表面（平面或柱面）的投影；两个邻接表面（平面或曲面）交线的投影；曲面的转向线的投影。

视图中的线框的含义：形体表面（平面或曲面）的投影（封闭线框）；孔洞的投影（封闭线框）；相切表面的投影，表示为封闭线框或含有不封闭线框，如图 3.2.4 所示。

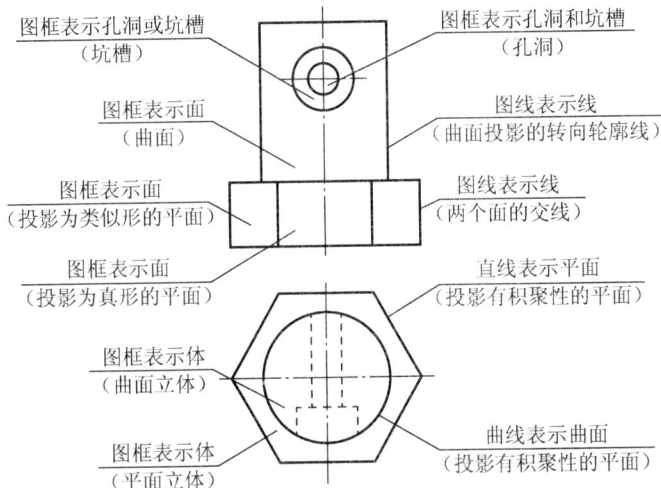

图 3.2.4 线框含义的示例

二、识读视图的基本步骤

识读组合体的视图时，一般按以下步骤进行。

（1）初步了解

根据组合体的视图和尺寸，初步了解组合体的大概形状和大小，根据各视图的线框，用形体分析法初步分析它由几个部分组成，各部分之间的组合方式，以及形体是否对称等。

（2）投影分析

通常从主视图入手，根据视图中的线框，适当地把它划分成几个部分，然后进一步分析各部分的形状和位置。

（3）综合想象

通过投影分析（形体分析和线面分析）在逐个看懂各组成部分形状的基础上，综合起来想出整个组合体的形状。对于比较复杂的视图，一般需要反复地分析、综合、判断和想象，才能将其读懂并想出组合体的形状。

三、识读视图的基本方法

1. 形体分析法

形体分析法是分析投影图上所反映的组合体的组合方式、各基本体的相互位置及投影特性，然后想象出组合体空间形状的分析方法。

具体识图步骤和方法如下。

（1）认视图，抓特征

先弄清图样上共有几个视图，分清图样上其他视图与主视图之间的位置关系，然后找出最能代表形体结构形状的特征视图，通过与其他视图的配合，对形体的空间构形有一个大概的了解。

组合体三视图
绘制与识读（二）

（2）对投影，想形状

根据投影关系，逐个找到与各基本体主视图相对应的俯视图和左视图，根据各基本体的三视图想出其形状。想形状时应是：先看主要部分，后看次要部分；先看容易确定的部分，后看难确定的部分；先看某一组成部分的整体，后看细节部分的形状。

（3）合起来，想整体

在看清每个视图的基础上，再根据整体的三视图，找出它们之间相对应的位置关系，逐渐想出整体的形状。

【例 3-3】 用形体分析法识读图 3.2.5 所示组合体的三视图。

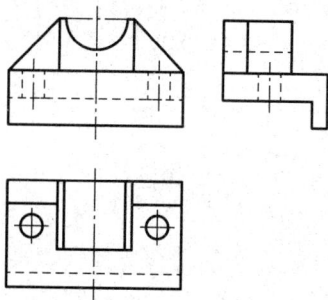

图 3.2.5　组合体三视图

【解】　作图步骤：

（1）看视图，分部分

通过形体分析可知，从主视图入手结合俯视图较明显反映出第 1、2 部分形体的特征，主视图结合左视图反映出第 3 部分形体的特征。由此可将该组合体大致分为三部分，如图 3.2.6（a）所示。

（2）对投影，想形状

根据投影规律，逐个找全三部分的对应投影。

① 第 1 部分的基本体是长方体，在其中间挖去一个半圆柱，如图 3.2.6（b）所示。

② 第 2 部分是三棱柱体肋板，如图 3.2.6（c）所示。

③ 第 3 部分的基本形体是倒 L 形底板,上面左右对称挖去两个圆孔,如图 3.2.6(d)所示。

(3)综合归纳,想整体

长方体 1 在底板 3 的上面,两形体的对称面重合且后面靠齐;肋板 2 在长方体 1 的左右两侧,且与其相接,后面靠齐。综合想象出组合体的整体形状,如图 3.2.6(e)所示。

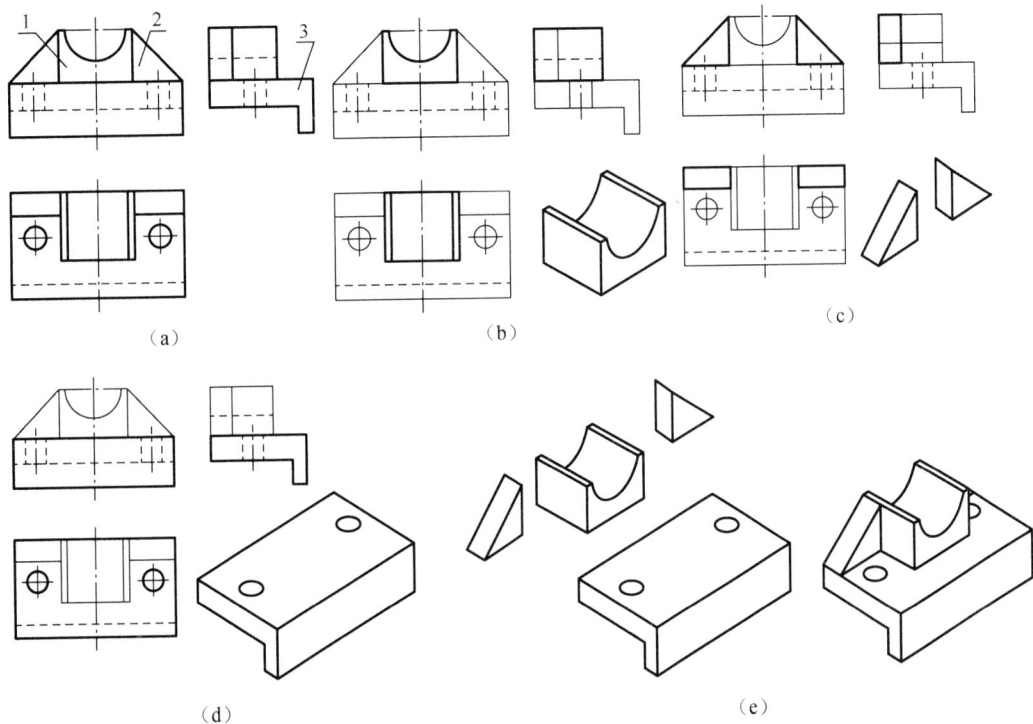

图 3.2.6 形体分析法的读图步骤

2. 线面分析法

线面分析法是利用线、面的几何投影特性,分析投影图中有关线框或线段表示哪一个投影,并确定其空间位置,然后联系起来,想象出组合体的整体形状。

一般情况下,组合体的视图用形体分析法看图就可以解决。但对于一些较复杂的组合体,特别是切割型的组合体,单用形体分析法还不够,需采用线面分析法作进一步的分析。

【例 3-4】 用线面分析法识读图 3.2.7(a)所示组合体的三视图。

【解】 作图步骤:

(1)形体分析看全貌

三个视图的外轮廓基本上都是矩形,可知它的基础体是长方体。从图形有缺角和缺口可知长方体被挖切掉一部分。

(2)线面分析看细节

分析各切角和切口。先从左视图中的斜线(p'')出发,在俯视图中找出与它相对应的多边形线框，则在主视图中的对应投影一定也是一个类似多边形线框，由此可知左视图的缺角是用侧垂面切出的，如图 3.2.7（b）所示；再从主视图中的斜线（q'）出发，在左视图和俯视图中找出与它对应的两个梯形线框，可知主视图的左、右两个缺角是用正垂面切出的，如图 3.2.7（c）所示。俯视图上的缺口是由三个平面切出的，从俯视图直线入手，再找出 R 面、S 面的正面投影（一条直线）和侧面投影（梯形线框），可知 R 面、S 面是侧平面，如图 3.2.7（d）所示；从俯视图的直线入手，再找出 T 面的侧面投影（一条直线）和正面投影（矩形线框），可知 T 面是正平面，如图 3.2.7（e）所示。

（3）综合归纳想整体

由上面分析可知，长方体先被 P 平面切去前上方一角，再被 Q 平面由顶面左、右各斜切去一部分，由俯视图上的缺口可以想象出在长方体的前方还挖了一个竖槽。该组合体的形状如图 3.2.7（f）所示。

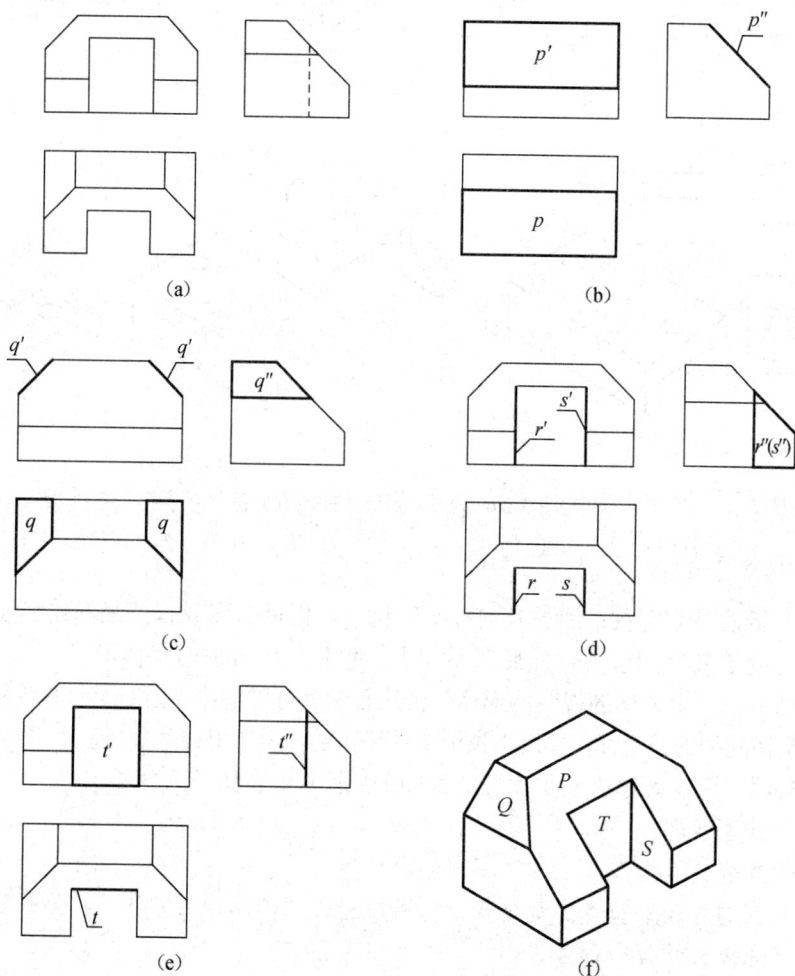

图 3.2.7 线面分析法的读图步骤

四、识读视图的实际应用

1. 补漏线

1）根据给出的视图，运用形体分析法想象所要表达的物体的形状。

2）分析漏线的性质，补画视图上的投影。

3）检查图线是否补全，投影是否正确，完整的三视图与所想象的组合体是否符合。

【例3-5】　补画图3.2.8（a）所示的主视图和左视图上的漏线。

【解】　作图步骤：

① 根据三视图的投影分析，可知该组合体由两个柱体叠加而成，两组成部分分界处的表面是平齐的，如图3.2.8（a）所示。

② 统观三视图，发现在主视图中缺少缺角的可见投影和中间部分凹槽的不可见投影，在左视图中缺少缺角和凹槽的可见投影，将它们逐一补上，如图3.2.7（b）所示。

③ 检查补完的三视图与想象的组合体是否符合。

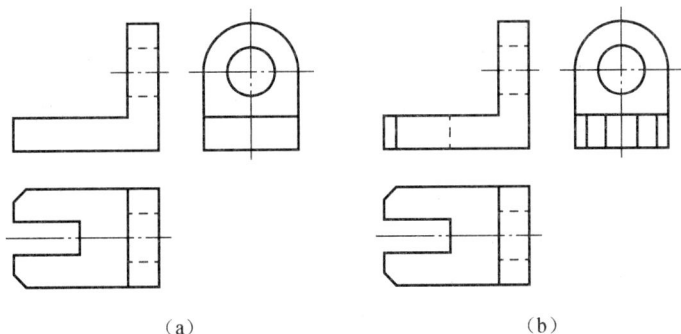

（a）　　　　　　　　　　　（b）

图3.2.8　补画视图上的漏线

2. 补视图

1）运用前面所学的方法，根据两个视图将图看懂，并想象出组合体的形状。

2）按照投影关系，由两个视图逐个地补出各组成部分的第三个视图。

3）对照第三个视图查看与想象的组合体是否符合，并用线面分析法进行检查。

【例3-6】　根据组合体的两个视图补画第三个视图，如图3.2.9（a）所示。

【解】　作图步骤：

① 根据已给的两个视图进行形体分析，可知该组合体由底板和前后两个半圆头立板组合而成，其中，底板被切去一个通槽，半圆头立板又被挖去一个通孔，如图 3.2.9（a）所示。

② 逐个补出各组成部分的第三个视图，如图3.2.9（b）所示。

③ 对照第三个视图查看与想象的组合体是否符合，并用线面分析法进行检查。

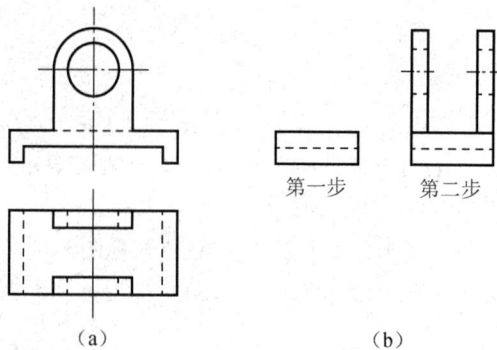

第一步　第二步

(a)　　　　　　　　(b)

图 3.2.9　补画第三个视图

任务实施：识读组合体三视图

形体分析法和线面分析法相结合。

1）看视图，分部分。通过形体分析可知，从主视图入手，结合俯、左视图较明显反映出顶板、底板的特征。由此可将该组合体大致分为两部分，如图 3.2.10（a）所示。

2）对投影，想形状。根据投影规律，逐个找全各部分的对应投影。

① 底板部分是长方体，如图 3.2.10（b）所示。

② 顶板的三个视图的外轮廓基本上都是矩形，可知它的基本体是长方体。从图形有缺角和缺口可知长方体被挖切掉部分，如图 3.2.10（c）和（d）所示。顶板中间切去一个三棱柱体，如图 3.2.10（e）所示，再挖去一个圆孔，如图 3.2.10（f）所示。

3）综合归纳，想整体。长方体底板在顶板的下方，两形体的对称面重合且后面靠齐，顶板两侧为斜面，与底板的两侧面相交，综合想象出组合体的整体形状，如图 3.2.10（f）所示。

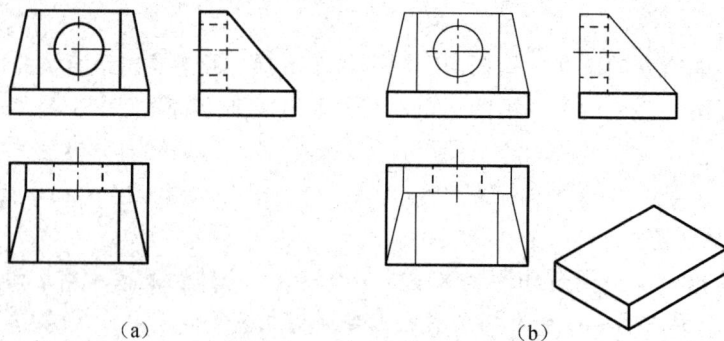

(a)　　　　　　　　(b)

图 3.2.10　识读组合体视图的步骤

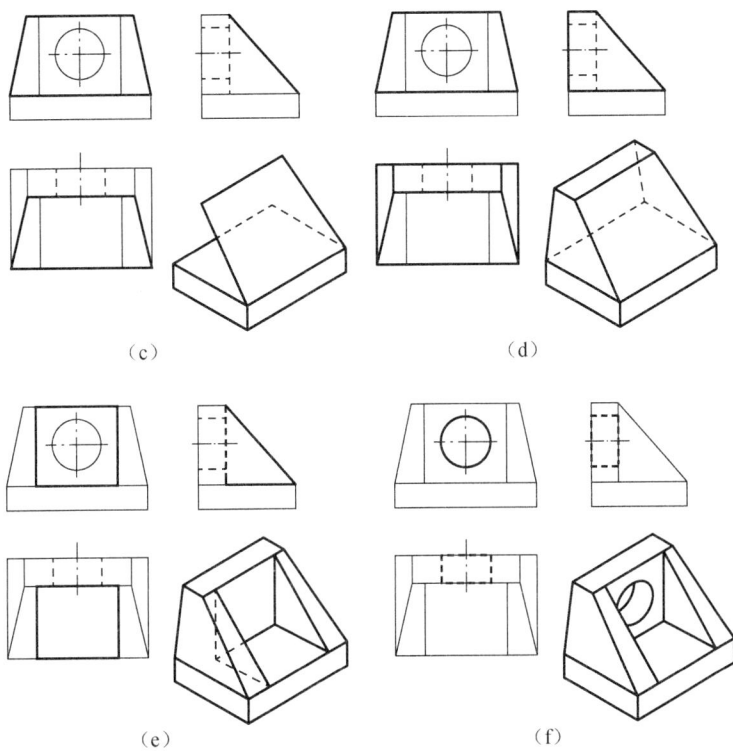

（c）　　　　　　　　　　（d）

（e）　　　　　　　　　　（f）

图 3.2.10　（续）

能力提升：由给定的组合体两视图补画三视图

由图 3.2.11 所示的两视图，补画组合体的第三视图。

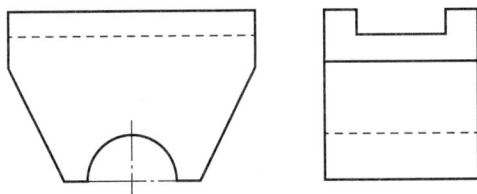

图 3.2.11　支座的两视图

学 习 页

绘制轴测图

▌思政目标　通过了解轴测图的特点、作图方法、优点（图形直观，容易想象）和缺点（度量性差，不能真实反映形体形状及大小），建立全方位认识事物的思维理念。

▌学习目标　掌握轴测图的定义、形成规律及投影特点。
熟悉轴测图的分类、轴测轴、轴向伸缩系数、轴间角等基本知识。
掌握正等轴测图、斜二等轴测图的绘制方法和步骤。

▌技能目标　能够根据形体的三视图，完成正等轴测图的绘制。
能够识读形体的轴测图。
能用轴测图辅助识读视图。

▌学习提示　用正投影法形成的多面正投影图，一个视图表达两个方向，作图简便、度量性好，可以确定形体的形状和大小，但它缺乏立体感，直观性较差。要想象形体的形状，需要运用正投影原理把几个视图联系起来看，缺乏读图知识的人难以看懂，如图 4.0.1。

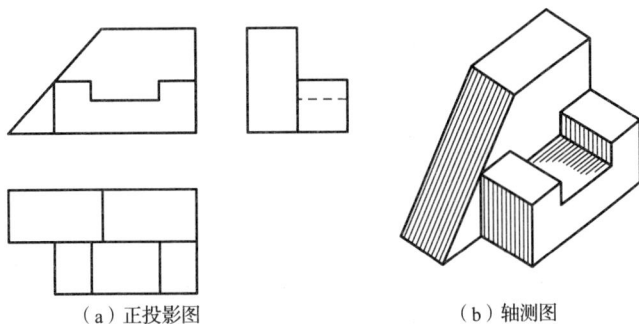

（a）正投影图　　　　　　　　　　（b）轴测图

图 4.0.1　形体正投影图与轴测图

轴测图是用平行投影法绘制的单面投影图，能在一个投影面上同时反映出形体三个坐标面的形状，接近人们的视觉习惯，形象、逼真，富有立体感，但是轴测图一般不能反映出形体各表面的实形，度量性差，作图较复杂。因此，在工程上常把轴测图作为辅助图样来说明构造情况。本模块将学习根据形体的视图，选择正确的轴测图种类，绘制辅助图样的方法。

学习情境一　轴测图的绘制

——任务描述与任务分析——

任务描述:

图 4.1.1 所示为形体的三视图及其轴测图，总结轴测图的特点。

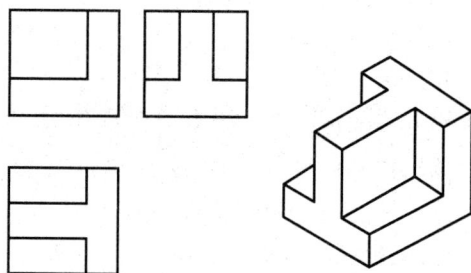

图 4.1.1　形体三视图与轴测图

任务分析:

轴测图种类很多，较常用的有正等轴测图和斜二等轴测图，见图 4.1.2。

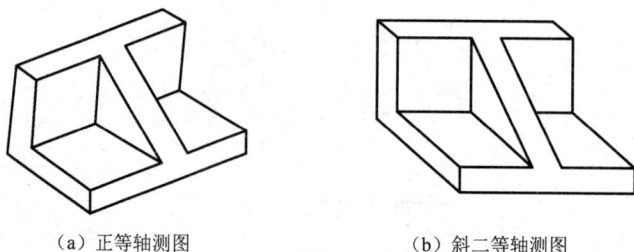

（a）正等轴测图　　　　　　　　（b）斜二等轴测图

图 4.1.2　常见轴测图类型

具体选用哪一种轴测图来表达组合体，需要掌握常用轴测图的投影特点、性质和画法，才能根据不同形体的形状和结构特点来综合考虑。

知识窗：苏轼的哲理诗——《题西林壁》

苏轼由黄州贬赴汝州任团练副使时经过九江，游览庐山瑰丽的山水触发逸兴壮思，于是写下了若干首庐山记游诗，《题西林壁》就是其中一首。

《题西林壁》是游观庐山后的总结，它描写庐山变化多姿的面貌，并借景说理，指出观察问题应客观全面，如果主观片面，就得不出正确的结论。

"横看成岭侧成峰，远近高低各不同"说的是游人从远、近、高、低等不同角度观察庐山面貌，可看到不同的景象，得到不同观感。形象地写出了移步换形、千姿百态的庐山风景。

"不识庐山真面目，只缘身在此山中"即景说理，谈游山的体会。因身在庐山之中，视野为庐山的峰峦所局限，游人看到的只是庐山局部的一峰一岭一丘一壑，有片面性。

游山所见如此，观察世上事物也常如此。由于人们所处的地位不同，看问题的出发点不同，因此对客观事物的认识难免有一定的片面性；要全面认识事物，必须摆脱主观成见。

知识准备：轴测图的形成及特点

一、轴测图的形成

1. 轴测图的形成过程

将形体连同确定其空间位置的直角坐标系，沿不平行于任一坐标面的方向，用平行投影法将其投射在单一投影面上所得的具有立体感的图形叫做轴测图，如图 4.1.3 所示。

轴测图的形成及特点

得到轴测投影的面叫做轴测投影面 P；用正投影法形成的轴测图叫正轴测图；用斜投影法形成的轴测图叫斜轴测图。

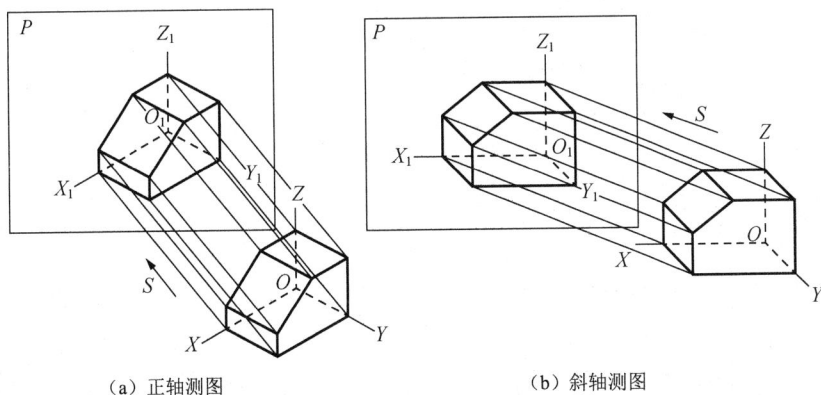

(a) 正轴测图　　　(b) 斜轴测图

图 4.1.3　轴测图的形成

2. 轴测轴和轴间角

建立在形体上的直角坐标轴 OX、OY、OZ，在轴测投影面 P 上的轴测投影 O_1X_1、O_1Y_1、O_1Z_1 叫做轴测轴，见图 4.1.4。

轴测投影中任意两个直角坐标轴在轴测投影面的投影夹角叫作轴间角。两轴测轴之间夹角（$\angle X_1O_1Y_1$、$\angle X_1O_1Z_1$、$\angle Y_1O_1Z_1$）用来控制轴测投影的形状变化，见图 4.1.4。

3. 轴向伸缩系数

从轴测图的投影形成过程可知，因为形体中的 OX、OY、OZ 轴与轴测投影面倾斜成一定的夹角，其 OX、OY、OZ 轴方向上的尺寸，在轴测投影面上的投影均缩短。

将直角坐标轴的轴测投影的单位长度 x、y、z，与相应直角坐标轴上的单位长度 X、Y、Z 的比值，称作轴向伸缩系数（简称伸缩系数），即

$$p = \frac{x}{X}$$

$$q = \frac{y}{Y}$$

$$r = \frac{z}{Z}$$

轴向伸缩系数小于 1。其中，用 p 表示 OX 轴轴向伸缩系数，q 表示 OY 轴轴向伸缩系数，r 表示 OZ 轴轴向伸缩系数。用轴向伸缩系数控制轴测投影的大小变化，见图 4.1.4。

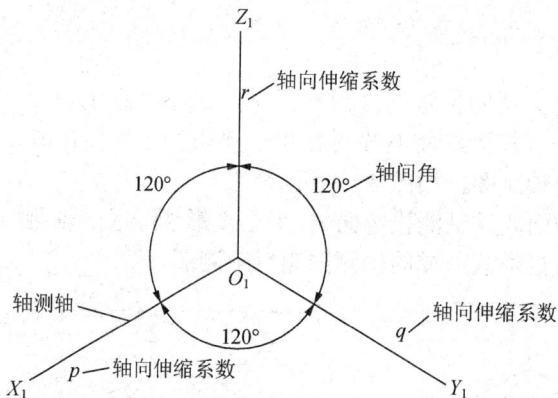

图 4.1.4　轴测坐标系

二、轴测图的分类

1. 按投射方向与投影面的夹角不同分类

（1）正轴测图

改变形体和投影面的相对位置，使形体的正面、顶面和侧面与投影面都处于倾斜位置，用正投影法作出形体的投影，形成的轴测图叫正轴测图。正轴测图是"斜放正投"，

参看图 4.1.5。

（2）斜轴测图

不改变形体与投影面的相对位置，改变投射线的方向，使投射线与投影面倾斜，用斜投影法形成的轴测图叫斜轴测图。斜轴测图是"正放斜投"，参看图 4.1.5。

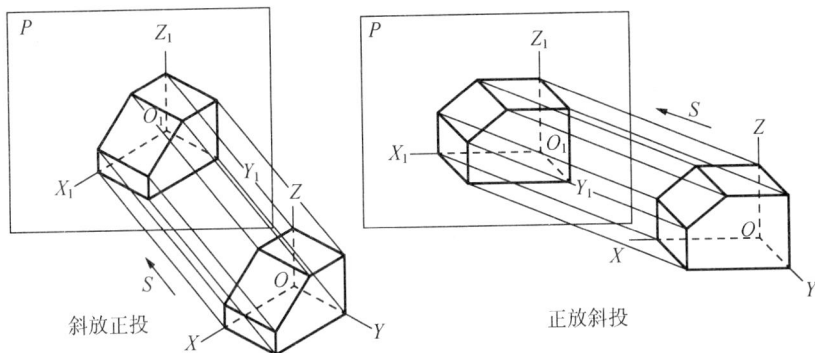

斜放正投　　　　　　　　正放斜投

图 4.1.5　轴测图的基本分类

2. 按轴向伸缩系数的不同分类

由于确定形体空间位置的直角坐标轴对轴测投影面的倾斜角大小不同，轴向伸缩系数也随之不同，根据轴测投影轴向伸缩系数不同将轴测图分为以下三种。

① 等测轴测图：三个轴向伸缩系数都相同，即 $p=q=r$。

② 二测轴测图：只有两个轴向伸缩系数相同，即 $p=q\neq r$ 或 $q=r\neq p$ 或 $r=p\neq q$。

③ 三测轴测图：三个轴向伸缩系数都不同，即 $p\neq q\neq r$。

以上两种分类方法结合，得到六种轴测图，分别是正等轴测图（简称正等测）、正二等轴测图（简称正二测）、正三等轴测图（简称正三测）、斜等轴测图（简称斜等测）、斜二等轴测图（简称斜二测）、斜三等轴测图（简称斜三测），见图 4.1.6。

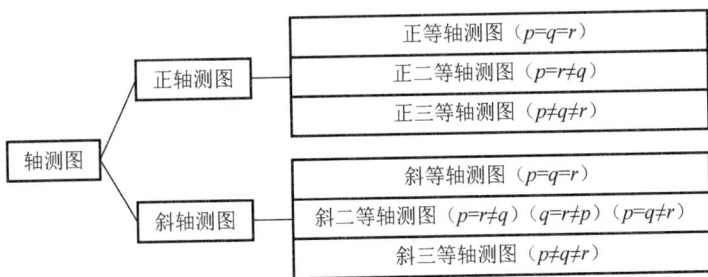

图 4.1.6　轴测图的种类

本模块只介绍应用较多的正等轴测图、斜二等轴测图的画法。

三、轴测图特点

轴测图是按平行投影法形成的，因而具有平行投影的基本特性。其特点表现为以下"三个不变"。

① 平行关系不变。形体上相互平行的线段，在其轴测图上仍保持平行。

② 轴向尺寸不变。形体上与坐标轴平行的线段，其轴测图必与相应的轴测轴平行，且其轴向伸缩系数与相应轴的轴向伸缩系数相等。

③ 线段长度比不变。形体上两线段长度之比，在其轴测投影中保持不变。

任务实施：分析已知形体轴测图投影特点

根据轴测图的形成过程及投影性质，可知直角坐标轴 OX、OY、OZ，在轴测图形成轴测轴 O_1X_1、O_1Y_1、O_1Z_1。轴测图具有平行投影的基本特性，形体上平行的直线在轴测投影中仍平行，与坐标轴平行的直线轴测投影仍与轴测轴平行，如图 4.1.7 所示。

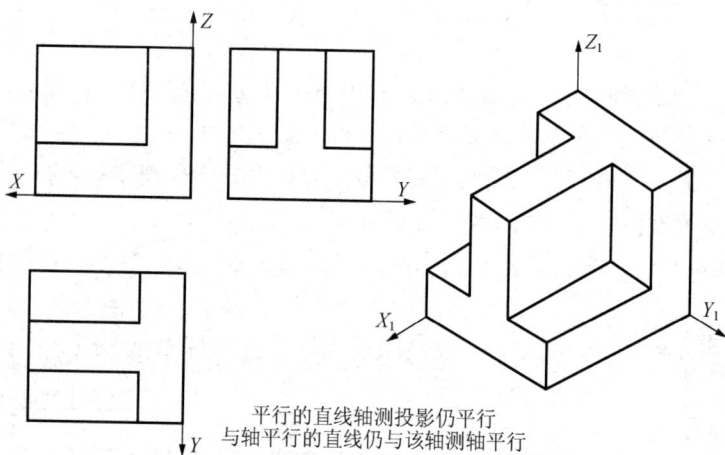

平行的直线轴测投影仍平行
与轴平行的直线仍与该轴测轴平行

图 4.1.7　形体轴测图性质

能力提升：总结柱基轴测投影图的特点

分析图 4.1.8 所示柱基的正投影图及轴测投影图，讨论其轴测投影图的特点。

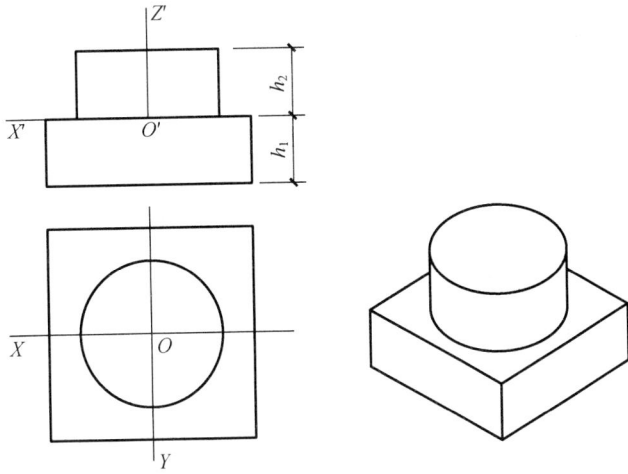

图 4.1.8 柱基正投影图及轴测投影图

学　习　页

学习情境二　正等轴测图的绘制

任务描述与任务分析

任务描述：

如图 4.1.8 所示柱基，试绘制其正等轴测图。

任务分析：

在进行正等测投影时，使形体的三个坐标轴与一个投影面（轴测投影面）倾斜，倾斜的夹角都相等，向该投影面进行正投影得到的视图，称为正等测。

正等测的投影特点：平行线段在轴测图上仍保持平行；绘制过程中只能沿坐标轴方向测量尺寸；三个坐标面都不反映实形。

画正等轴测图的基本方法是坐标法，在此基础上可以根据形体类型的不同选用叠加法、切割法。绘轴测图时恰当选择坐标原点可简化作图，提高绘图速度。

平面立体和回转体是工程中最常见的基本形体，掌握这两类形体正等轴测图的画法，就能在此基础上掌握复杂形体轴测图的绘制。

知识准备：正等轴测图绘制方法

一、正等测的基本知识

1. 正等测的轴间角

正等测的三个坐标轴 OX、OY、OZ 与轴测投影面的倾斜角相同，因此在轴测投影面中坐标轴投影的夹角也相同，即 $\angle X_1O_1Y_1=\angle X_1O_1Z_1=\angle Y_1O_1Z_1=120°$。画图时，规定把 O_1Z_1 轴画在铅垂位置，因而 O_1X_1 轴及 O_1Y_1 轴与水平线均成 30°角，故可直接用 30°三角板作图，如图 4.2.1 所示。

2. 正等测的轴向伸缩系数

正等测的轴向伸缩系数是直角坐标轴的轴测投影的单位长度，与相应直角坐标轴上的单位长度的比值，由于形体三个坐标轴与轴测投影面的倾斜角

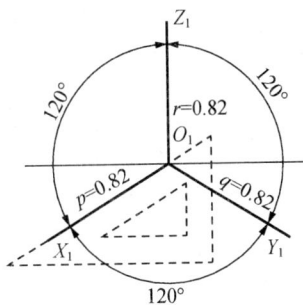

图 4.2.1　正等测轴间角和轴向伸缩系数

相同，因此，X、Y、Z 三个方向的轴向伸缩系数相同，即 $p=q=r=\cos 35.3° \approx 0.82$。为了画图简便，规定正等轴测图的轴向伸缩系数可近似取 1，即 $p=q=r=1$。用近似值画出的轴测图比实际放大了 $1/0.82 =1.22$ 倍，但两者的立体效果是一样的，如图 4.2.2 所示。

轴向伸缩系数为0.82的正等测　　　　　轴向伸缩系数为1的正等测

图 4.2.2　轴向伸缩系数变化对轴测图的影响

二、平面形体正等轴测图的画法

圆角的正等轴测图
与斜二等轴测图

画形体的正等轴测图时，形体上平行于空间坐标轴的线段，在正等轴测图中仍然平行于相应的轴测轴，且沿三个方向的尺寸可按形体的实际大小量取，形体上互相平行的线段，在正等轴测图中仍然互相平行。绘制平面形体正等轴测图的方法大致可分为：坐标法、叠加法、切割法等。

1. 坐标法

坐标法是绘制正等轴测图的基本方法。

【例 4-1】　用坐标法画图 4.2.3 所示斜垫块的正等轴测图。

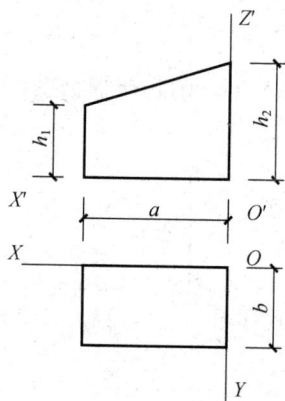

图 4.2.3　斜垫块的正投影图

【解】　作图步骤：

用坐标法绘制正等轴测图的一般步骤如下。

① 在斜垫块上选定直角坐标系。

② 见图 4.2.4（a），画出正等轴测轴，按尺寸以 a、b，画出斜垫块底面的轴测投影。

③ 见图 4.2.4（b），过底面的各顶点，沿 O_1Z_1 方向，向上作直线，并分别在其上截取高度 h_1 和 h_2，得斜垫块顶面的各顶点。

④ 见图 4.2.4（c），连接各顶点画出斜垫块顶面。

⑤ 见图 4.2.4（d），擦去多余作图线，描深，即完成斜垫块的正等轴测图。

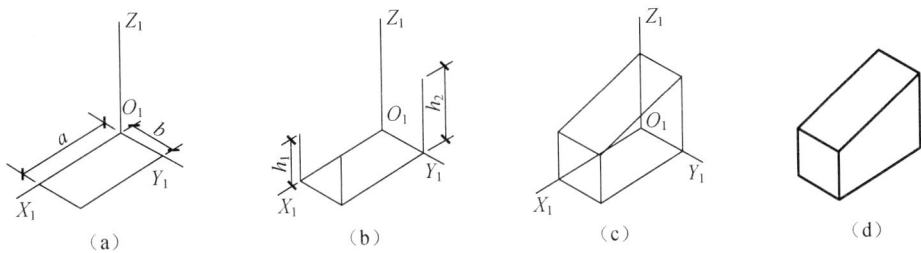

图 4.2.4 斜垫块正等测图画法

2. 叠加法

绘制叠加型形体的轴测图通常采用叠加法。作图时，先将形体分解成若干基本体，然后按其相对位置逐个画出各基本体的轴测图，进而完成整体的轴测图。

3. 切割法

绘制切割型形体的轴测图通常采用切割法。作图时，先画出完整形体的轴测图，再按其结构特点逐个切去多余的部分，最后完成切割后形体的轴测图。

【例 4-2】 已知基础墩的正投影图（图 4.2.5）画出其正等轴测图。

【解】 分析：由正投影图可以看出，基础墩由矩形底块和四棱锥台叠加而成，是前后、左右对称的。在该基础墩上各棱线中，唯独锥台的四条侧棱线是倾斜的，可通过作端点轴测投影的方法画出。为简化作图，选矩形底块的上底面中心为坐标原点。

作图步骤：

① 在基础墩上选定直角坐标系，见图 4.2.5。

② 画出正等轴测轴，根据正投影图，画出矩形底块上底面的正等测，见图 4.2.6（a）。

③ 沿 O_1Z_1 轴的方向，向下画出矩形块的厚度，见图 4.2.6（b）。

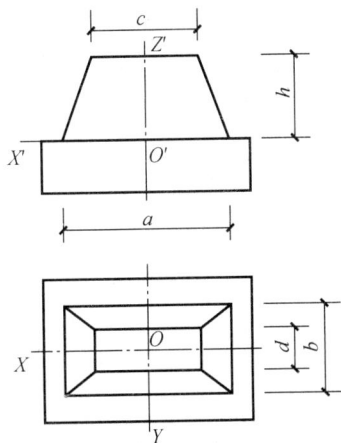

图 4.2.5 基础墩的正投影图

④ 根据尺寸 a、b，定出锥台各侧棱线与矩形块上底面的交点的位置，见图 4.2.6（c）。

⑤ 根据尺寸 c、d 和 h，画出锥台上底面的正等测，见图 4.2.6（d）。

⑥ 画出锥台各棱线。擦去多余作图线，描深，即完成基础墩的正等轴测图，见图 4.2.6（e）。

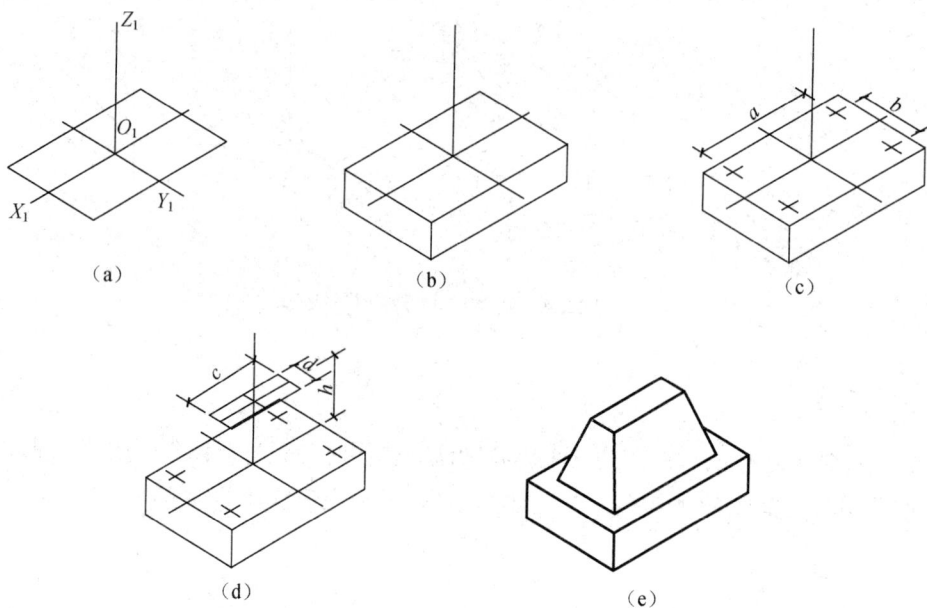

（a）　　　　　（b）　　　　　（c）

（d）　　　　　（e）

图 4.2.6　基础墩的正等轴测图

三、回转形体正等轴测图的画法

画回转形体的正等轴测图，关键是画回转形体上圆的正等测投影。圆的正等轴测图的绘制方法如下。

1. 坐标法

坐标法是轴测图作椭圆的真实画法，适用于圆的任何轴测画法，如图 4.2.7 所示。作图步骤如下。

① 在圆的投影图上作平行于直径 bd 的任意平行线交圆于 1、2 点，如图 4.2.7（b）所示。

② 将圆的直径和弦长量取到轴测轴上，如图 4.2.7（c）所示。

③ 依次在轴测图上画出弦长，如图 4.2.7（d）所示。

④ 将弦上的点依次连接得到了圆在轴测图上的投影，如图 4.2.7（e）所示。在圆的投影图上取的弦长越多，画出的椭圆越光滑。

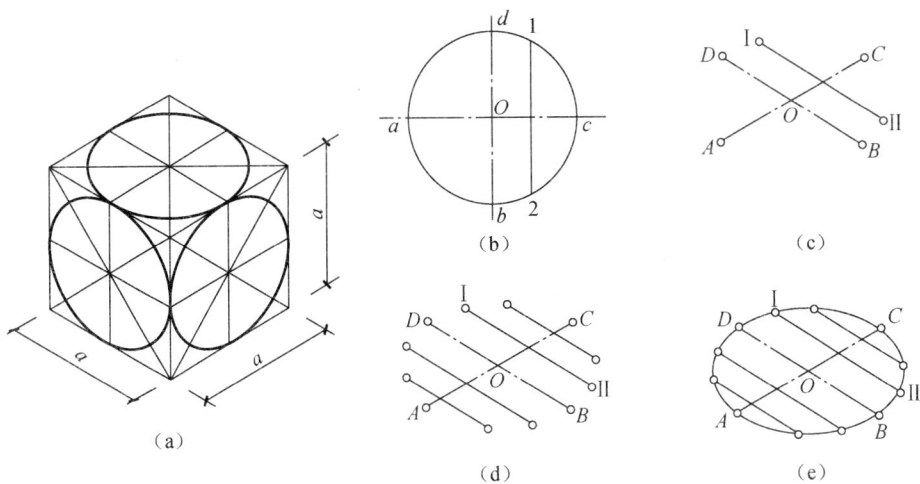

图 4.2.7　坐标法绘制圆正等测图

2. 四心圆法

四心圆法是轴测图作椭圆的近似画法，是由四个圆心分别画圆得到的。此法仅适用于圆的正等轴测画法。

作图步骤：

① 在圆的投影图上作外切正方形，如图 4.2.8（a）所示。

② 将外切正方形画到轴测投影上，即确定了 O_2、O_3 两个圆心的位置，如图 4.2.8（b）和（c）所示。

③ 将图上 D_1 与 O_2、C_1 与 O_2、A_1 与 O_3、B_1 与 O_3 依次连接，相交为两点即圆心 O_4、O_5，分别以 O_2、O_3 为圆心，A_1O_3 与 C_1O_2 为半径画弧，如图 4.2.8（d）所示。

④ 再分别以 O_4、O_5 为圆心，A_1O_4 与 C_1O_5 为半径画弧，如图 4.2.8（e）所示。

当圆平行于坐标平面时，其正等测投影为椭圆。平行于侧面（YOZ）的椭圆长轴垂直于 OX 轴，平行于正面（XOZ）的椭圆长轴垂直于 OY 轴，平行于水平面（XOY）的椭圆长轴垂直于 OZ 轴。

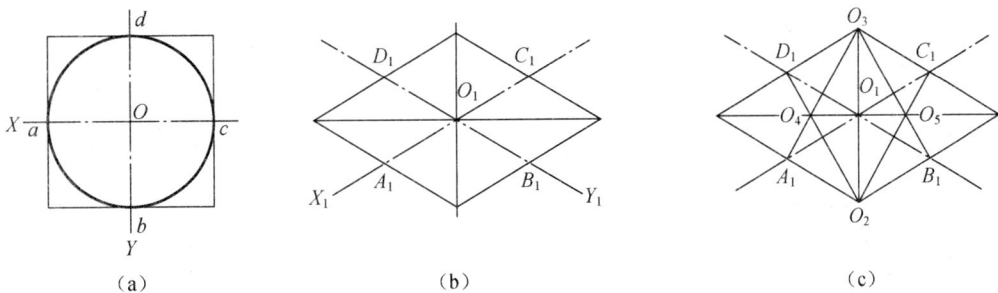

图 4.2.8　四心圆法绘制圆正等测图

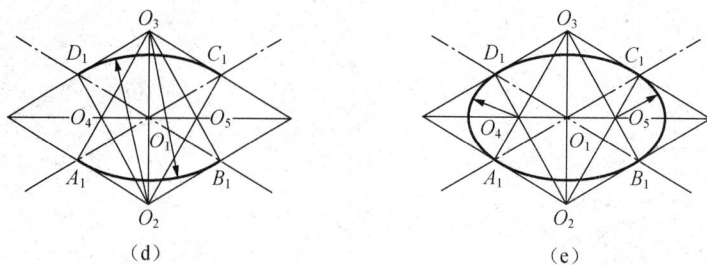

图 4.2.8 （续）

【例 4-3】 根据图 4.2.9 所示柱子的两视图，画出其正等轴测图。

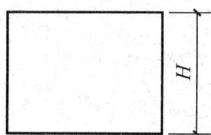

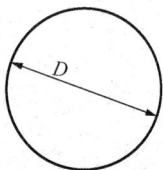

【解】 作图步骤：

① 在两视图上设置直角坐标轴，如图 4.2.10（a）所示。

② 确定轴测轴，画出上底面圆的外切正方形的正等测投影（菱形），如图 4.2.10（b）所示。

③ 用四心圆法依次画出椭圆的四段圆弧。如图 4.2.10（c）所示，分别以菱形的对角点 1、3 为圆心，在 a、b 和 c、d 之间画两段大圆弧。分别以交点 O_1、O_2 为圆心，在 a、d 和 b、c 之间画两段小圆弧。

④ 根据圆柱的高 H 确定底圆的中心，用同样的方法画出下底面的椭圆，如图 4.2.10（c）所示。

⑤ 作两个椭圆的公切线，擦去多余图线，加深图线，完成作图。

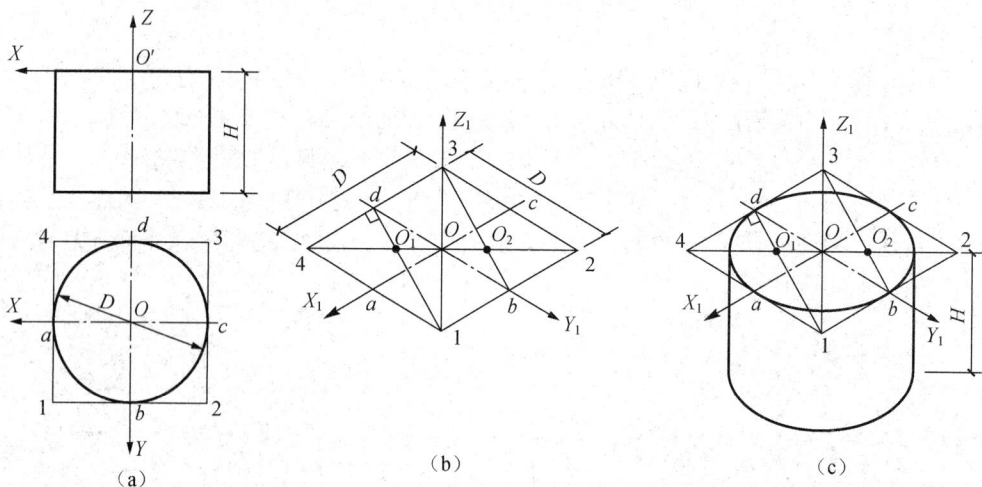

图 4.2.9 柱子两视图

图 4.2.10 正等轴测图画法

任务实施：绘制柱基的正等轴测图

（1）分析形体的结构特点

分析：由正投影图可以看出，柱基由方形底块和圆柱墩叠合而成。

（2）确定轴测图绘制方案

绘制形体正等轴测图的基本方法是坐标法，并根据形体类型的特点结合叠加法、位移法。在绘制过程中涉及到回转体正等轴测图的绘制。绘轴测图时恰当选择坐标原点可简化作图，提高绘图速度。本图选取方形底块的上底面中心为坐标原点。

作图步骤：

① 如图 4.2.11（a）所示，在柱基上选定直角坐标系。

② 如图 4.2.11（b）所示，画出轴测轴，根据正投影图，画出方形底块上底面的正等测投影。

③ 如图 4.2.11（c）所示，沿 O_1Z_1 轴方向，向下量取尺寸 h_1，画出底块的厚度。

④ 如图 4.2.11（d）所示，画出坐标面 XOY 内的柱墩底圆和高度为 h_2 处的顶圆的正等测投影。

⑤ 如图 4.2.11（e）所示，作出两椭圆的公切线。擦去多余作图线，加深图线，即完成柱基的正等轴测图。

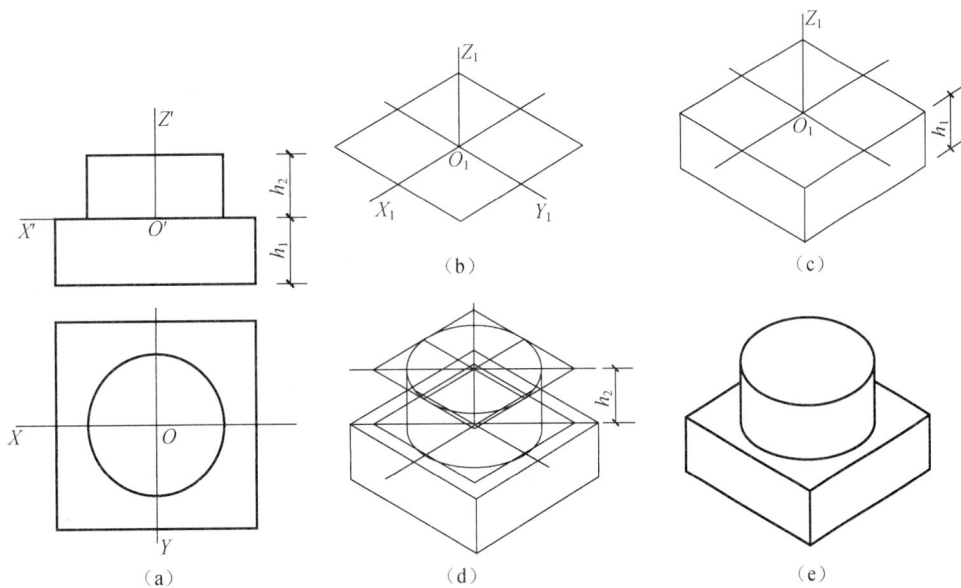

图 4.2.11 形体的正等轴测图画法

能力提升：根据正等轴测图绘制其三视图

根据图 4.2.12 所示台阶的正等轴测图，绘制其三视图（尺寸直接从图上量取）。

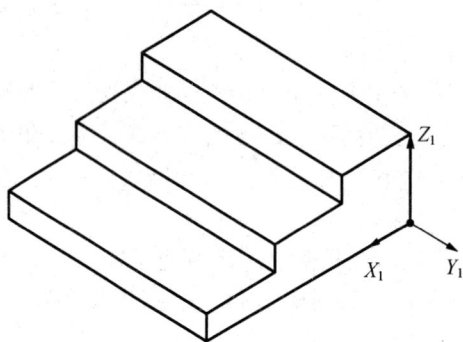

图 4.2.12　台阶的正等轴测图

学　习　页

学习情境三　斜二等轴测图的绘制

任务描述与任务分析

任务描述:

如图 4.3.1 所示为拱门的投影图，试绘制其斜二等轴测图。

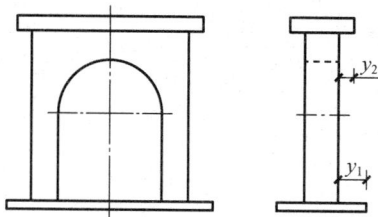

图 4.3.1　拱门的投影图

任务分析:

当投射方向 S 倾斜于轴测投影面 P，形体上有一个坐标面平行于轴测投影面 P 时，两个坐标轴的轴向变形系数相等，在 P 面上所得到的投影称为斜二等轴测投影，简称为斜二测。

由于斜二测的形成特点，轴测投影面与形体上的一个坐标面平行，斜二测有一个面的形状与三视图的投影形状完全相同，因此，斜二测在表达形体某一个坐标面的形状较复杂（如回转体）时，作图简便、快捷。

如果 $r=p\neq q$，即坐标面 XOZ 平行于 P 面，得到的是正面斜二测；如果 $p=q\neq r$ 即坐标面 XOY 平行于 P 面，得到的是水平斜二测。

斜二等轴测图的作图方法和步骤与正等轴测图基本相同，区别在于二者轴间角和轴向伸缩系数有所不同。

知识窗：《清明上河图》与散点透视

《清明上河图》由北宋张择端所画，现收藏于北京故宫博物院。作者张择端以精湛的工笔记录了清明时节北宋都城汴京（今河南开封）东角子门内外和汴河两岸的繁华热闹景象。

画中有 500 多个人物，衣着不同，神情各异，其间穿插各种情节，组织得有条不紊。构图疏密有致，注重节奏感和韵律的变化，笔墨章法巧妙。《清明上河图》深刻地展示出北宋的社会动态和人民生活状况，

《清明上河图》
与散点透视

称得上是一幅有高度的历史性、真实性的艺术作品，有宋代历史"写真集"之称。

（注：具体内容请扫码查看。）

知识准备：斜二等轴测图的绘制方法

一、斜二测的基本知识

1. 斜二测的轴间角及轴向伸缩系数

由于绘制斜二测时，形体上的一个坐标面与轴测投影面平行，故该形体坐标面上的图形反映实形，坐标轴相互垂直。如该坐标面选 XOZ，即 $\angle X_1 O_1 Z_1 = 90°$，$p=r=1$，Y_1 轴方向 $\angle Y_1 O_1 Z_1 = 135°$，$q=0.5$，画图时牢记斜轴尺寸缩小一半，如图4.3.2所示。

圆角的正等轴测图
与斜二等轴测图

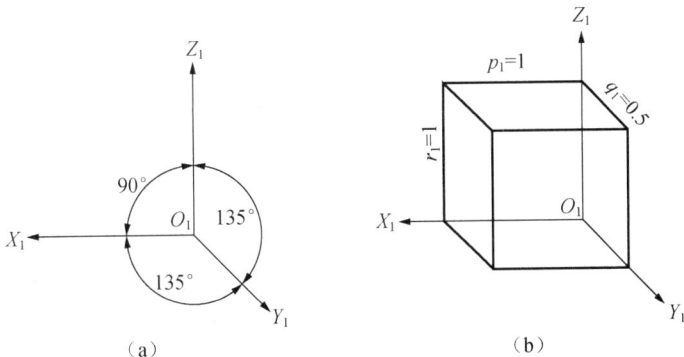

图4.3.2　斜二测的轴间角和轴向伸缩系数

2. 斜二等轴测图的应用

斜二测投影时，通常形体 XOZ 坐标面处于与轴测投影面平行的位置上（反映实形），因此当形体在平行 XOZ 方向上有多个圆时，用斜二测绘制轴测图比正等测简便得多，即斜二等轴测图一般用于绘制单方向有圆弧或曲线的立体。

3. 绘制斜二等轴测图的技巧

画斜二等轴测图时，选择轴测轴是绘图的关键，因为斜二测中的三个轴间角角度不同，一个坐标面上的图形显示实形，另两个轴夹角为135°的坐标面上的图形，斜轴尺寸均缩小一半，因此，在画斜二等轴测图时要注意斜轴的选择。

（1）选择垂直坐标面

由于斜二等轴测图的两个垂直坐标反映实长，该投影面反映实形，因此，画斜二等轴测图时，应尽量把形状复杂的平面选作前面，以使作图简单快捷。

（2）选择斜轴方向

确定斜轴方向时，与 X_1 轴倾斜 45°或 135°有四个方向可以选择，如图 4.3.3 所示，其中图 4.3.3（c）同时反映的面最多（达 6 个），结构表达更加清晰、全面，所以按图 4.3.3（c）所示选择斜轴方向最佳。

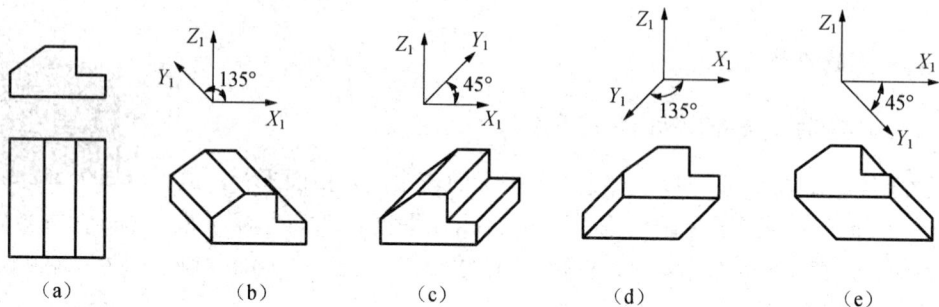

图 4.3.3　斜二等轴测图的斜轴方向选择比较

二、形体斜二等轴测图画法

1. 平面形体斜二等轴测图的画法

先画平行于投影面的图形（显实形），斜轴方向与 X_1、Z_1 轴倾斜 135°，Y_1 轴方向缩小一半画棱线，如图 4.3.4 所示。

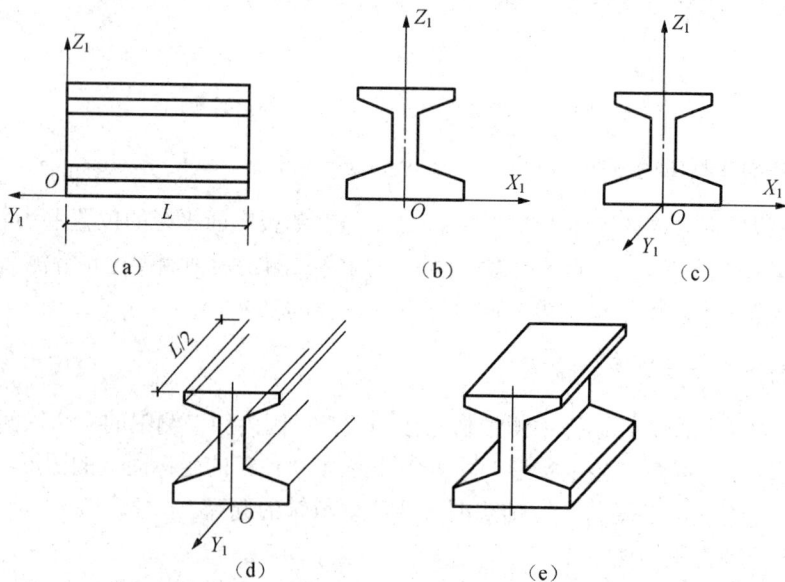

图 4.3.4　平面形体的斜二等轴测图画法

作图步骤：

① 画出坐标原点和轴测轴。

② 沿 X_1 轴量出其长，沿 Y_1 轴量出其宽后取其 1/2，分别过所得点作 Y_1、X_1 轴的平行线，即可求得立体的底面图形。

③ 过底面各端点作 Z_1 轴的平行线，其高度等于立体上该线之高，连接各最高点即为立体的顶面图形。

④ 擦去作图线及不可见轮廓线，加深可见轮廓线。

2. 圆的斜二等轴测图画法

圆的斜二等轴测图特点如下。

① 平行于 V 面的圆仍为圆，反映实形。

② 平行于 H 面的圆为椭圆，长轴对 O_1X_1 轴偏转 7°，长轴≈1.06d，短轴≈0.33d。

③ 平行于 W 面的圆与平行于 H 面的圆的椭圆形状相同，长轴对 O_1Z_1 轴偏转 7°，长轴≈1.06d，短轴≈0.33d。

当形体这两个方向上有圆时，绘制这两个椭圆的作图相当烦琐，而正等轴测图中各个方向的椭圆画法相对比较简单，当物体各个方向都有圆时，一般不用斜二等轴测图，而采用正等轴测图，如图 4.3.5 所示。

3. 曲面形体斜二等轴测图一般画图步骤

① 以前（后）表面上的圆孔（弧）的圆心为原点作轴测轴。注意，沿 Y_1 轴量出前后表面的尺寸后取其 1/2。

② 过圆心按其直径画圆形（弧）。

③ 画前后圆弧轮廓的切线，再画其余轮廓线。

④ 擦去作图线，加深可见轮廓线。

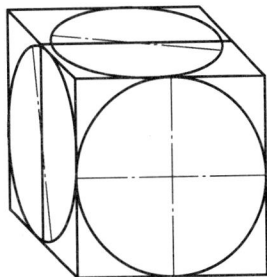

图 4.3.5　圆的斜二等轴测图画法

任务实施：画出给定形体的斜二等轴测图

（1）分析拱门的结构特点

拱门由地台、门身及顶板三部分组成。其中，地台与顶板是水平矩形板，拱门可看作是一个正立矩形竖板被切割了一个前后贯通的半圆柱孔和方孔。而且，地台的顶面和门身的底面重合；门身的顶面和顶板的底面重合。

（2）确定轴测图绘制方案

斜二测的最大优点是：凡平行于 XOZ 坐标面的图形都反映实形。因此，当物体某一个方向上的形状比较复杂，特别是有较多的圆或曲线时，采用斜二测作图，比较简便易画，作轴测图时应意各部分在 Y 方向的相对位置。其作图步骤如图 4.3.6 所示。

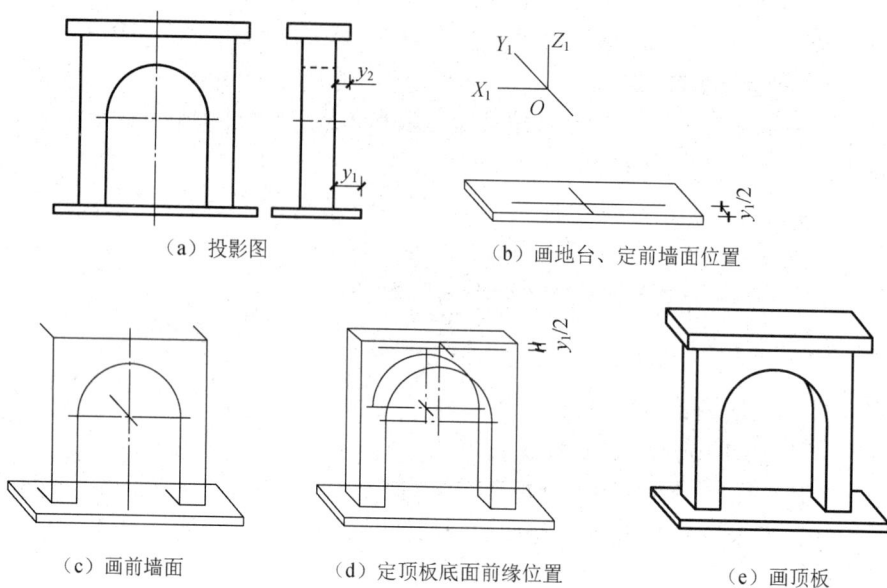

（a）投影图　　　　　　　（b）画地台、定前墙面位置

（c）画前墙面　　　　（d）定顶板底面前缘位置　　　　（e）画顶板

图 4.3.6　拱门的斜二等轴测图画法

作图步骤：

① 先画地台的轴测图，并在地台的对称线上向后量取 $y_1/2$，以定出拱门前墙面的位置 ［图 4.3.6（b）］。

② 按实形画出前墙面及 Y 轴方向线 ［图 4.3.6（c）］。

③ 完成门身的轴测图。注意后墙面半圆拱的圆心位置及半圆拱的可见部分。在墙面顶部中点作 Y 轴方向线，向前量取 $y_2/2$，定出顶板底面前缘的位置 ［图 4.3.6（d）］。

④ 画出顶板，完成轴测图 ［图 4.3.6（e）］。

能力提升：已知三视图绘制斜二等轴测图

分析图 4.3.7 所示形体的结构，讨论表达其轴测图的形式，并绘制轴测图。

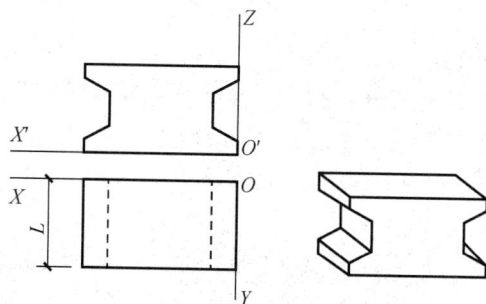

图 4.3.7　形体的投影图

学　习　页

绘制剖面图与断面图

┃思政目标　通过学习工程图样的表达方法，提高灵活运用各种视图表达图样的能力；通过认识表达事物方法的多样性，培养变通思维；严格按照国家标准中规定的形体表达方法绘图，培养学生认真、严谨的态度。

┃学习目标　了解剖面图和断面图的形成原理、分类及适用范围。
　　　　　　熟练掌握剖面图、断面图的画法。
　　　　　　了解剖面图和断面图之间的关系。
　　　　　　了解建筑图样中投影图的简化画法。

┃技能目标　能够正确分析剖面图和断面图。
　　　　　　能够正确绘制剖面图和断面图。

┃学习提示　在绘制形体的投影图时，可见的部分用实线，不可见的部分用虚线。当建筑形体的内部结构比较复杂时，如一幢建筑物，内部有各种房间、门窗等配件时，如果用虚线表示这些不可见的部分，则在画出的投影图中会有许多虚线，这样会造成图面上实线和虚线纵横交错、内外层次不明，使图样表达不清晰，给画图、读图和尺寸标注等带来困难，也容易产生差错，无法清楚地表达建筑物的内部构造。此外，工程上还常要求表示出建筑物某一部分的截面形状及所用建筑材料。以上情况需要采用剖面图和断面图来解决。

学习情境一 剖面图的表达方法

任务描述与任务分析

任务描述:

如图 5.1.1 所示为建筑物双柱杯形基础,试分析其结构,并用剖面图表达内部结构。

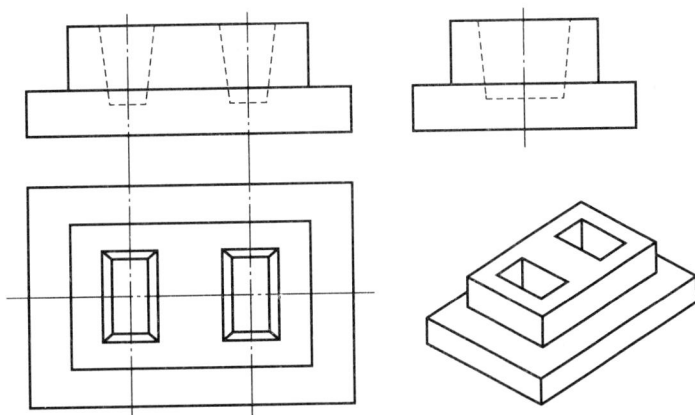

图 5.1.1 双柱杯形基础的视图

任务分析:

杯形基础的内部结构比较复杂,因此视图中出现了许多虚线,既影响图形的清晰程度,又不便于看图和标注尺寸。为了清晰地表达其内部形状,通常采用剖面图的表达方法。

知识准备:剖面图的形成种类及绘图方法

一、剖面图的形成、标注

1. 剖面图的形成

假想用一个剖切平面 P 在形体合适的位置剖开,移走观察者和剖切平面之间的部分,将剩余的部分投射到投影面 V 上所得到的投影图称为剖面图,如图 5.1.2 所示。

剖面图

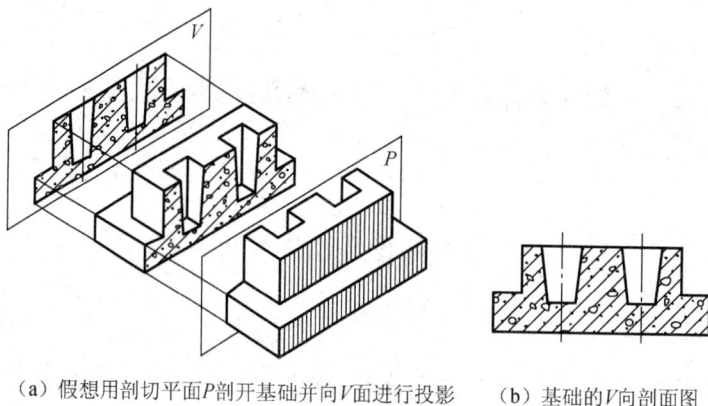

（a）假想用剖切平面P剖开基础并向V面进行投影　　（b）基础的V向剖面图

图 5.1.2　剖面图的形成

2. 剖面图的标注

用剖面图表达形体时，为了明确视图之间的投影关系，便于读图，对所画的剖面图一般应标注剖切符号，剖切符号由剖切位置线和剖视方向线组成，用以表明剖切位置、投影方向和剖面名称，如图 5.1.3 所示。

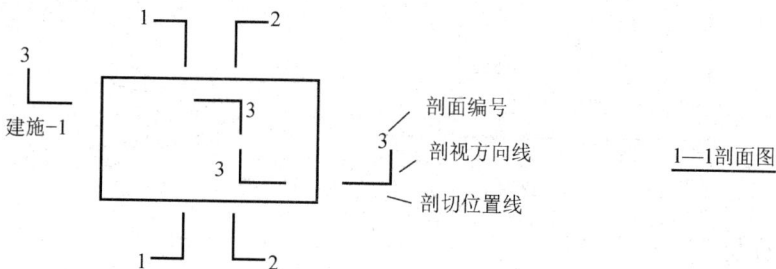

图 5.1.3　剖切符号

剖切位置：一般把剖切面设置成垂直于某个基本投影面的位置，剖切面在该面上的投影积聚成直线，所以在剖切面的起止处各画一短粗实线表示剖切位置称为剖切位置线，其长度宜为 6～10mm。此线不应与物体的轮廓线相接触。

剖视方向：在剖切位置线的两端画与之垂直的短粗实线，称为剖视方向线，表示剖切后的投影方向。剖视方向线的长度应短于剖切位置线，宜为 4～6mm。

剖面名称：对于一些复杂的形体，要剖切几次才能了解其内部的构造，为了区分清楚，对每次剖切进行编号，在剖视方向线的端部用阿拉伯数字按照由左至右、由下至上的顺序进行编号。在相应的剖面图下方注出相同的两个数字或字母，中间加一细横线，如 1—1 剖面图、2—2 剖面图等，并在图名下用粗实线绘一条横线，其长度应与图名所占长度等长。需要转折的剖切位置线，在转折处如与其他图线容易混淆，则应在转角的外侧标注与该符号相同的编号。当剖面图与被剖切的图样不在同一张图纸上时，可在剖切位置线的另一侧注明其所在图纸的编号，如图 5.1.3 所示的"建施-1"。

3. 剖面材料图例

形体与剖切面接触部分称为剖面区域。在绘制剖面图时，剖面区域应画出与形体材料相应的剖面符号，常见材料的剖面符号详见表 5.1.1。

表 5.1.1 常见材料的剖面符号

序号	名称	图例	备注
1	自然土壤		包括各种自然土壤
2	夯实土壤		—
3	砂、灰土		—
4	砂砾石、碎砖三合土	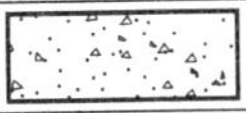	—
5	石材	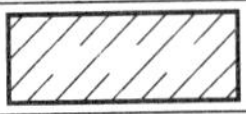	—
6	毛石		—
7	实心砖、多孔砖	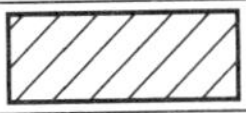	包括普通砖、多孔砖、混凝土砖等砌体
8	耐火砖		包括耐酸砖等砌体
9	空心砖、空心砌块		包括空心砖、普通或轻骨料混凝土小型空心砌块等砌体
10	加气混凝土	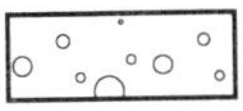	包括加气混凝土砌块砌体、加气混凝土墙板及加气混凝土材料制品等
11	饰面砖		包括铺地砖、玻璃马赛克、陶瓷锦砖、人造大理石等
12	焦渣、矿渣	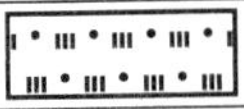	包括与水泥、石灰等混合而成的材料
13	混凝土	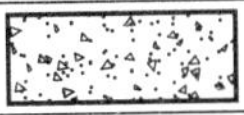	包括各种强度等级、骨料、添加剂的混凝土 在剖面图上绘制表达钢筋时，则不需要绘制图例线
14	钢筋混凝土		断面图形较小，不易绘制表达图例线时，可填黑或深灰（灰度宜 70%）
15	多孔材料	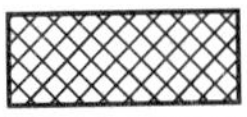	包括水泥珍珠岩、沥青珍珠岩、泡沫混凝土、软木、蛭石制品等
16	纤维材料	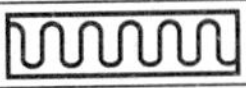	包括矿棉、岩棉、玻璃棉、麻丝、木丝板、纤维板等
17	泡沫塑料材料	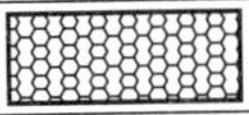	包括聚苯乙烯、聚乙烯、聚氨酯等多聚合物类材料
18	木材		上图为横断面，左上图为垫木、木砖或木龙骨 下图为纵断面
19	胶合板	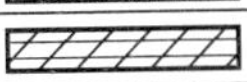	应注明为×层胶合板
20	石膏板	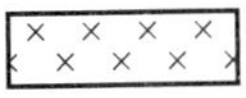	包括圆孔或方孔石膏板、防水石膏板、硅钙板、防火石膏板等
21	金属		包括各种金属 图形较小时，可填黑或深灰（灰度宜 70%）

续表

序号	名称	图例	备注
22	网状材料	～～～	包括金属、塑料网状材料 应注明具体材料名称
23	液体		应注明具体液体名称
24	玻璃		包括平板玻璃、磨砂玻璃、夹丝玻璃、钢化玻璃、中空玻璃、夹层玻璃、镀膜玻璃等
25	橡胶		—
26	塑料		包括各种软、硬塑料及有机玻璃等
27	防水材料		构造层次多或绘制比例大时，采用上面的图例
28	粉刷		本图例采用较稀的点

二、剖面图的种类

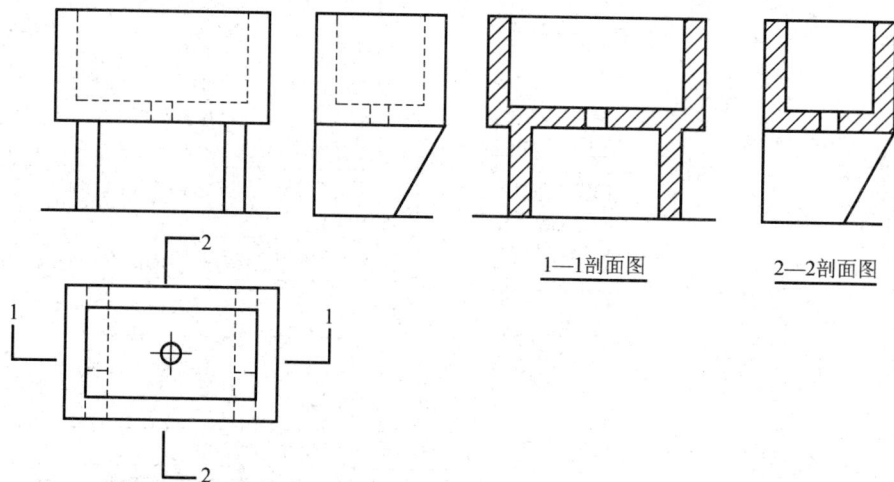

根据剖面图的剖切方式，剖面图可分为全剖面图、半剖面图、局部剖面图、阶梯剖面图、旋转剖面图和展开剖面图。

1. 全剖面图

用剖切面完全地剖开形体所得的剖面图，称为全剖面图。全剖面图主要适用于外形较简单或外形已在其他视图表达清楚，内部结构比较复杂的不对称形体。其标注方法如前所述，如图 5.1.4 所示。

剖面图的种类

1—1剖面图   2—2剖面图

图 5.1.4　水池的全剖面图

2. 半剖面图

当形体具有对称平面，向垂直于对称平面的投影面上投影时，以对称中心线为界，一半画成视图，用来表达形体外部结构形状，另一半画成剖面图，用以表达形体内部结构形状,这样的图形称为半剖面图。半剖面图主要适用于左右对称或前后对称,且外形比较复杂的形体。半剖面图的标注方法和全剖面图相同,但是当剖切平面和物体的对称平面重合且半剖面图又位于基础投影图的位置时,其标注可以省略。

绘制半剖面图时应注意以下几点。

1)半剖面图中,半个视图与半个视图的分界线应是对称线、回转轴线等,必须用点画线表示,不能使用其他任何图线。如点画线正好与图形中的可见轮廓线重合,则应避免使用半剖面图,如图 5.1.5 所示。

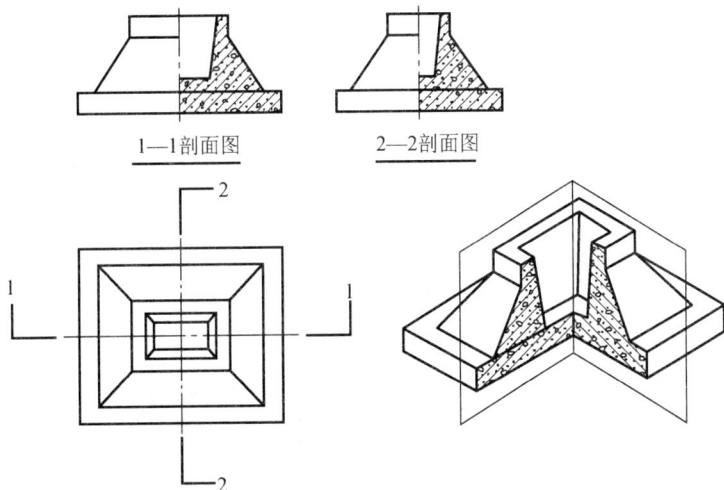

图 5.1.5　半剖面图

2)由于图形对称,形体内部形状已在半个剖面图中表达清楚,表达外部形状的半个视图中的虚线应省略不画,如图 5.1.5 所示。

3)如果形体选择半剖面图表达方法,则应不影响形体其他视图的完整性,如图 5.1.5 所示。

4)当对称中心线为竖直线时,将外形投影绘制在中心线的左边,剖面图绘制在中心线的右边;当对称中心线为水平线时,将外形投影绘制在水平中心线的上边,剖面图绘制在水平中心线的下边。

3. 局部剖面图

用剖切面局部剖开形体所得的剖面图,称为局部剖面图,如图 5.1.6 所示。局部剖面图既能把形体局部的内部结构形状表达清楚,又能保留形体的某些外部形状,剖切范围可大可小,如运用恰当可使表达重点突出,简明清晰,是一种方便灵活的表达方法。局部剖面图一般不需要标注。

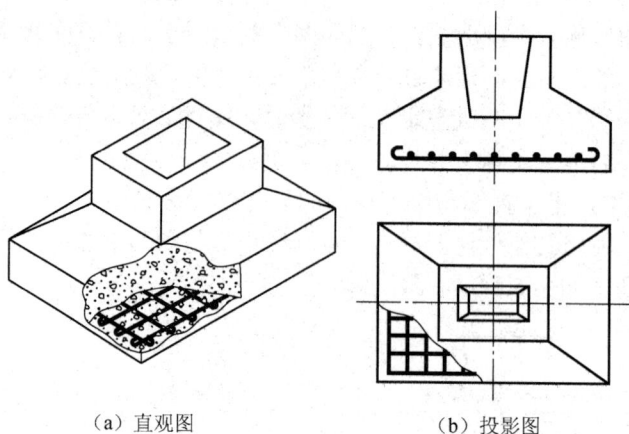

（a）直观图　　　　　　　　（b）投影图

图 5.1.6　局部剖面图

局部剖面图主要用于下列情况。

① 不对称的形体，内、外形均需在同一视图上表达的场合。

② 对称形体，当其图形的对称线正好与轮廓线重合而不宜作半剖面图时，可采用局部剖面图表达。

③ 当实心形体上有孔、凹坑和槽等局部结构时常用局部剖面图表达。

④ 对一些具有不同构造层次的建筑构件，可按实际需要用分层剖切的方法画出各个不同构造层次的剖面图，称为分层剖面图。图 5.1.7 所示用分层剖面图表达地面的构造图，以波浪线为界，分别把木地面四层的构造表达清楚。

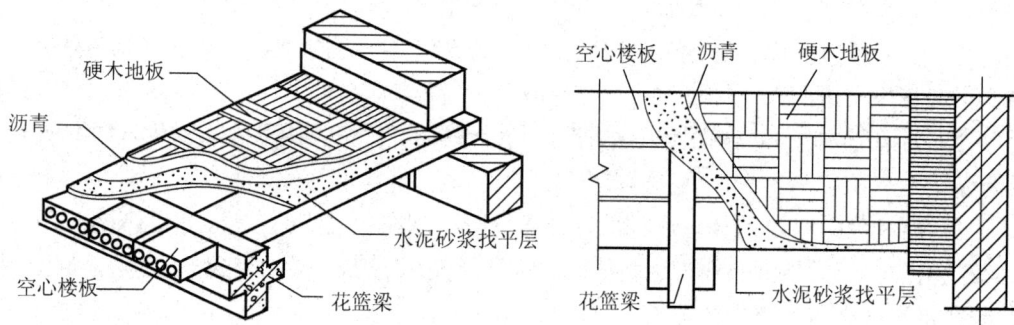

图 5.1.7　分层剖面图

局部剖面图只是形体整个投影图中的一部分，其剖切范围用波浪线表示，是外形视图和剖面图的分界线。画波浪线应注意以下几点。

① 波浪线不应与图形中其他图线重合或画在其他图线的延长线上，如图 5.1.8 所示。

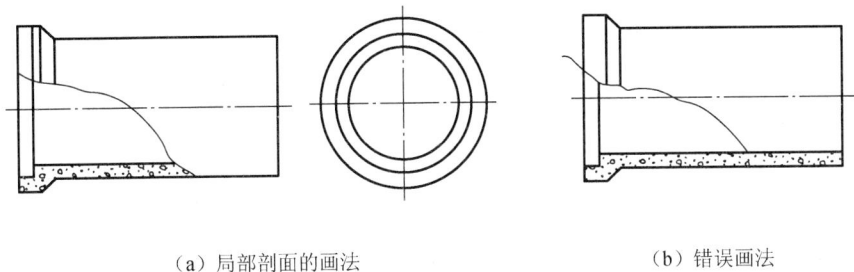

（a）局部剖面的画法 　　　　　　　　　（b）错误画法

图 5.1.8 混凝土水管的局部剖面图

② 波浪线不能超出图形轮廓线，如图 5.1.9 所示。

③ 波浪线应画在形体的实体部分，不能穿孔而过，如遇到孔、槽等结构时，波浪线必须断开，如图 5.1.9 所示。

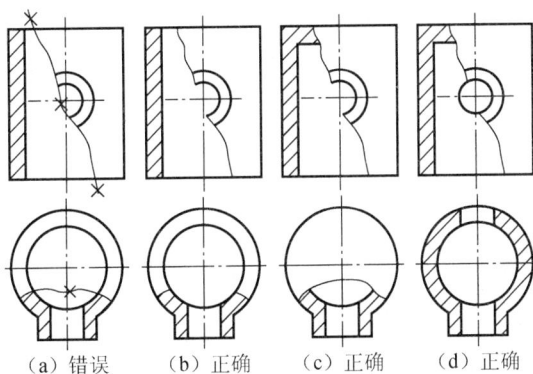

（a）错误　　　（b）正确　　　（c）正确　　　（d）正确

图 5.1.9 波浪线的画法

4. 阶梯剖面图

当用一个剖切平面不能将形体上需要表达的内部结构都剖切到时，可用两个或两个以上相互平行的剖切平面剖开形体，所得的剖面图称为阶梯剖面图。阶梯剖面图是全剖面图的一种特例。如图 5.1.10 所示的房屋结构，由于窗和门的位置不在同一平面内，故采用了两个互相平行的正平面作为剖切面，从而得到了同时反映其内部结构的阶梯剖面图。

画阶梯剖面图时，在剖切平面的起止和转折处均应进行标注，画出剖切符号，并标注相同的编号数字（或字母），如图 5.1.10 所示。一般应在剖切位置线转角处的外侧注写编号，当剖切位置明显，又不致引起误解时，转折处允许省略标注编号。

因为剖切形体是假想的，所以在阶梯剖面图上，剖切平面的转折处不能画出分界线。

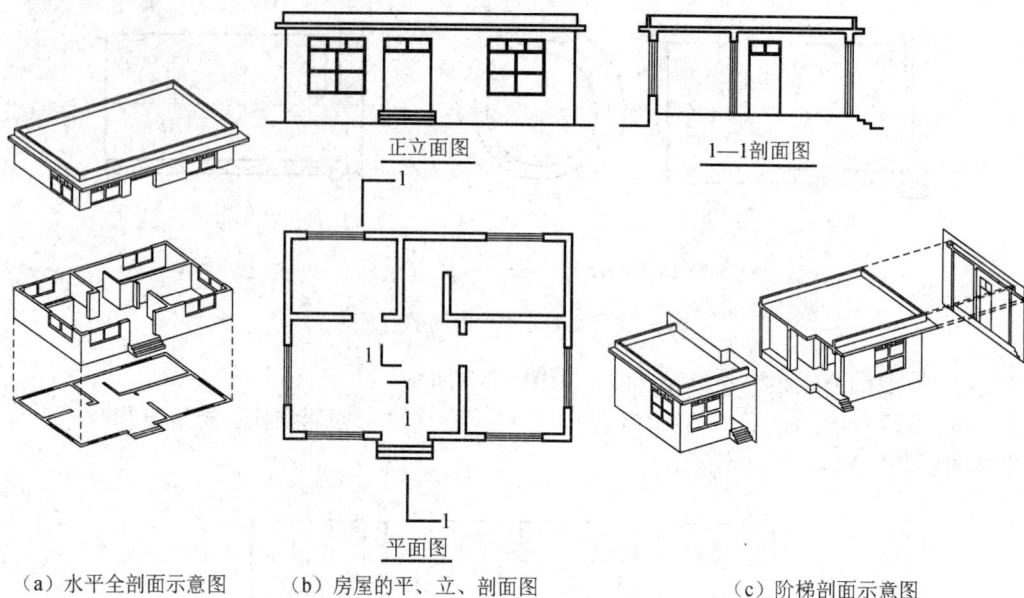

（a）水平全剖面示意图　　（b）房屋的平、立、剖面图　　　（c）阶梯剖面示意图

图 5.1.10　房屋的阶梯剖面图

5. 旋转剖面图

用两个相交的剖切平面剖切形体后，将倾斜于基本投影面的剖面旋转到平行于基本投影面后再进行投影，这样所得到的剖面图称为旋转剖面图。旋转剖面图图名后应加注"展开"两字，并加上圆括号。旋转平面在建筑工程图中应用较少，经常用来表达一些回转型的构筑物，如图 5.1.11 所示。

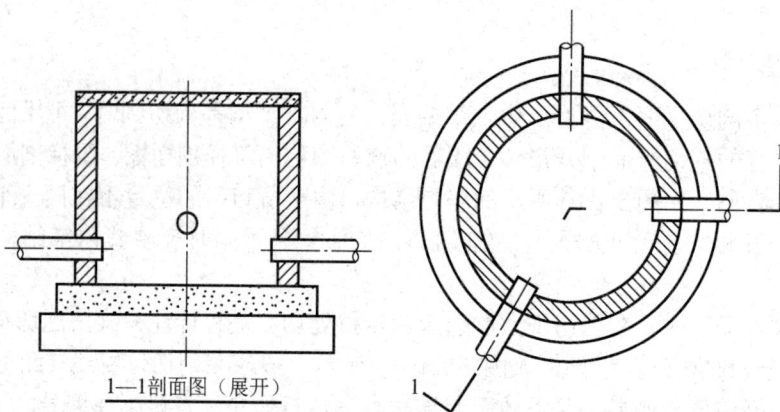

图 5.1.11　污水检查井旋转剖面图

6. 展开剖面图

用两个相交剖切平面将形体剖切开，所得到的剖面图，经旋转展开，平行于某个基本投影后再进行正投影称为展开剖面图。

如图 5.1.12 所示，由于楼梯的两个梯段间在水平投影图上成一定夹角，用一个或两个平行的剖切平面都无法将楼梯表达清楚。因此，可以用两个相交的剖切平面进行剖切，移去剖切平面和观察者之间的部分，将剩余楼梯的右面部分旋转至与正立投影面平行后，便可得到展开剖面图，在图名后面加"展开"二字，并加上圆括号。

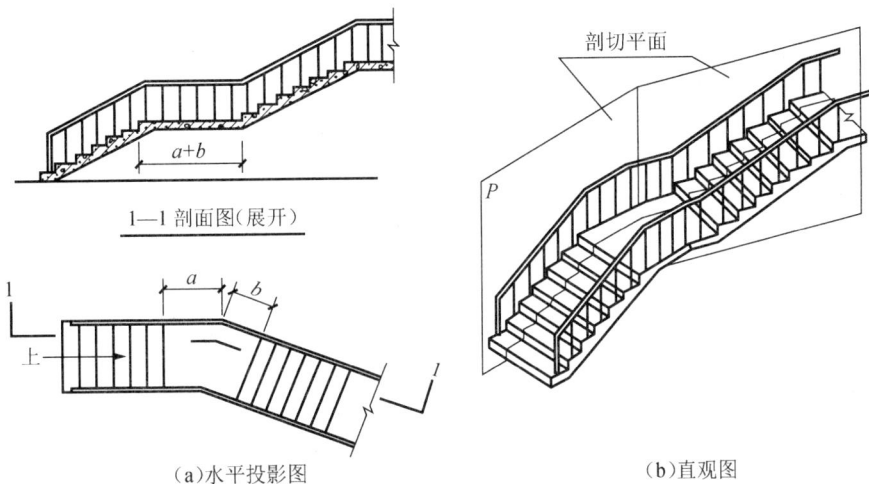

图 5.1.12 楼梯的展开剖面图

三、剖面图的绘制步骤

1. 确定剖切平面的位置

剖切平面位置的选择原则如下。

1) 剖切平面一般选择在平行投影面的位置，这样剖切面的投影易反映出实形，且便于作图。

2) 剖切平面应尽量通过形体内部结构的对称平面、轴线或其他位置（如孔洞的中心线），这样才有利于使画出的剖切面图形直接在投影图位置上反映内部实形，使不可见的变为可见的，并清楚完整地表达出来。

2. 画出剖面剖切符号并进行标注

剖切平面的位置确定后，在投影图上相应的位置画上剖切符号并进行编号。

3. 画出剖面图

按照剖切平面的剖切位置，假想移去形体在剖切平面和观察者之间的部分，作出剖切平面上及剖切平面后面形体的投影。

4. 填充建筑材料图例

最后在所绘制的剖面图上绘出建筑材料图例，如果没有说明其材料，就用 45°平行等间距的细实线绘制。

5. 标注剖面图的名称

在剖面图的下方注写以剖面编号命名的图名，并在名称下方画一条等长的粗实线。

【例5-1】 根据图5.1.13（a）所示的台阶三视图，绘制其剖面图。

【解】 作图步骤：

① 先确定剖切平面 P 的位置，如图5.1.13（b）所示。

② 在台阶正立面图上进行剖切符号的标注，根据投影规律，做出台阶侧立面图投影的剖面图。

③ 填充剖面图的材料图例。

④ 标注图名，即 1—1 剖面图，如图5.1.13（c）所示。

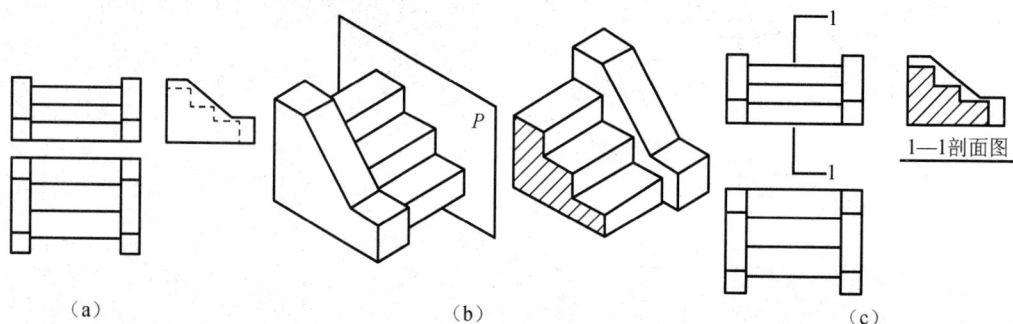

图5.1.13 台阶剖面图

任务实施：运用剖面图表达基础的内部结构

依据基础结构特征，采用全剖面图表达。

假想用一个平行于 V 面投影的剖切面 P 将基础剖开，移去剖切面 P 与观察者之间的部分，对剩下的部分向 V 面投影，所得到的投影图就是基础的正立面剖面图，如图5.1.14（a）所示。同理，用一个平行于 W 面投影的剖切面 Q 将基础剖开，移去剖切面 Q 与观察者之间的部分，对剩下的部分向 W 面投影，所得到的投影图就是基础的侧立面剖面图，如图5.1.14（b）所示。这时，不可见的虚线在剖面图上都变成了实线，其内部的形状和构造都表达得很清晰，便于识读。其全剖面图如图5.1.15所示。

（a）正立面剖面图

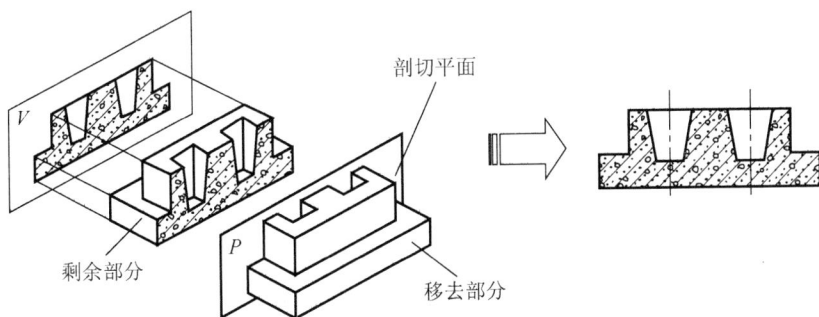

（b）侧立面剖面图

图 5.1.14　双柱杯形基础剖切的形成

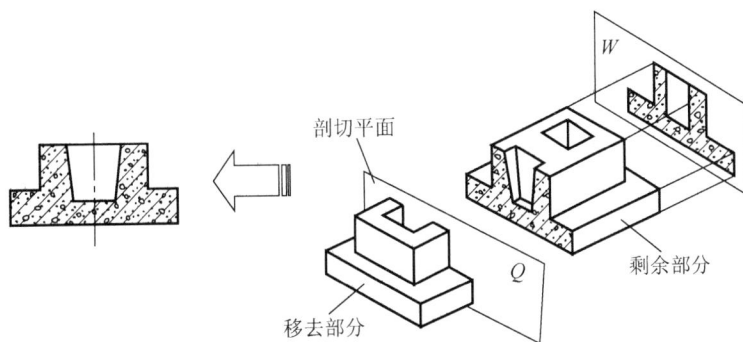

1—1剖面图　　　　　　　　　　　2—2剖面图

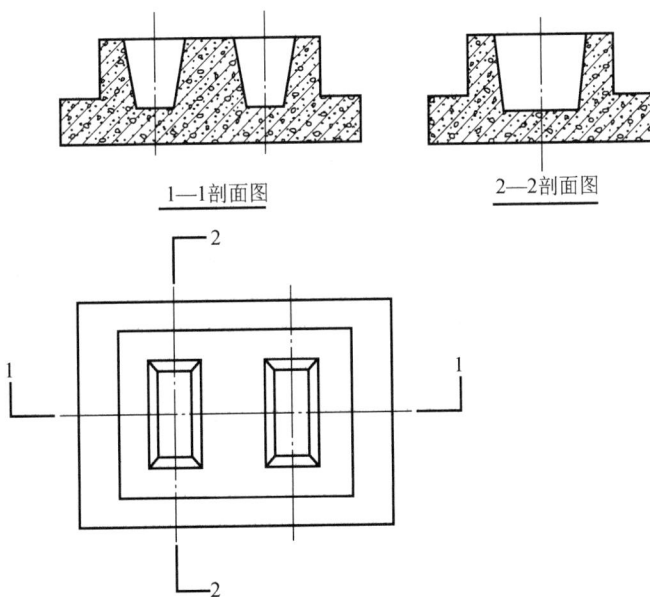

图 5.1.15　双柱杯形基础全剖面图

能力提升：绘制剖面图表达形体内部结构

分析图 5.1.16 所示带肋杯形基础的立体图样，通过绘制剖面图，表达其内部结构。

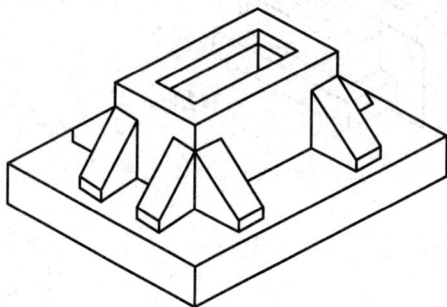

图 5.1.16　带肋杯形基础的立体图样

学　习　页

学习情境二　断面图的表达方法

任务描述与任务分析

任务描述：

如图 5.2.1 所示牛腿柱结构，用适当的表达方法，将其结构形状表达清楚。

任务分析：

该柱体由几段截面不同的形体组成，利用视图和剖面图无法将这些结构细节表达清楚，可采用断面图表达。

图 5.2.1　牛腿柱的立体图

知识准备：断面图绘图基础

一、断面图形成

假想用剖切面将形体的某处切断，仅画出剖切面与形体接触部分的图形称为断面图。

断面图用于表达建筑形体的内部形状，如建筑物的柱、梁、板、型钢的某一部分的断面形状；在结构施工图中，表达构配件的钢筋配置情况等。

断面图与剖面图的区别如图 5.2.2 所示。

二、断面图的标注

断面图需标注剖切符号和剖切符号编号，其画法与剖面图一样，但断面图不标注投影方向线，投影方向由编号的注写位置表示。

（1）剖切符号

断面图的剖切符号只用剖切位置线表示，以短粗实线绘制，其长度为 6～10 mm。

（2）剖切符号编号

剖切符号用阿拉伯数字编写，注写在剖切位置线的一侧，编号所在的一侧为断面图的剖视方向。如图 5.2.2（c）所示，编号标写在剖切位置的下侧，表示向下投影。

在断面图的下方用断面的编号来表示图名，如 1—1、2—2 等，并在图名下方用粗实线绘制与之等长的线段，如图 5.2.2（c）所示。

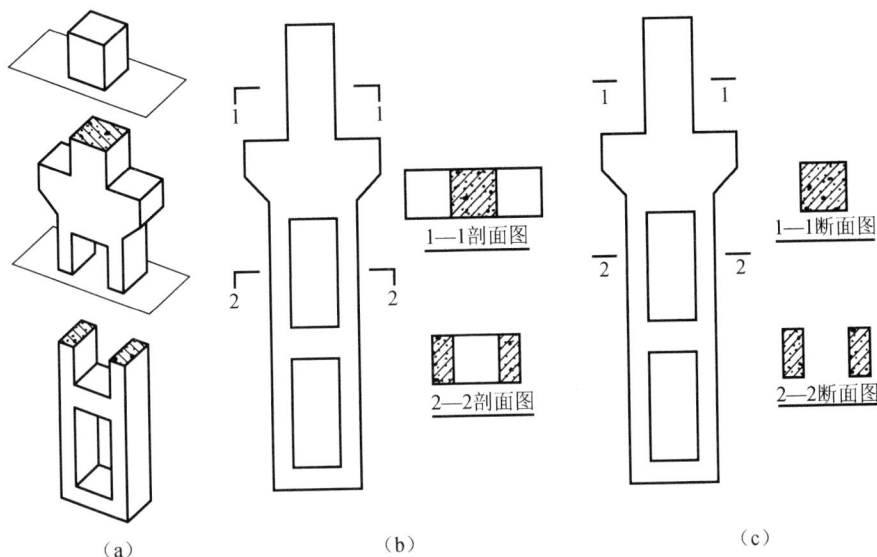

图 5.2.2　断面图与剖面图的区别

（3）材料图例

在断面投影图中画上表示其材料的图例，如果没有指明材料的图例，要用 45°平行等间距的细实线绘制。

三、断面图与剖面图的区别

1）表达范围不同。断面图是形体被剖切后断面的投影，是面的投影；剖面图是形体被剖开，移走遮挡视线的部分形体后，剩余部分形体的投影，是体的投影。应该说，同一剖切位置上同一投影方向的剖面图一定包含着其断面图。

2）剖切符号的标注不同。这是根据剖切符号确定是画剖面图还是画断面图的关键，剖切符号中如果没有投射方向线，表示要画断面图，否则要画剖面图。

3）一个剖面图可以用两个或多个剖切平面来剖切（如阶梯剖面、旋转剖面），而一个断面图只能用一个剖切平面来剖切，即断面图中的剖切平面不可转折。

四、常用断面图种类

断面图可分为移出断面图、重合断面图、中断断面图。

1. 移出断面图

将断面图画在视图轮廓线之外的，称为移出断面图。

移出断面图是表达建筑构件时常采用的一种图样，主要用来表示钢筋混凝土构件，如结构施工图中的基础详图、配筋图中的断面图都属于移出断面图。

移出断面图的轮廓线用粗实线绘制，通常配置在剖切线的延长线上或其他适当的位置，当一个形体有多个断面图时，应将各断面图按顺序依次整齐地排列在投影图的旁边，如图 5.2.2（c）、图 5.2.3 所示。移出断面图也可根据需要，用较大的比例绘制，如图 5.2.4 所示。

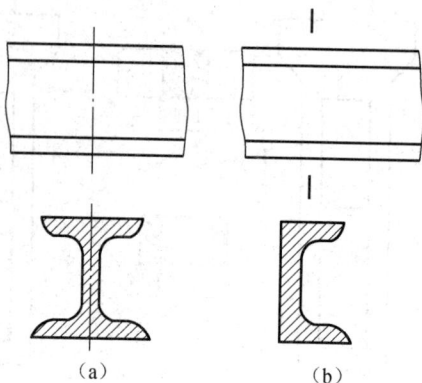

（a）　　　　　　　　　（b）

图 5.2.3　工字钢、槽钢的移出断面图

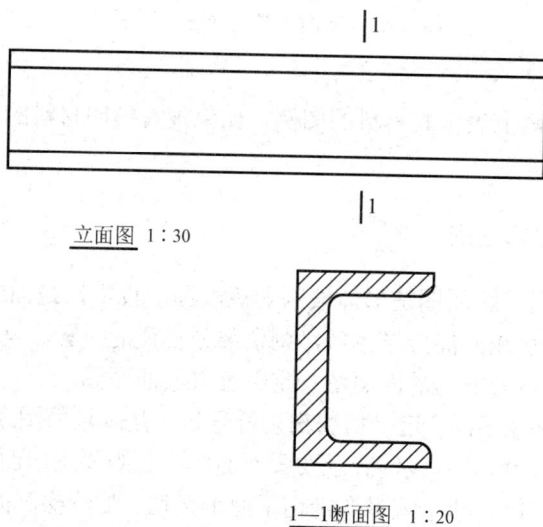

立面图 1∶30

1—1断面图　1∶20

图 5.2.4　以较大比例绘制移出断面图

移出断面图应按断面图标注要求进行标注。当断面图位于剖切平面的延长线上时，可不标注断面名称，如图 5.2.3（b）所示。如断面图对称，则只需用细单点长画线表示剖切位置，不需进行其他标注，如图 5.2.3（a）所示。

2. 重合断面图

断面图画在原视图轮廓线内，比例与原投影图一致，这样的断面图称为重合断面图。

重合断面图的轮廓线用细实线绘制，断面图在视图之内。当视图中轮廓线与重合断面的图形重叠时，视图中的轮廓线仍应连续画出，不可间断。重合断面图一般不标注。

图 5.2.5 所示屋面梁板为现浇钢筋混凝土结构，当断面较窄时，一般通过涂黑表示。在表示土建工程图中构件的花饰时，仅画出其凹凸起伏状况而不把整个厚度画出来，如图 5.2.6 所示为外墙立面图上用重合断面表示的装饰花纹，这是用水平面剖切墙体，然后把断面向下旋转，使它与立面图重合后画出来的，用以表示墙面装饰花纹的凹凸起伏状况。这样的断面图可以不加任何说明，只在断面图的轮廓线内沿轮廓线边缘加画 45° 细斜线（图中右边小部分墙面没画出断面，以供对比）。

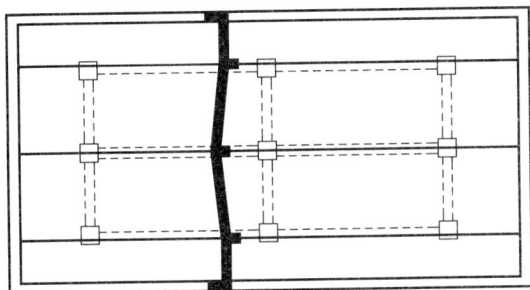

图 5.2.5　屋面平面图上的重合断面图　　　　图 5.2.6　外墙立面图上的重合断面图

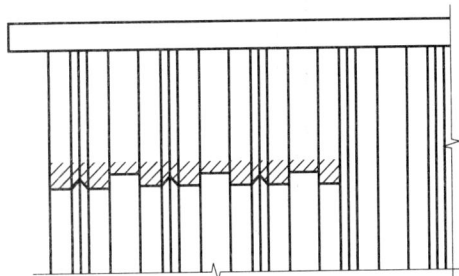

3. 中断断面图

在表达较长而只有单一断面的构件时，可以将构件的视图在某一处打断，在断开处，画出其断面图，这种断面图称为中断断面图。中断断面图的轮廓线用粗实线绘制，中断断面投影图的中断处用波浪线或折断线绘制，不需要标注剖切符号和编号。

中断断面图经常用在钢结构图中来表示型钢的断面形状，如图 5.2.7 所示。

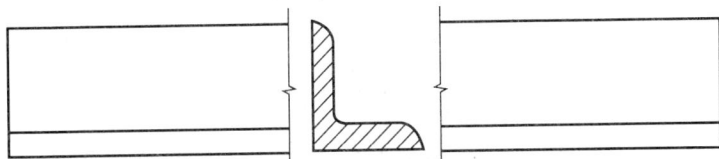

图 5.2.7　型钢的中断断面图

任务实施：运用断面图表达柱体结构

（1）分析结构并确定表达方案

图 5.2.8 所示的牛腿柱可以分为四段，每段的截面都不同，采用移出断面图能比较清楚地反映出各截面形状。移出断面图配置在剖切位置的延长线上。

（2）绘制步骤

① 根据 1—1、2—2 的剖切位置，在牛腿柱的立面图上确定其剖切位置。

② 结合牛腿柱立面图的剖切断面，画出 1—1、2—2 的断面图。

③ 填充断面图的材料图例。

④ 标注图名。

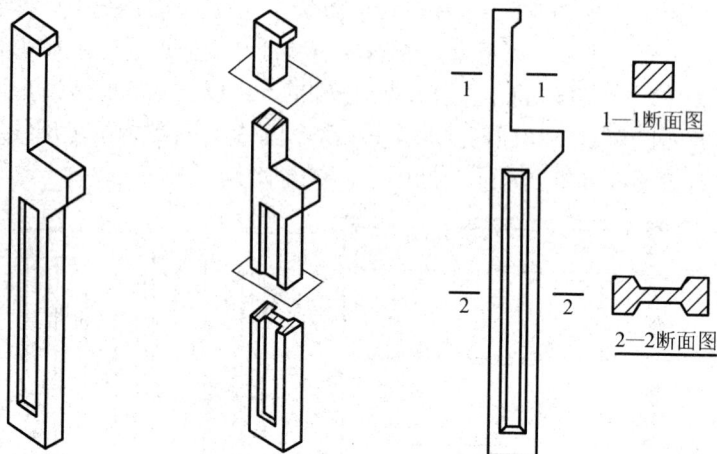

图 5.2.8　牛腿柱的断面图

能力提升：运用断面图表达形体结构

分析图 5.2.9 所示的台阶三视图，绘制其断面图，并试比较其与例 5-1 剖面图的区别。

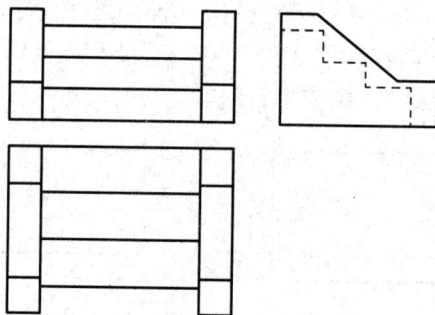

图 5.2.9　台阶的三视图

学　习　页

学习情境三　图样简化画法

任务描述与任务分析

任务描述：

如图 5.3.1 所示桁架结构，用适当的表达方法，将其结构形状表达清楚。

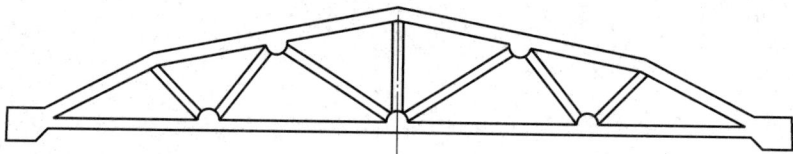

图 5.3.1　桁架的平面图

任务分析：

该桁架结构是对称的，尺寸较大，且两个方向尺寸相差较大，采用常规视图绘制，占用图纸幅面大，绘制时间长，可采用规定的简化表达方式以提高工作效率。

知识窗：标准化与国家标准

标准化是指在社会实践中，对重复性的事物和概念，通过制订、发布标准达到统一，以获得最佳秩序和社会效益。

技术图样是工程技术领域的共同语言，为了便于指导生产和对外进行技术交流，国家标准对技术图样上的有关内容作出了统一的规定。

1956 年机械工业部颁布了第一个部颁标准《机械制图》，1959 年国家科学技术委员会颁布了第一个国家标准《机械制图》，随后又颁布了国家标准《建筑制图》，使全国工程图样标准得到了统一，标志着我国工程图学进入了一个崭新的阶段。为适应经济和科学技术的发展，加强与世界各国的技术交流，我国依据国际标准化组织 ISO 制定的国际标准，对国家标准《机械制图》先后作了多次修订，并相继发布了各项新的标准。

知识准备：图样简化画法基础

一、对称图形

在建筑构配件中，对称结构比较多，可在不致引起误解时，进行简化处理。

对于对称形体的视图只画出一半，但图上必须画出对称线，并加上对称符号。对称线用细单点长画线表示,对称符号用一对平行的短细实线表示,长度 6~10mm,间隔 2~3mm。两端的对称符号到图形的距离应相等,对称线端部超出对称符号 2~3mm。

当对称形体的视图绘制的部分超出图形对称线时,可不用画对称符号。

当对称形体的视图不仅左右对称,而且上下对称时,可进一步简化,只画出图形的四分之一,但同时要增加一条水平的对称线和对称符号,如图 5.3.2 所示。

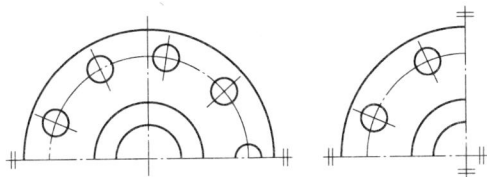

图 5.3.2　对称图形的简化画法

二、简化画法

1. 折断省略画法

当形体很长、断面形状相同或按一定规律变化时,可以假想将该形体折断,省略其中间折断部分,而将两端画出,在断开处画上折断线,折断线两端应超出轮廓线 2~3mm,其尺寸应按原形体长度标注,如图 5.3.3 所示。

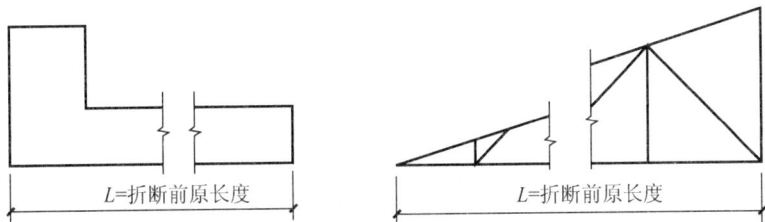

图 5.3.3　折断的简化画法

2. 相同结构省略画法

如果形体上有多个形状相同而连续排列的结构,可仅在两端或者适当位置画出若干个完整的结构,其余部分的结构用中心线或中心线交点表示。

图 5.3.4 所示为混凝土空心砖和预应力混凝土空心板孔的省略画法和注法。

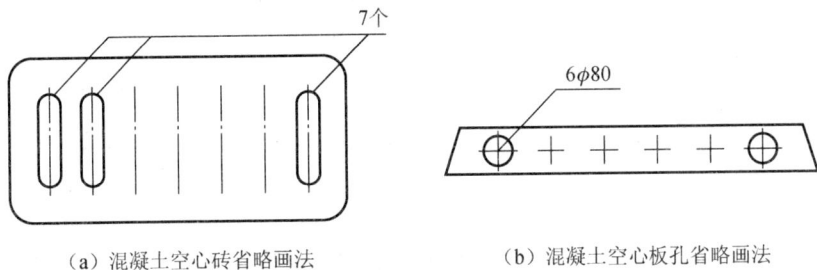

（a）混凝土空心砖省略画法　　　　　（b）混凝土空心板孔省略画法

图 5.3.4　相同结构的简化画法

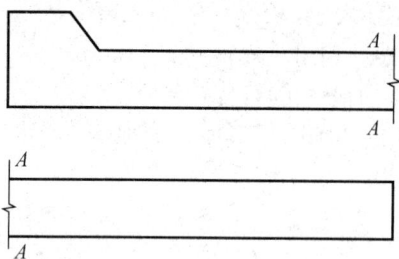

图 5.3.5　同一构件的分段画法

3. 同一构件的分段画法

同一构件如绘制图形的位置不够，可以分段绘制，用连接符号相连。连接符号用折断线表示连接的部位，并以折断线两端靠图样一侧的大写英文字母表示连接编号。两个连接的图样必须用相同的字母编号，如图 5.3.5 所示。

任务实施：给定平面图的简化绘制

（1）分析结构并确定表达方案

该构件是对称形体，尺寸较大，为了节省图幅和绘制工作量，在不致引起误解时，进行简化处理。

方案一：形体的视图只画出一半，但图上必须画出对称线，并加上对称符号；方案二：形体视图绘制的部分超出图形对称线，不用画对称符号。

（2）绘制实施

根据投影的原则，绘制出构件的视图，并进行适当的标注，如图 5.3.6 所示。

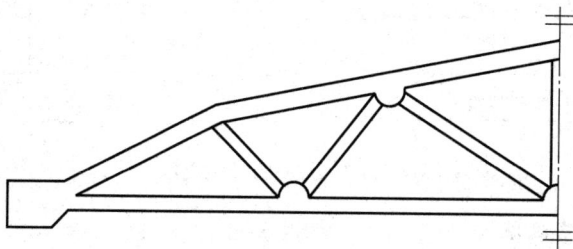

（a）省去对称部分

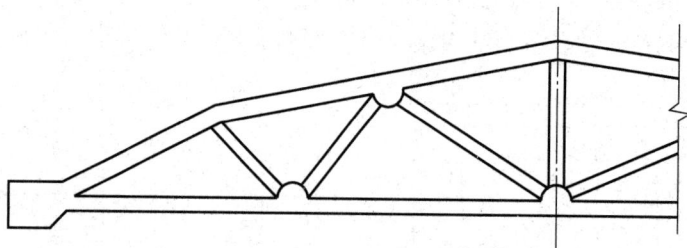

（b）不用画对称符号的情况

图 5.3.6　对称构件的简化画法

能力提升：根据给定的投影视图绘制相应简图

分析图 5.3.7 所示梁的视图，选择合适的表达方式进行绘制。

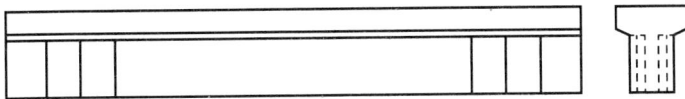

图 5.3.7　梁的投影视图

学 习 页

模块六

绘制标高投影图

思政目标　通过对珠穆朗玛峰测量技术及地图发展的了解，知悉测绘工作和地图在社会发展中的重要作用。通过了解测绘技术的不断发展和地图绘制的不断完善，是劳动人民智慧的体现和技术创新的结果，不断激发创新精神。

学习目标　掌握标高投影的形成过程及表示方法。
了解标高投影中形体交线的形成定义。

技能目标　能够运用标高投影方法求解形体间的交线及形体与地面之间的交线。

学习提示　无论是房屋建筑工程，还是道路（铁路和公路）工程，它们都要与地面发生关系，因此在土木工程中常常需要绘制表达地形的图样——地形图。由于地面形状复杂，且高低起伏与幅员的辽阔相差甚远，如采用多面正投影图来表达地面形状，显然不方便，也不易表达清楚。
在多面正投影中，若形体的水平投影确定，则其立面投影主要表示形体各部分的高度。显然，在形体的水平投影上标注出其各部分的高度，同样也可以确定形体的空间形状。这种用水平投影和标注高度来表示形体形状的投影，称为标高投影。本模块将介绍怎样用标高投影表示地形图及在标高投影中怎样确定形体间的交线，如图 6.0.1 所示。

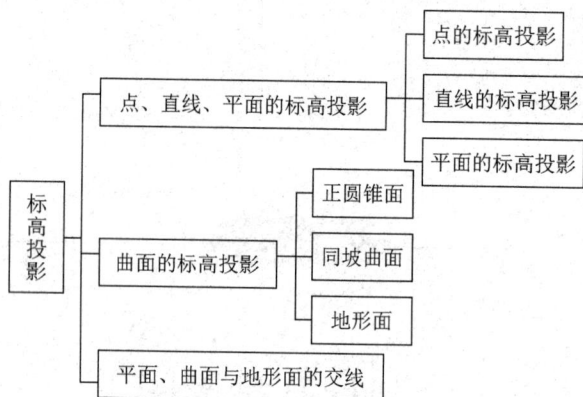

图 6.0.1　标高投影内容体系

学习情境一　绘制点、线、面的标高投影图

───── **任务描述与任务分析** ─────

任务描述:

已知梯形平台顶面标高为+8，坡顶的大小和各坡面如图 6.1.1 所示。假定地面是一个标高为+5 的水平面，试画出此平台的标高投影图。

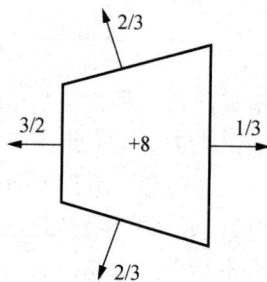

图 6.1.1　梯形平台的标高投影

任务分析:

平台顶面的四角是四个坡面上标高为+8 等高线的交点。因此，只要做出各坡面标高为+5 的水平线即可。

知识准备：标高投影基础

一、标高和标高投影法

1. 标高（高程）

标高是测量学的概念，用于表达某一点的高度水平。在实际工作中，通常以我国青岛附近的黄海平均海平面作为基准面，地面上某点高出这一水准面的垂直距离称为绝对标高成绝对高程。

如果在某一局部地区，距国家统一的高程系统水准点较远，也可选定某一水准面作为高程起算的基准面，称为假定水准面。地面上测点与假定水准面的垂直距离称为相对标高或相对高程。

2. 标高投影法

标高投影法是通过采用水平投影并标注特征点、线、面的高度数值来表达空间形体的方法，它是一种标注高度数值的单面正投影。

用一组等间隔的水平面截割地形曲面，得到一组水平截交线（等高线），将它们投射到水平投影面（基准面）上，并标出各自的标高，即得标高投影图，也称地形图，如图 6.1.2 所示。

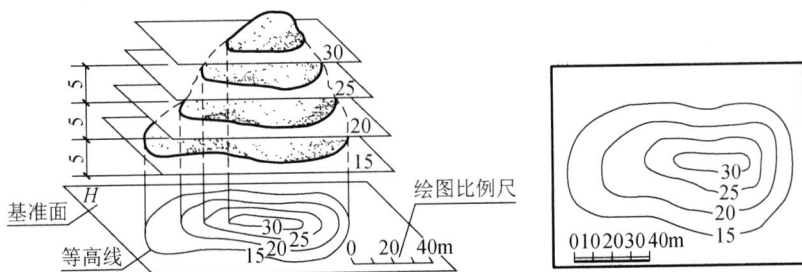

图 6.1.2　地形的标高投影

截平面高出基准面的高度称为标高或高程（数字方向指向山顶），以 m 为单位。标高投影图常用于描述不规则曲面、地形等。在标高投影中标有高度数字的图线称为等高线。

二、点的标高投影

点的标高投影是用点的水平投影并在其右下角标以高程数值的方法来表示的，如图 6.1.3 所示。

点的高程是以 H 面的高程为"0"确定的。高于 H 面的高程为正，省去"+"号；低于 H 面的高程为负，不能省去"−"号；在 H 面内的高程为0，不能省略标注。

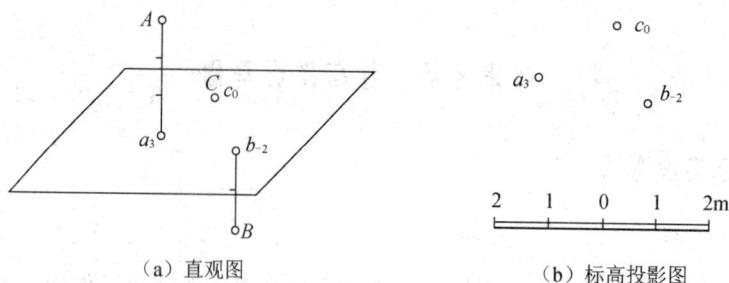

（a）直观图　　　　　　　（b）标高投影图

图 6.1.3　点的标高投影

在标高投影图中，为了确定形体的空间形状和位置，还需画出作图水平比例尺，并注明刻度单位。用比例尺丈量，即可知 A、B、C 任意两点间的实际水平距离。

标高投影包括水平投影、高程数值、绘图比例三要素。

三、直线的标高投影

1. 直线的表示方法

在标高投影中，直线的表示方法有两种：①直线上的两个点；②直线上的一个点及该直线的方向。

（1）直线上的两个点

用两点表示直线，即用直线的水平投影并标出其两个端点的标高投影的方法来表示。如图 6.1.4 所示，在直线的 H 面投影 ab 上，标出它的两个端点 a 和 b 的标高，a_2b_5 即是直线 AB 的标高投影。

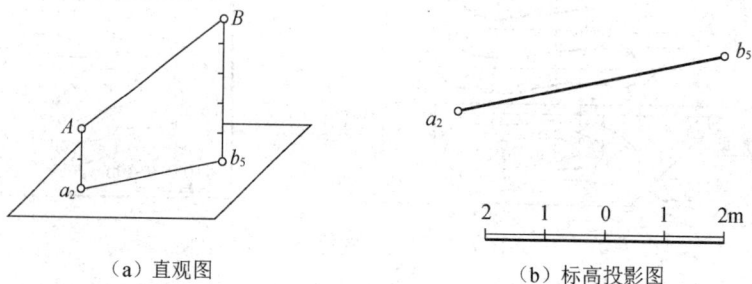

（a）直观图　　　　　　　（b）标高投影图

图 6.1.4　直线的标高投影

（2）直线上的一个点及该直线的方向

用直线上的一点及该直线方向表示直线，即利用该直线的一个端点的标高投影及该直线的坡度 i 表示。坡度用带箭头的直线表示，且箭头指向下坡方向。

2. 直线坡度与平距

直线的坡度 i 是指当直线上两点的水平距离为一个单位时所对应的高差。i 值越大，直线越陡。

直线的平距 l 则是当直线上两点的高差为一个单位时所对应的水平距离。l 值越大，直线越缓。

如果线段 AB 两端点的水平距离为 L，高差为 I，AB 对 H 面的倾角为 α，如图 6.1.5 所示，则坡度 i、平距 l、倾角 a 三者之间的关系为

$$\begin{cases} i = \dfrac{I}{L} = \tan\alpha \\ l = \dfrac{L}{I} = \cot\alpha = \dfrac{1}{\tan\alpha} \end{cases}$$

即

$$i = \frac{1}{l}$$

由此可以看出，直线的坡度与平距互为倒数，即坡度越大，平距越小；坡度越小，平距越大。

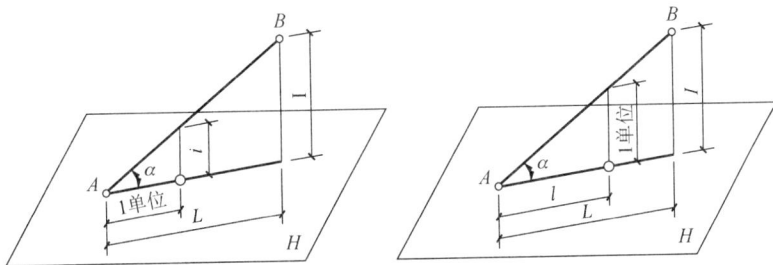

图 6.1.5 直线的坡度与平距

如果直线的坡度为零，则说明该直线是一条水平线，如图 6.1.6 所示。

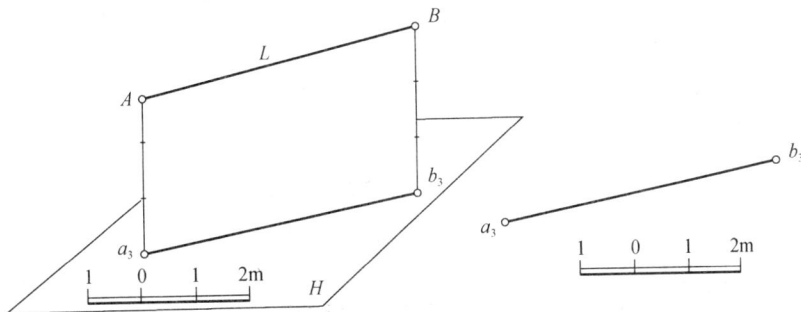

图 6.1.6 水平线的标高投影

【例 6-1】 求图 6.1.7 所示 AB 直线的坡度和平距，并求 C 点的标高（注：图示尺寸 30m 和 15m 分别为按比例测得的 AB 和 BC 间水平距离）。

【解】

$$坡度\, i = \frac{I}{L} = \frac{20-10}{30} = \frac{1}{3}$$

$$平距\, l = \frac{1}{i} = 3$$

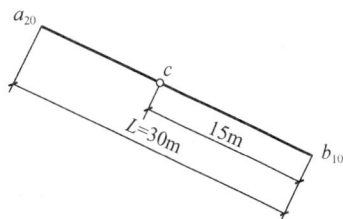

图 6.1.7 直线的标高投影

$$C点标高 = 15 \times \frac{1}{3} + 10 = 15 \ （m）$$

3. 直线的实长及整数标高点

（1）在标高投影图中实长的求法

在标高投影图中可采用直角三角形法通过计算或者作图得出直线实长（图6.1.8）。

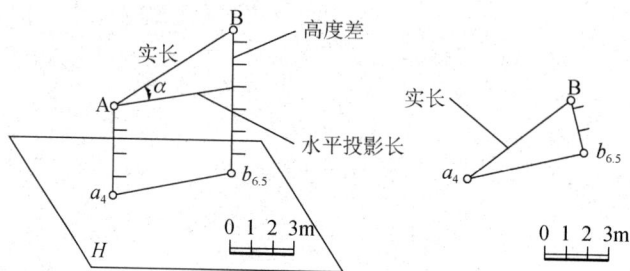

图 6.1.8　标高投影图中实长求法

（2）直线上整数标高点投影的确定

如图 6.1.9 所示，用直线上顺次标高点表示的直线，相邻两点间的水平距离就是平距。

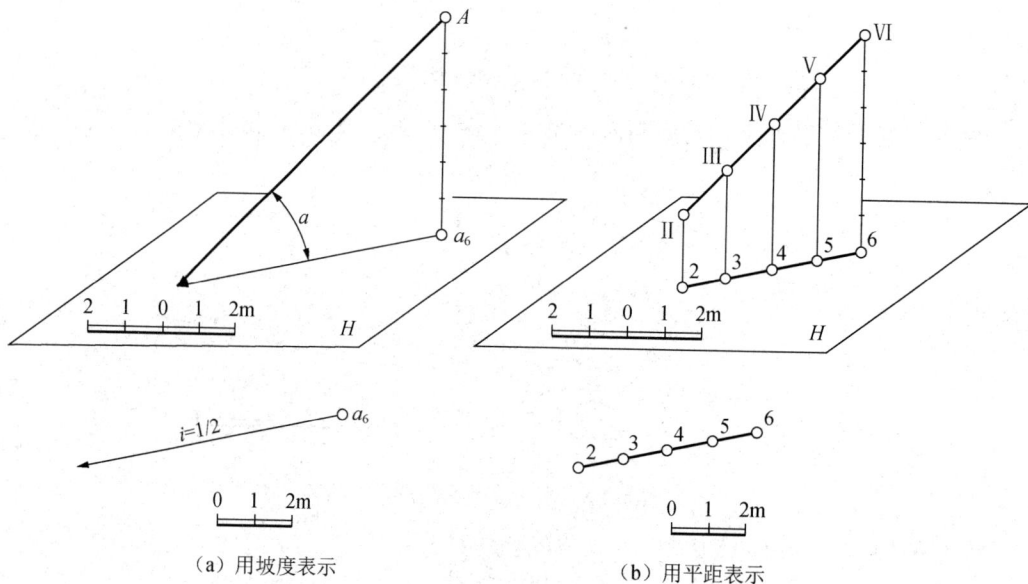

（a）用坡度表示　　　　　（b）用平距表示

图 6.1.9　用坡度和平距表示直线

如果直线上两端点的标高不是整数，可用比例分割的办法求得直线上具有整数标高的点。

【例6-2】 如图 6.1.10（a）所示，已知某直线的标高投影，试求直线上整数高程点的标高投影。

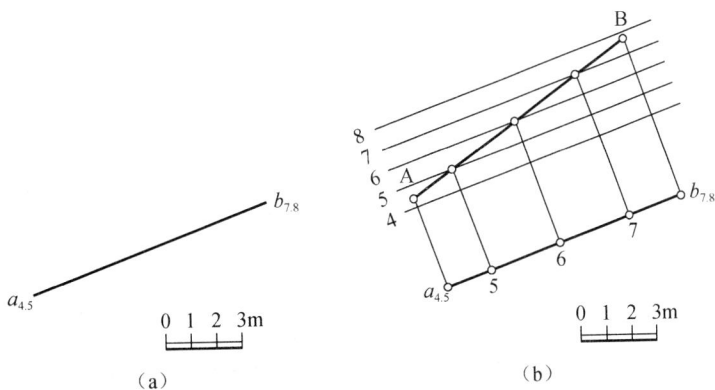

图 6.1.10 求直线上整数标高点投影

【解】 ① 作平行于直线标高投影的基线，基线标高为小于等于直线最低端点的整数。
② 利用比例尺，作平行于基线等间距的一组平行线。
③ 根据直线端点 A、B 的标高，确定其在等高线组中的位置。
④ 连接 A、B 得到 A、B 与各等高线的交点，由各交点求得直线上各整数标高点。
故图 6.1.10（b）对应在水平投影上找到 5、6、7 点，即为所求。

4. 两直线的相对位置

根据两直线的标高投影，可判断它们的相对位置：平行、相交、交叉、垂直。

如图 6.1.11 所示，在适当的位置作出任意两直线的辅助投影后，可判断直线的相对位置。直线 AB 与 EF 平行，AB 与 CD 相交于 K，CD 与 EF 交叉。由于所作辅助投影面是平行于 AB 和 EF 的，所以由直角投影法则可知：如果它们与 CD 垂直，就会在辅助投影上也相互垂直。但要注意所作的整数标高线，必须按比例尺画出。

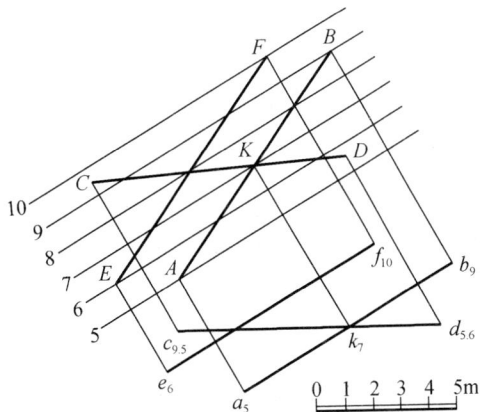

图 6.1.11 两直线的相对位置

如果两直线的标高投影平行，上升或下降方向一致，而且坡度或平距也相等，则两直线平行，如图 6.1.12 所示。

如果两直线的标高投影相交，而且经计算知两直线交点处的标高也相等，则两直线相交，否则两直线交叉如图 6.1.13 所示。

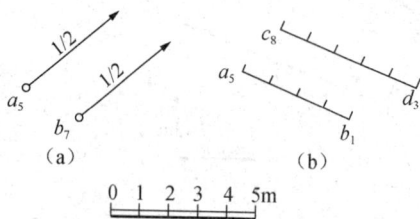

图 6.1.12　两直线平行

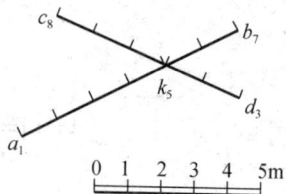

图 6.1.13　两直线交叉

四、平面的标高投影

在图 6.1.14 中，画出一个由平行四边形 $ABCD$ 表示的平面 P，图中 AB 位于 H 面上，是平面 P 与 H 面的交线，以 P_H 标记。

如果以一系列平行于基准面 H 且相距为同一单位的水平面截割平面 P，则得到 P 面上一组水平线 I—I、II—II 等，它们在 H 面的投影分别为 1—1、2—2，称为该平面的等高线。

平面 P 的等高线都平行于 P_H，且间隔相等。这个间隔，称为平面的平距。

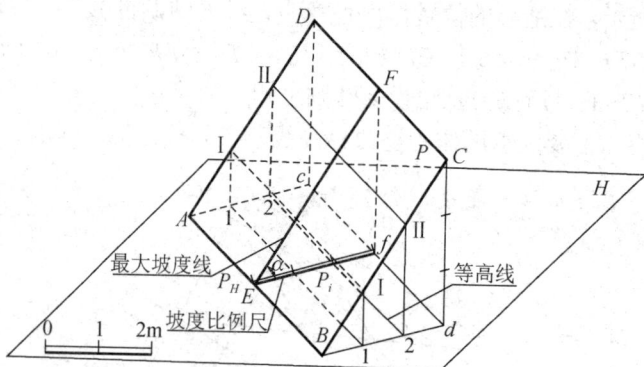

图 6.1.14　平面的等高线

1. 平面上的等高线和坡度线

（1）等高线

平面上的水平线称为平面上的等高线，如图 6.1.14 所示。

等高线具有以下特性：等高线都是直线；等高线互相平行；等高线的高差相等时其平距相等。

（2）坡度线

平面上对水平面的最大斜度线，就是平面上的坡度线。

坡度线具有以下特性：平面内的坡度线与等高线互相垂直，它们的水平投影也互相垂直；平面内坡度线的坡度代表平面的坡度，坡度线的平距就是平面内等高线的平距。

如图 6.1.14 所示，在 P_H 上任取一点 E，作平面 P 上的最大坡度线 EF，它的水平投影 Ef 垂直于 P_H，直线 EF 的平距与平面 P 的平距相等。

平面对 H 面的倾角是指平面上最大斜度线与其 H 面投影之间的夹角。图 6.1.14 中，α 就是平面对 H 面的倾角。

（3）坡度比例尺

将平面的最大坡度线的标高投影，按整数标高点进行刻度标注，就是平面的坡度比例尺。为了区别于直线的标高投影，规定平面的坡度比例尺以一粗一细的双线绘制，并标以"P_i"。

【例 6-3】 如图 6.1.15 所示，已知 A、B、C 三点的标高投影，求平面 ABC 的平距和倾角。

【解】 分析：相邻等高线之间的距离为平距，最大坡度线的倾角为平面倾角。

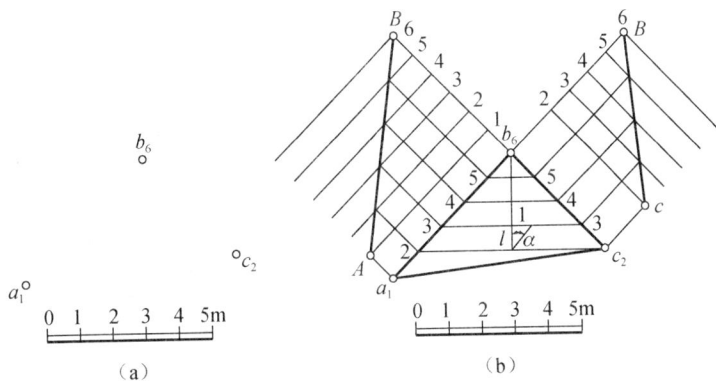

图 6.1.15 平面的等高线及坡度线

作图步骤：

① 连接 a_1、b_6、c_2，任取两边，求出各边的整数标高点。

将直线 AB、BC 与各个整数标高水平线的交点分别投至直线的标高投影上，即得 $a_1 b_6$、$b_6 c_2$。

② 分别连接相同整数标高点，得等高线。

③ 作平面的最大坡度线，求平距及倾角。

过平面上 b_6 点做等高线的垂线，即为平面 ABC 的坡度线，坡度线的平距 l 即为平面的平距。以平距 l 为一直角边，以单位高差 1 为另一直角边做直角三角形，单位高差所对的角 α 即为平面的倾角。

2. 平面表示法

在标高投影中，平面一般用几何元素的标高投影来表示。

1）不在一条直线上的三点表示平面，见图 6.1.16（a）。

2）矩形表示平面，见图 6.1.16（b）。

3）一组等高线表示平面，见图 6.1.16（c）。

4）坡度比例尺表示平面，见图 6.1.17（a）。

5）一条等高线（或平面迹线）和平面的坡度表示平面。

注：平面迹线是平面与地面的交线。

6）一条非等高线和平面的坡度表示平面。

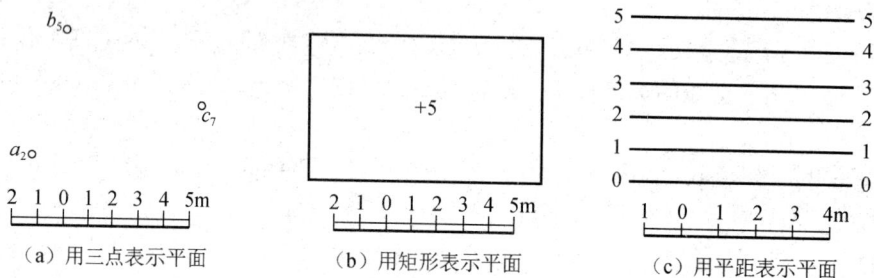

图 6.1.16　几何元素表示平面

【例 6-4】 将图 6.1.17（a）所示坡度比例尺表示的平面转换为等高线表达方式。

【解】 坡度比例尺与等高线互相垂直。坡度比例尺上的一个单位实质为平面的平距，因此直接引坡度比例尺垂直线即可，如图 6.1.17（b）所示。

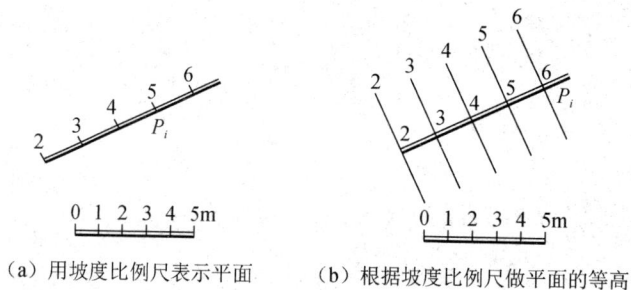

图 6.1.17　平面的坡度比例尺

【例 6-5】 如图 6.1.18（a）所示，已知平面上一条标高为 25 的等高线和平面的坡度，求作平面上具有整数标高的等高线。

【解】 分析：平距为坡度的倒数，可以求出平距后绘制等高线，如图 6.1.18（b）所示。因 $i=1:1.5$，得 $l=1.5$。

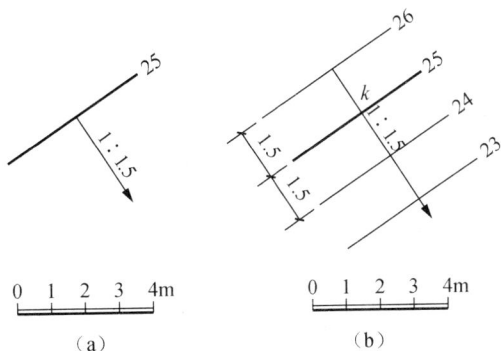

图 6.1.18　等高线和平面坡度表示法

【例 6-6】　如图 6.1.19 所示平面的标高投影，以平面内一般位置直线及平面坡度表示，未注出坡度线方向，求作平面的等高线。

【解】　分析：A 和 B 的高差为 5−2=3（m），若在整数标高处各作一条等高线，可作出 4 条。其中过 a_2 和 b_5 各有一条标高分别为 2 和 5 的等高线，它们之间的距离 L 应为该平面平距的 3 倍。

因为：平面的平距 $l=1/i=1/0.5=2$（m）。

故：$L=3l=3×2=6$（m）。

即为等高线 5 到等高线 2 的水平距离。

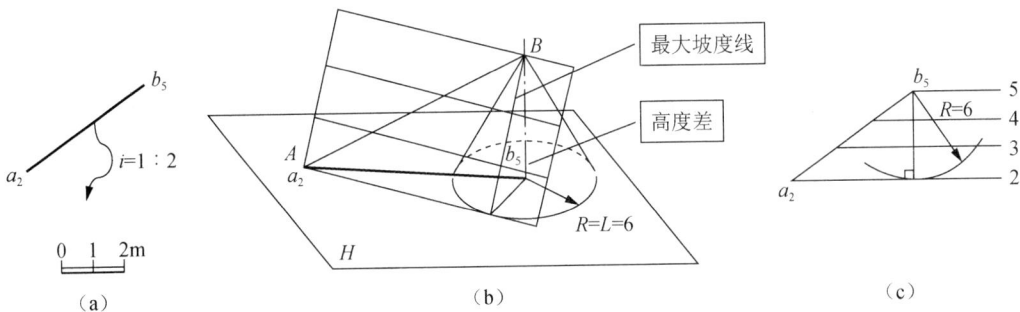

图 6.1.19　非等高线和平面坡度表示法

作图步骤：

① 以 b_5 为圆心，6 个单位长为半径画弧。

② 过 a_2 作圆弧的切线，即为一条等高线。

③ 每隔两个单位作一条等高线。

3. 两平面的相对位置

在标高投影中，两平面可能平行或相交。

若两平面平行，则它们的坡度比例尺平行，平距相等，而且标高数字增大或减小的方向一致，如图 6.1.20 所示。

若两平面相交，其交线是两平面标高相同的等高线交点的连

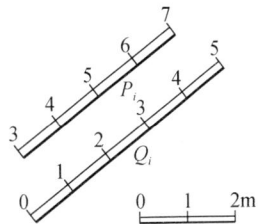

图 6.1.20　两平面平行

线。交线分为坡面交线和坡脚线：坡面交线是相邻两坡面的交线；坡脚线（或开挖线）是坡面与地面的交线。

两平面的交线可用引辅助平面的方法进行求解。如图 6.1.21 所示，所引辅助平面与两已知平面的交线，分别是两已知平面上相同整数标高的等高线，它们必然相交于一点。引两个辅助平面，可得两个交点，连接起来，即得交线。

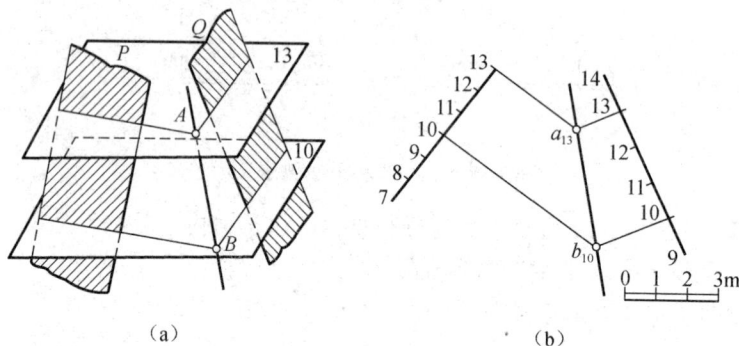

图 6.1.21　两平面相交

【例6-7】　如图 6.1.22（a）所示平面的标高投影，求图中 P、Q 两平面的交线。

【解】　分析：两平面的交线为两平面上同等高线交点的连线。P 平面已知一条等高线，再求一条等高线即可求出交线。

求出等高线之间的距离：$L = l \times \Delta H$，$l = 1 / i$。

作图步骤：

① 延长 P 平面上等高线 5，与 Q 平面上等高线 5 相交，得交线上一点 a_5。

② 求出 P 平面上的另一等高线，并求出其与 Q 平面上同等高线的交点 b_2。

③ 连接 a_5、b_2，得两平面的交线。

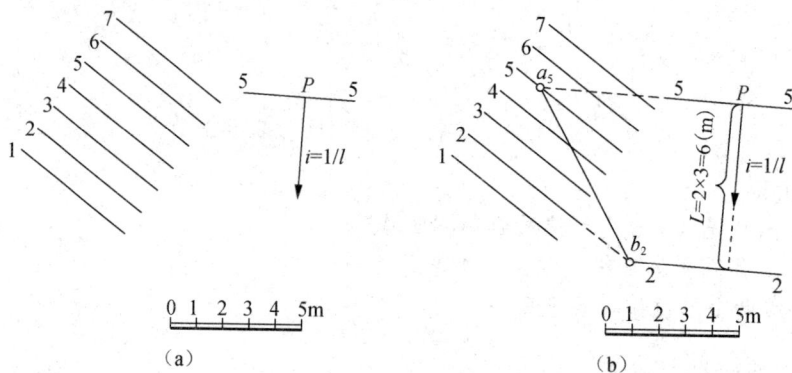

图 6.1.22　求两平面的交线

任务实施：绘制坡面标高投影图

（1）投影分析

图 6.1.23 所示梯形平台标高+8，周边各边坡的坡度分别为 3/2、2/3、1/3，图 6.1.23 所示实线为两平面的交线，要绘制平台的标高投影，只要绘制出各坡面的投影并求出各面交线即可。

（2）绘制步骤

① 求解各边坡的平距 $l_{1/3}$、$l_{2/3}$、$l_{3/2}$。求解方法可以用数解法或图解法。图解法可以在给出的比例尺上直接求解，如图 6.1.23（a）所示。

② 绘制各边坡面的标高投影。平面的标高投影可采用等高线表示。等高线是一组平行于台顶各边且等距离的水平线，水平线间距等于所求解平距 l。标高为 5 的四条等高线为各边坡与地面的交线。

③ 绘制相邻边坡面的交线。相邻边坡的交线是一直线，即将边坡的相同标高等高线的交点连线，如图 6.1.23（b）所示。

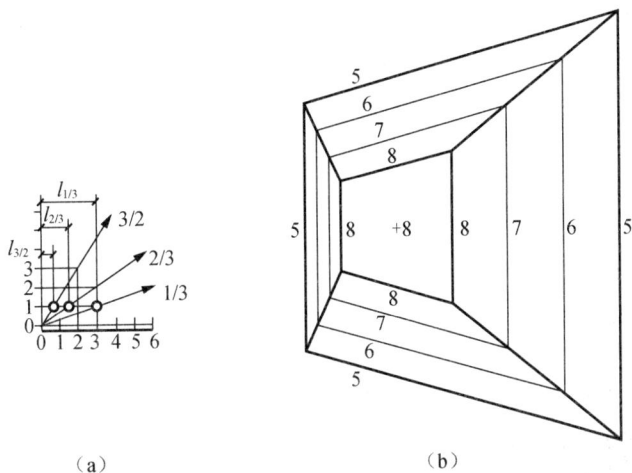

（a）　　　　　　　　　　　　（b）

图 6.1.23　梯形平台的标高投影图

先求各边坡的平距，然后按求得的平距作各边坡的等高线，它们分别平行于台顶各边。邻边坡的交线是一直线，就是它们的相同标高高线的交点连线。标高为 5 的四条等高线，就是各边坡与地面的交线，如图 6.1.23 所示。

能力提升：绘制基坑标高投影图

如图 6.1.24 所示，地面上挖一基坑，坑底标高为-4m，地面标高为 0，完成此标高投影。

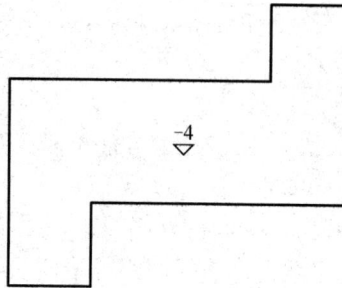

图 6.1.24　地面基坑边界

学　习　页

学习情境二 绘制曲面的标高投影

任务描述与任务分析

任务描述：

如图 6.2.1 所示坡道，坡面坡度为 1∶1，求其标高投影图。

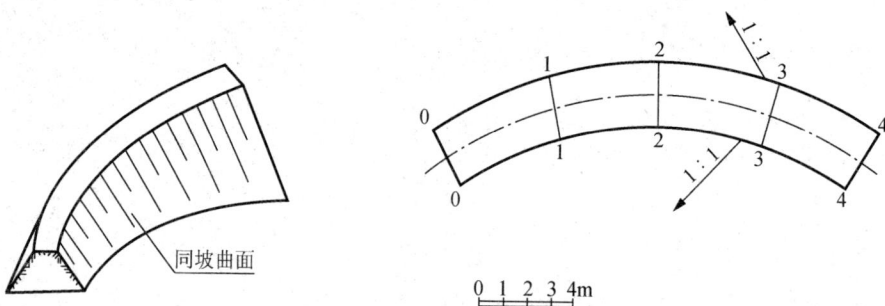

图 6.2.1 坡道

任务分析：

同坡曲面上的等高线与各正圆锥面上相同标高的等高线（圆）相切。作同坡曲面上的等高线就是作圆锥面等高线的包络线，如图 6.2.2 所示。

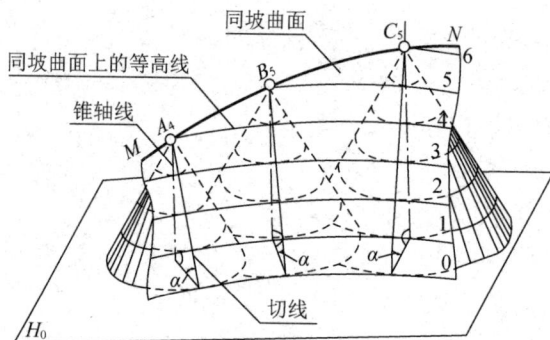

图 6.2.2 同坡曲面示意图

知识准备：曲面标高投影绘制基础

一、正圆锥面

曲面的标高投影是用曲面上的等高线来表示的。图6.2.3表明了正圆锥面的标高投影的表示法。用0、1、2、3、4五个相距一个单位的水平面截割正圆锥面，得到一些大小不同的同心圆。在这些同心圆上注明标高数字，即得正圆锥面的标高投影。

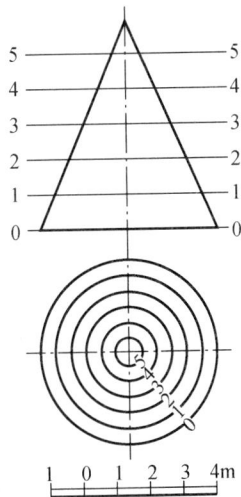

二、同坡曲面

如果曲面上各处的最大坡度线的坡度都相等，则这种曲面称为同坡曲面。正圆锥面、弯曲的路堤或路堑的边坡面，都是同坡曲面。

同坡曲面的作法见图6.2.4所示。设有一弯曲斜路面，其两侧边界都是空间曲线。要求通过其中一根过 A_0、B_1、C_2、D_3 点的曲线作一边坡面，坡面的最大坡度是2/3。从图6.2.4（a）中可以看出，如果分别以 B_1、C_2、D_3 为锥顶，作素线坡度为2/3的正圆锥，则过曲线 $A_0B_1C_2D_3$ 并与各正圆锥同时相切的曲面，就是一个同坡曲面。这时，同坡曲面上的等高线与各正圆锥面上相同标高的等高线（圆）相切。作同坡曲面上的等高线就是作圆锥面等高线的包络线。同坡曲面与各圆锥面的切线 B_1b_0、C_2c_0、D_3d_0 都是同坡曲面上的最大坡度线，它们的坡度都是2/3。

在标高投影图上的作图方法如图6.2.4（b）所示。

当斜路面两侧的边界线是直线时，作边坡面的方法同上，所作边坡面是一平面。

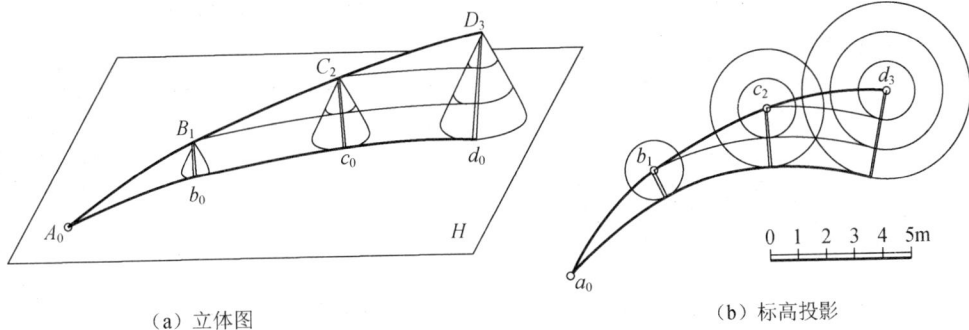

图6.2.3 正圆锥的标高投影

（a）立体图 （b）标高投影

图6.2.4 同坡曲面的作法

175

三、地形面

地面是一个不规则的曲面，其标高投影也是用等高线来表示的。图 6.2.5 所示就是一处山地的标高投影及其断面图。这种用等高线表示地面形状的图样通常称为地形图。在地形图上，可根据等高线的疏密程度来区分地势的陡峭或平缓程度，如等高线密集的地方，表示该处地势陡峭；等高线稀松的地方，表示该处地势比较平缓。同时可根据标高值的增减顺序来判断地势的升高或下降。

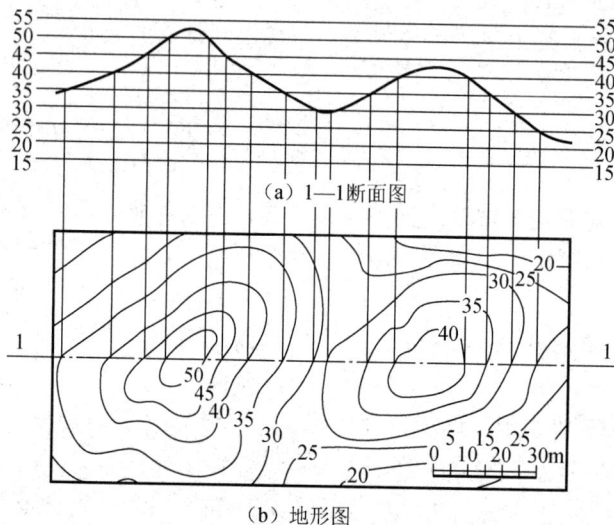

图 6.2.5　山地的标高投影及其断面图

另外，还要掌握基本地形的等高线特征，如山峰、山脊、山谷、鞍地等属于基本地形（图 6.2.6）。山峰是山体的最高部分，其等高线是环状，环形越小，标高越大。高于两侧并连续延伸的山地称为山脊，等高线的凸出部分指向下坡方向。低于两侧并连续延伸的山地称为山谷，等高线的凸出部分指向上坡方向。鞍地是两山峰间的低洼部分，呈马鞍形，地形较复杂。

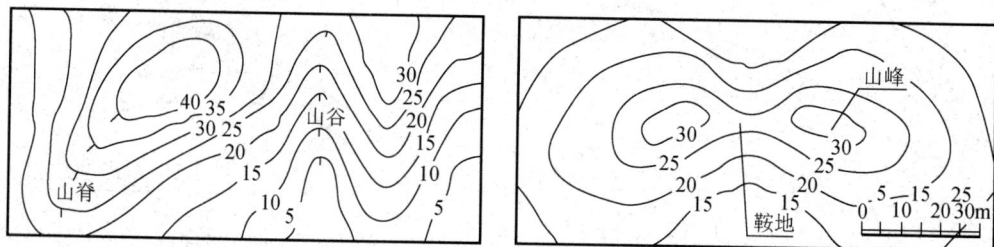

图 6.2.6　基本地形的等高线特征

任务实施：绘制同坡曲面标高投影图

（1）投影分析

以一条空间曲线作导线，一个正圆锥的顶点沿此曲导线运动，当正圆锥轴线方向不变时，所有正圆锥的包络曲面即为同坡曲面。同坡曲面的等高线与运动正圆锥同标高的等高线相切。

（2）绘制步骤

① 求解边坡的平距 l。求解方法可以用数解法或图解法。

② 绘制正圆锥的等高线。定出曲导线上整数标高点 1—1、2—2、3—3、4—4，以 1、2、3、4 为圆心，分别以 1、2、3、4 为半径画同心圆，即为各正圆锥的等高线。

③ 绘制边坡的等高线。作正圆锥上相同标高等高线的公切曲线（包络线），即得边坡的等高线。同样可作出另一侧边坡的等高线，如图 6.2.7 所示。

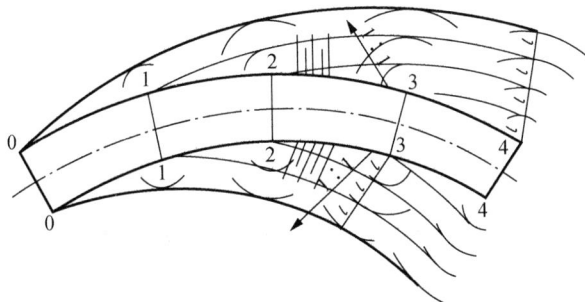

图 6.2.7　坡道标高投影图

能力提升：根据已知条件作弯曲引导图的坡脚线和坡面交线

如图 6.2.8 所示为一弯曲引导示意图，由地面逐渐升高与干导相连，干导顶面标高为 +4m，地面高程为 0，弯曲引导两侧的曲面就是同坡曲面，试做出坡脚线和坡面交线。

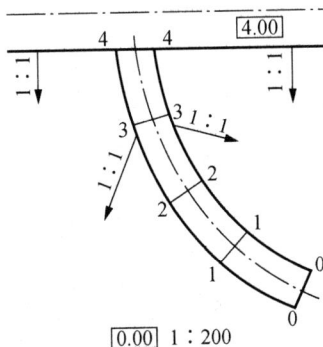

图 6.2.8　弯曲引导示意图

学 习 页

学习情境三　平面、曲面与地形面的交线

任务描述与任务分析

任务描述:

已知一平直路段，标高是+25m，通过山谷，如图 6.3.1 所示，路段南北两侧边坡的坡度为 3/2，试求边坡的填筑范围。

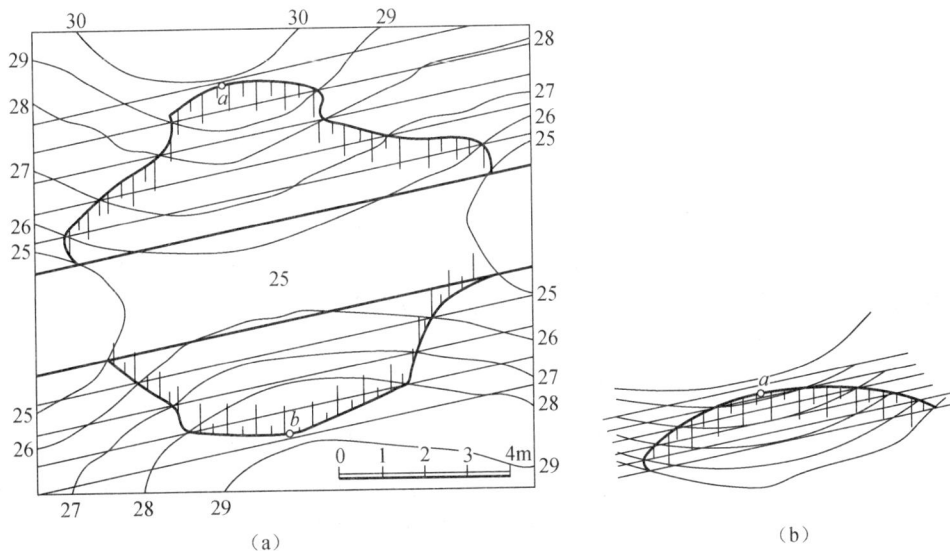

图 6.3.1　求路段两侧边坡与地面的交线

任务分析:

求主干道填筑范围，就是求它们的坡面与地面的交线，亦是求各坡面上高度为零的等高线，俗称坡脚线。坡面间交线是各相交坡面上高度相同等高线交点的连线。为此，先根据已知坡度计算各坡面自坡顶至坡脚线间的水平距离。

知识窗：发扬光大珠穆朗玛峰测量精神

珠穆朗玛峰位于喜马拉雅山脉中段，是世界最高峰。

自 1714 年以来，在长达 300 多年的时间里，人类对珠穆朗玛峰进行了多次测量。极度恶劣的环境对于测量工作极具挑战性。

我国单独或与国际合作，分别在 1966 年、1968 年、1975 年、1992 年、1998 年、2005 年和 2020 年对珠穆朗玛峰高程进行了 7 次大规模的大地测量外业作业、数据处理和相应的研究工作。

2020 年珠穆朗玛峰高程测量，是继 2005 年之后，我国测绘工作者再次重返世界之巅测量珠穆朗玛峰高程。2020 年 12 月 8 日，国家主席习近平同尼泊尔总统班达里互致信函，共同宣布珠穆朗玛峰最新高程——8848.86 米。

对于珠穆朗玛峰的探索，人类一刻也没有停止，仰望这座地球上第一高峰，中国测绘人会不断发扬光大珠穆朗玛峰测量精神。

知识准备：工程结构物与地面交线基础知识

在实际工程中，工程结构物（无论是平面体还是曲面体）都需建筑在地面上，就免不了要和地面产生交线。求工程结构物与地形面的交线，即是求围成工程结构物的各表面（平面或曲面）与地形面的交线。

两平面相交，求其交线时仍用作辅助平面的方法。但在标高投影图中所作的辅助平面，最方便的是作整数标高的水平面，如图 6.1.21（a）所示。这时所作辅助平面与已知平面的交线，就分别是两已知平面上相同整数标高的等高线，它们必然相交于一个点。作两个辅助平面可得两个交点，连接起来即得交线。

这个概念可引申为：两面（平面或曲面）上相同标高等高线的交点连线，就是两面的交线。下面通过几个实例来说明求解交线的问题。

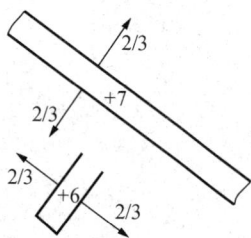

图 6.3.2　求两堤的交线

【例 6-8】 已知两堤顶面的标高和各坡面的坡度如图 6.3.2 所示，设地面是标高为零的水平面，求两堤之间、堤和地面之间的交线。

【解】 分析：由于两堤顶面的标高不同，标高为 +6 的堤顶与另一高堤的坡面相交，交线是高堤坡面上标高为 6 的水平线，其方向平行于高堤的堤顶边线。各坡面与地面的交线为各坡面上标高为零的水平线。

作图步骤：

① 计算各坡面标高为零的水平线与相应坡顶边线的水平距离 L_1、L_2、L_3。

② 用所得的 L_1、L_2、L_3 作相应的坡顶边线的平行线（图 6.3.3），完成各交线。

为了增加图形的辨识度，在坡面上可加画示坡线。示坡线按最大坡度线方向用长、短相间的细线从坡顶画出。长线伸出部分指向坡底，即示坡线密的一边高，疏的一边低。

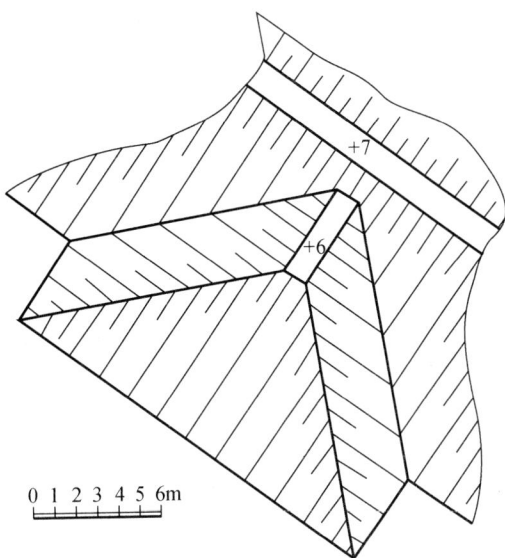

图 6.3.3　两堤之间、堤和地面之间的交线

【例 6-9】　如图 6.3.4 所示，某山体内欲修一条公路隧道，试根据图示求解直线 $a_{19.7}b_{20.7}$ 与山地的交点。

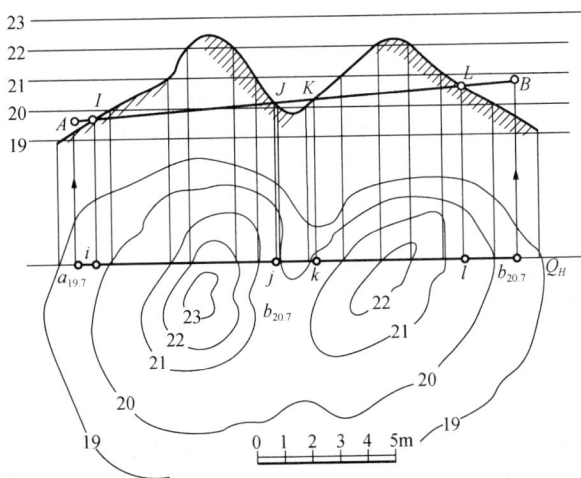

图 6.3.4　求直线与山地的交点

【解】　分析：把直线 AB 看作是公路的中心线，则所求交点就是隧道的进出口。

作图步骤：

① 过直线 AB 作一正平面为截切平面，作出辅助平面与地面的交线，即可绘制山地的断面图。

② 根据 AB 的标高，在断面图上作出直线 AB，它与山地断面的交点 I、J、K、L 是所求交点。

③ 依次作出各点的标高投影。

【例6-10】 如图6.3.5（a）所示，有一倾斜的直路面$ABCD$，其连接标高为0的地面（平面）和标高为4的平台，斜路面两侧的边坡坡度为1/1，平台的边坡坡度为3/2，求其标高投影图。

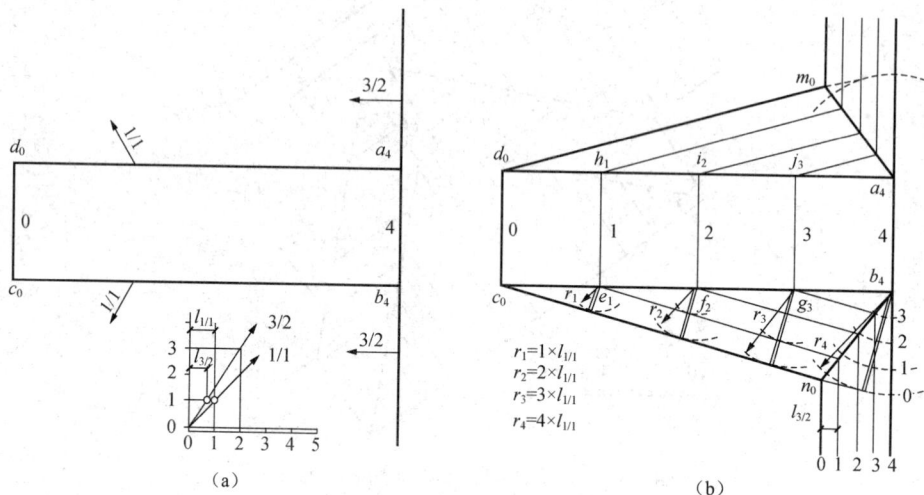

图6.3.5 斜路面的标高投影图

【解】 作图步骤：

① 在比例尺上用图解法求各边坡的平距。

② 对边坡边界线作刻度，并在斜路面上作出等高线。

斜路面两侧的边坡平面是同坡曲面的一种特殊情况，作法与同坡曲面基本相同。先分别以刻度点e_1、f_2、g_3、b_4为圆心，作素线坡度为1/1的正圆锥的标高投影，然后作直线与各圆锥面的相同标高等高线相切，得边坡的等高线。

由于斜路面的边坡是平面边坡，所以等高线都是互相平行的直线，作法可以简化。如斜路面另一侧边坡的作法，只要以a_4为圆心作正圆锥面上标高为0的等高线，过d_0作直线与它相切，即得边坡上标高为零的等高线。分别过点h_1、i_2、j_3作直线与它平行，即得边坡上标高为1、2、3的等高线

③ 求相邻边的交线b_4n_0和a_4m_0。

任务实施：根据已知条件求边坡砌筑范围

（1）绘制分析

南北边坡都是平面，路段边界就是边坡的一条等高线（标高是25），本任务实质是求平面与地面的交线。

（2）绘制步骤

① 求边坡的平距，作出边坡上的整数标高等高线，并注上相应的标高，它们都与标高为25的路段边线平行，且平距相等。

② 作边坡与地面相同标高等高线的交点，一般都有两个交点。将求得的交点按标高的

顺序（递增或递减）连接起来。连交线时，要注意北坡标高为 29 的两点之间的交线连法，可用作图的方法分别在边坡和地面的 29 和 30 两条等高线之间，加插等量小数标高等高线，如图 6.3.4 所示。使它们的交点逐步靠近而求得点 *a*（曲线的拐点）。同法求出南坡上的点 *b*。

③ 画上示坡线。

能力提升：绘制锥面坝头的坡脚线及坡面交线

如图 6.3.6 所示，在土坝与河岸连接处，用锥面加大坝头，河底标高为 118m，求坡脚线及各坡面间交线。

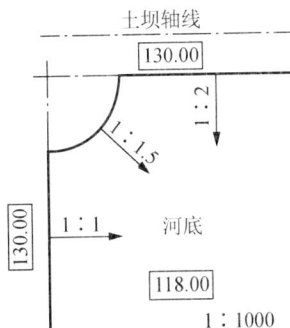

图 6.3.6 锥面坝头示意图

学　习　页

建筑施工图识读

▌思政目标 通过对建筑施工图基本知识的学习，在处理事情时，学会先对事物进行剖析，再寻求解决方法。对事物可全面分析整体，也可就某一突出问题进行局部剖析，也可利用事物的相似性，采用对比半剖的方式进行分析。这些剖析的过程与剖视图的分析过程具有异曲同工之妙，都是为了更好地看清事物的本质，从而更加准确地将事物表达出来，进而全面掌握。

▌学习目标 了解房屋建筑的组成及作用。
了解建筑工程图的分类及绘制建筑工程图的国家标准。
掌握建筑工程图的识读方法。

▌技能目标 能够识读建筑总平面图，建筑平、立、剖面图及建筑详图。

▌学习提示 各类工程的建设都离不开工程图样。工程图样是工程技术界的共同语言，是用来表达设计意图、交流技术思想的重要工具，也是指导生产、施工、管理等技术工作的重要技术文件，图 7.0.1 为某工程底层平面图。作为工程技术人员，必须具备识读工程图样的能力，才能更好地从事工程技术工作。
通过本模块的学习，使学生掌握建筑施工图的识读，包括建筑平面图、立面图、剖面图及建筑详图，并从中了解国家与行业颁布的各类标准、法规等，以便适应日后职业岗位的需要。

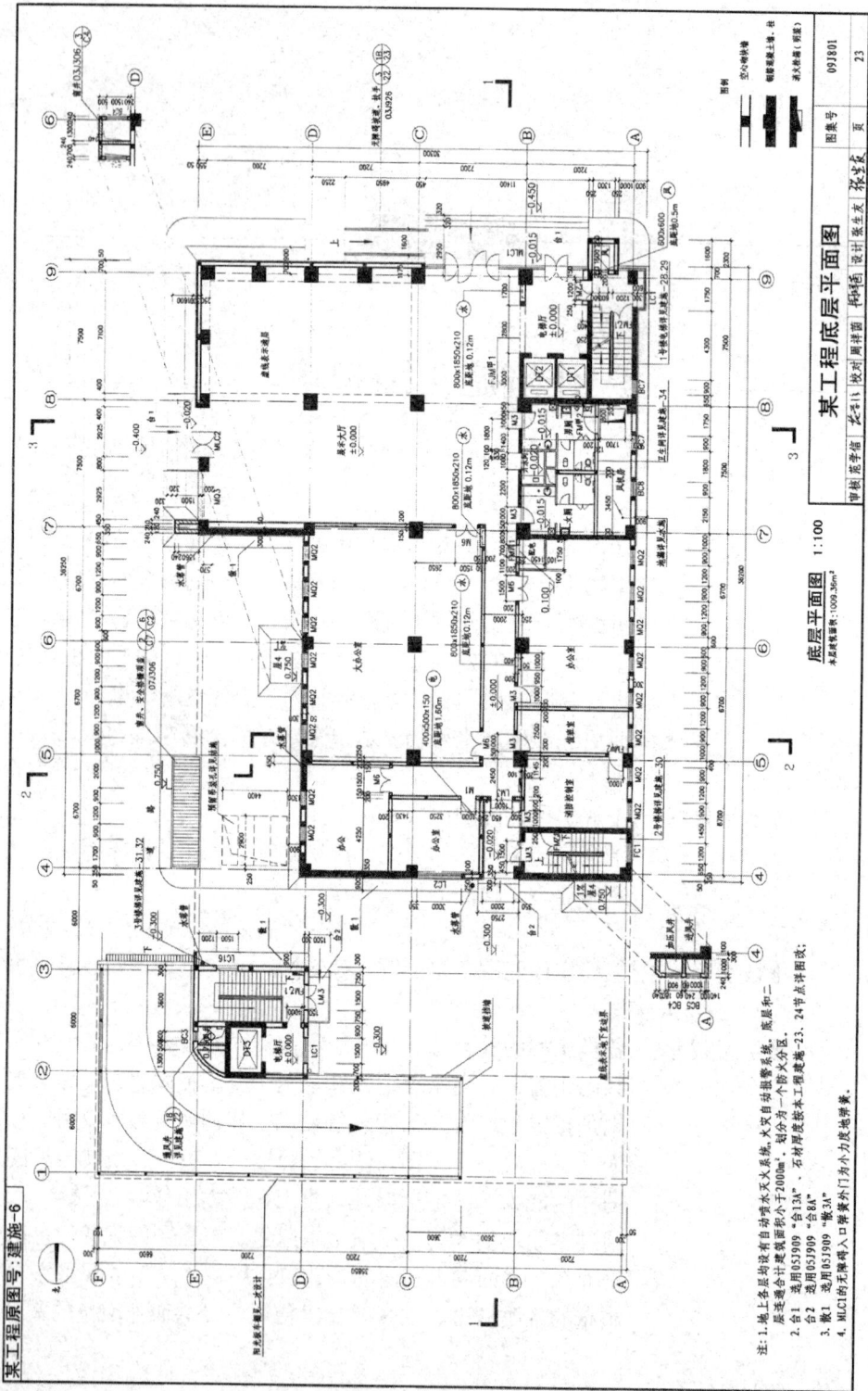

图 7.0.1 某工程底层平面图

学习情境一　房屋建筑工程图的基本知识

任务描述与任务分析

任务描述：

观察你身边的各种房屋建筑，分析其有哪几部分构成？各部分的主要作用是什么？找到一栋建筑物的工程图，对照实物，对工程图进行识读。

任务分析：

虽然各类房屋在使用性质、结构形式、构造方式、装修风格及规模大小等方面各不相同，但是构成房屋的主要部分基本相同，其功用是一样的。本任务要求对工程图进行识读，实则考察学生对房屋建筑工程图基本知识的掌握。

知识准备：房屋建筑工程图识读基础

一、房屋的组成及其作用

房屋按照使用性质的不同，通常可分为：工业建筑（各类厂房、仓库、发电站等）、农业建筑（粮仓、家禽饲养厂、农机站等）和民用建筑三大类。

民用建筑又可分为居住建筑和公共建筑。例如，住宅、宿舍、公寓等属于居住建筑，办公楼、学校、医院、影剧院、博物馆及车站、码头、飞机场、运动场等属于公共建筑。

构成房屋的主要部分基本相同，一般由基础、墙与柱、楼（地）面、屋面、楼梯、门窗等组成。除此之外，建筑一般还有散水（或明沟）、勒脚、台阶（坡道）、雨篷、雨水管、阳台及其他各种构配件和装饰等，各组成部分在房屋建筑中起着不同的作用（图 7.1.1）。

1. 基础

基础位于墙或柱的下部，埋于地面以下，是房屋最下面的结构部分，属于承重构件，它承受上部建筑物的全部荷载，并将这些荷载传递给地基。

2. 墙和柱

墙和柱是建筑物的重要组成部分，是建筑物竖直方向的承重构件。并将其所受的荷载传递给基础。按受力情况的不同，墙可分为承重墙和非承重墙；按位置的不同，墙可分为外墙和内墙；按方向的不同，墙可分为纵墙和横墙，通常把建筑物两端的横墙称为山墙。

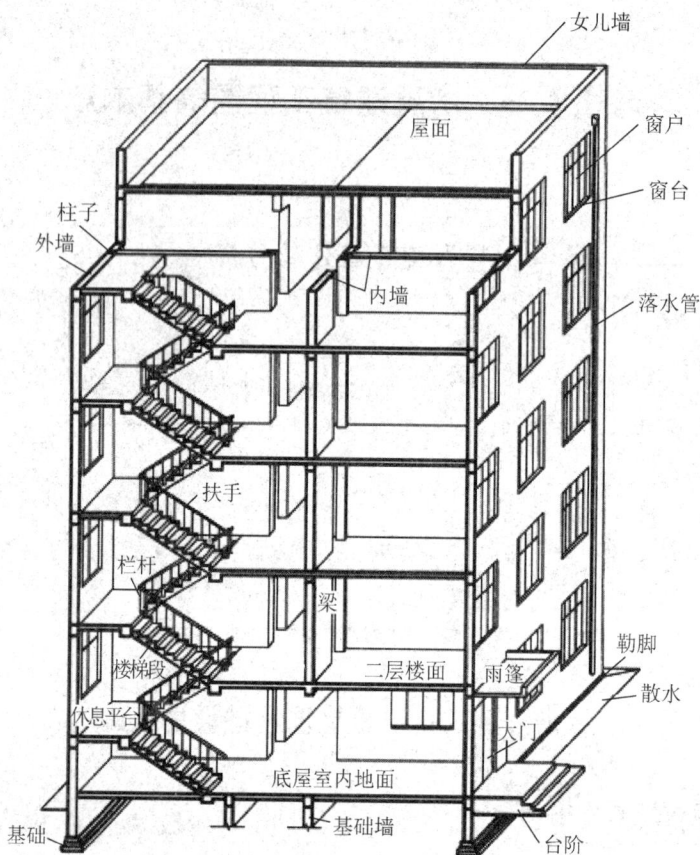

图 7.1.1　房屋的组成

3. 楼地面

楼地面包括楼面和地面，是房屋建筑中水平方向的承重构件，承受本楼板层的全部荷载（自重、外加荷载），并将荷载传递给墙（梁）或柱。

4. 屋面

屋面是房屋建筑顶部的围护和承重构件。它承受着房屋顶部包括自重在内的全部荷载，并将这些荷载传递给墙（梁）或柱。

5. 楼梯

楼梯是房屋各层之间垂直交通设施，为上下楼层用。楼梯由楼梯段、休息平台、栏杆和扶手四部分组成。楼梯的形式有多种，如单跑楼梯、双跑楼梯、螺旋楼梯、弧形楼梯等。

6. 门窗

门和窗均为非承重的建筑配件。门主要用于室内外交通，起分隔房间、通风等作用。窗的主要功能则是通风和采光。同时还具有分隔和围护的作用。

图 7.1.1 是某房屋的示意图，它是一幢钢筋混凝土和砖的混合结构建筑。图中注明了房屋一些组成部分的名称。建筑物底层地面以下部分是钢筋混凝土基础，起着承受上部建筑物的荷载并将荷载传递至地基的作用；砖砌内外墙起着承重、分隔、围护、挡风雨、隔热、保温等作用；楼板层分隔上下层；钢筋混凝土楼梯联系上下层的垂直交通；预制多孔板上加设防水层组成上部围护结构的屋顶层；墙面上有各种不同型号的门窗起着通风和采光的作用；房屋底层的主要出入口处设有台阶和雨篷，各外墙均设有保护墙脚的勒脚，还有落水管、散水等。

二、建筑工程图的分类

1. 工程图的产生

建筑设计一般分为初步设计和施工图设计两个阶段，对于规模较大、较复杂的工程，常采用三个设计阶段，即在前两个设计阶段之间增加一个技术设计阶段。这三个设计阶段又可称为：方案设计阶段、扩大初步设计阶段和施工图设计阶段。

（1）初步设计

初步设计就是设计人员根据业主的建造要求和有关政策性的文件、地质条件等进行方案设计，绘制方案图。内容包括建筑物的平面布置图、立面图、剖面图、主要尺寸、设计说明和有关经济指标等。方案图应报有关部门审批。

（2）技术设计

方案图报有关部分审批后，就进入了技术设计阶段，即扩大初步设计阶段。该阶段是用来解决各工种之间的协调等技术问题，它包括建筑、结构、给排水、暖通、电气等各专业的设计、计算与协调过程，同时对方案图进行修改，绘制技术设计图。规模较大建筑物的技术设计图还应报有关部门审批。

（3）施工图设计

技术设计通过评审后，就进入了施工图设计阶段。施工图设计在图示原理和方法上与初步设计图是一致的，仅在表达内容的深度上有所区别，施工图是用来指导施工的图样，在设计过程中要对各种具体问题进行详尽的设计与计算，图样要完整、统一、尺寸齐全，对各项具体要求都明确地反映在各专业的施工图中。

2. 工程图的分类

建筑工程图是指导建筑施工的图样，根据各专业分工的不同，其又可分为建筑施工图（简称建施）、结构施工图（简称结施）、设备施工图（包括给水排水施工图、采暖通风施工图、电气施工图等，简称设施）。较大的工程或公共建筑还有消防报警施工图。

一套完整的建筑工程图一般包括图纸目录、施工总说明、建筑施工图、结构施工图、设备施工图等。各专业工种施工图纸的编制顺序一般是：全局性图纸在前，局部性图纸在后；施工时先用的图纸在前，后用的图纸在后。

（1）图纸目录

图纸目录的内容包括列出全套图纸的目录、类别、各类图纸的图名和图号。其目的为查找图纸方便。

（2）施工总说明

施工总说明主要叙述工程概况和施工总要求，内容包括工程设计依据、设计标准、施工要求等。

（3）建筑施工图

建筑施工图主要反映建筑物的规划位置、外部造型、内部平面布置、室内外装修、构造及施工要求等。建筑施工图的内容包括设计总说明、总平面图、平面图、立面图、剖面图和建筑详图等。

（4）结构施工图

结构施工图主要反映建筑物承重结构的布置方式及所采用构件的类型、材料、尺寸和构造做法等。结构施工图的内容包括结构设计说明、基础图、结构布置平面图和各种结构构件详图。

（5）设备施工图

设备施工图主要反映建筑物的给水、排水、采暖、通风、电器等设备的布置以及制作、安装要求等。设备施工图的内容包括给水排水施工图、采暖通风施工图、电气施工图等。

三、建筑工程图的绘制规定

在绘制建筑工程图时，除了要符合投影原理外，为了保证制图质量、提高效率、表达统一和便于识读等，还应严格遵守建筑工程制图国家标准。

1. 比例

建筑物是庞大和复杂的形体，绘制工程图时必须采用各种不同的比例加以缩小来表达。整体建筑物的表达一般采用较小的比例绘制，如 1：100、1：200 等；局部构造用较大的比例绘制，如 1：10、1：20 等；对某些尺寸小的细部构造，可采用原值比例或放大比例绘制，如 1：1、2：1 等。比例选用的主要目的是把图形表达清楚，建筑制图中常用的比例及可用比例见表 7.1.1。

表 7.1.1　建筑制图中常用比例及可用比例

图名	常用比例	可用比例
总平面图	1：500、1：1000、1：2000、1：5000、1：10 000	1：2500
平面图、立面图、剖面图、结构布置图、设备布置图等	1：50、1：100、1：150、1：200	1：250、1：300、1：400、1：600
配件及构造详图	1：1、1：2、1：5、1：10、1：20、1：25、1：50	1：3、1：4、1：6、1：15、1：25、1：30、1：40、1：60
总图专业的竖向布置图、管线综合图、断面图等	1：100、1：200、1：500、1：1000、1：2000、1：5000	1：300

2. 图线

为了使建筑工程图中图线所表示的内容有所区别和层次分明，需采用不同的线型和宽度的图线来表达。图线的使用应符合《房屋建筑制图统一标准》（GB/T 50001—2017）的规定，总的原则是剖切面的截交线和房屋立面图中的外轮廓线用粗实线，次要的轮廓线用中粗线，其他线用细线。例如，立面图上的室外地坪线用特粗线，外围轮廓线用粗实线，门窗洞、台阶等用中粗线；门窗分格线、墙面粉刷分格线等用细实线。另外，可见的轮廓线用实线表示，不可见的轮廓线用虚线表示。

在绘制建筑工程图时，粗实线的宽度 b，一般与所绘制图形的比例和图形的复杂程度有关，如果选定了粗实线的宽度 b，其他线型的宽度也就随之确定。

通常图线宽度的选择如表 7.1.2 所示。

表 7.1.2 图线宽度的选择

图线名称	绘图比例			
	1∶1、1∶2、1∶5、1∶10	1∶20、1∶50	1∶100	1∶200
粗线	线宽 b/mm			
	2.0、1.4、1.0	0.7	0.5	0.35
中粗线	0.5b			
细线	0.25b			
特粗线	1.4b			

3. 定位轴线

为了使建筑物的平面布置和构配件趋于统一，在建筑平面图中采用轴线网划分平面。这些轴线称为定位轴线。

建筑施工图中的定位轴线是施工定位、放线的重要依据。凡主要承重构件如承重墙、柱子等都应画上定位轴线来确定其位置。对于非承重的隔墙、次要的承重构件等，可采用附加轴线来确定其位置。

《房屋建筑制图统一标准》（GB/T 50001—2017）规定，定位轴线用细单点长画线来表示，并予以编号，编号应写在轴线端部的圆圈内，编号圆用细实线绘制，其直径为 8～10mm，圆心位于定位轴线的延长线上或延长线的折线上。平面图上定位轴线的编号，应标注在下方和左侧，也可在上、下、左、右方都标注轴线编号。横向编号从左向右用阿拉伯数字依次注写，竖向编号从下向上用大写的英文字母依顺序注写，如图 7.1.2 所示。但 I、O、Z 三个大写的英文字母不得用作轴线编号，以免与阿拉伯数字 1、0、2 发生混淆。

在两根主要定位轴线之间，如需设附加轴线，附加轴线的编号用分数表示。当附加轴线位于两根轴线之间时，其编号的分母表示前一根轴线的编号，分子表示附加轴线的编号（用阿拉伯数字按顺序编写），如图 7.1.3 所示。

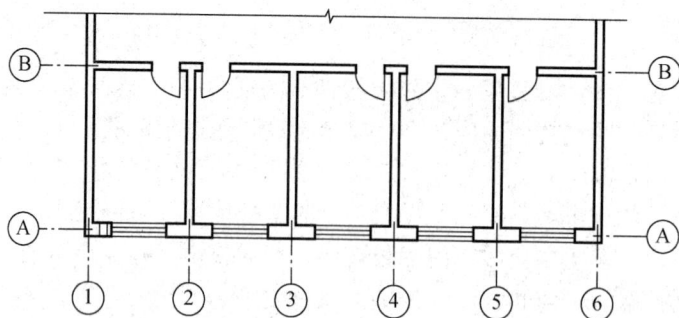

图 7.1.2　定位轴线的编号

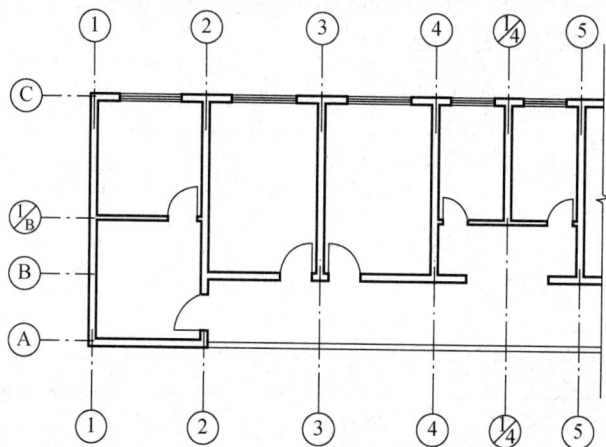

图 7.1.3　附加轴线的编号

例如，⑴⁄₂表示在 2 号轴线后的第一根附加轴线。

当附加轴线位于横向的 1 号轴线或竖向的 A 号轴线之前时，其编号的分母用 01 或 0A 表示。

例如，⑵⁄ₐ表示 A 号轴线前面的第二根附加轴线。

通用详图的定位轴线只画圆圈，不标注轴线号。

当一个详图适用于几根轴线时，应同时注明各有关轴线的编号，其轴线编号形式如图 7.1.4 所示。

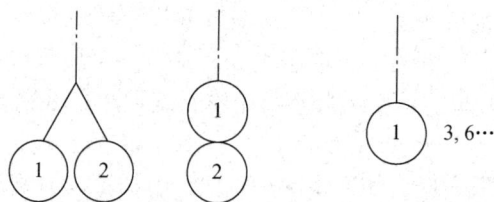

（a）用于两根轴线时　　（b）用于三根或三根以上连接编号的轴线时

图 7.1.4　详图的轴线编号

4. 标高注法

在建筑工程中，各部位的高度都用标高来表示。标高是标注建筑物高度的一种尺寸形式，标高符号有四种形式，如图 7.1.5 所示。前面三种符号用细实线绘制，小三角形为等腰直角三角形，高约 3mm，与短横线相接触的角为 90°，短横线为标注高度的界线，在长横线之上或之下注写标高数字，横线长度（L）为数字所占用的长度。在同一张图纸上，标高符号应大小相等、上下对正。

标高数字以米（m）为单位，标高数字在总平面图中需注写到小数点后第二位，单体建筑施工图中则注写到小数点后第三位。零点标高为±0.000，低于零点位置的标高数字，应在数字前加注"−"号，高于零点位置的标高数字前不加注"+"号。标高数字不到 1m 时，小数点前应加"0"。

平面图需标注楼层的标高。在平面图中的标高符号，无短横线，即不画标注高度的界线。

底层平面图中室外地坪的标高符号和总平面图中的标高符号宜用涂黑的小等腰直角三角形表示，高约 3mm，如图 7.1.5（d）所示，数字注写在黑三角形的右面或上方，也可以注写在涂黑三角形的右上方。

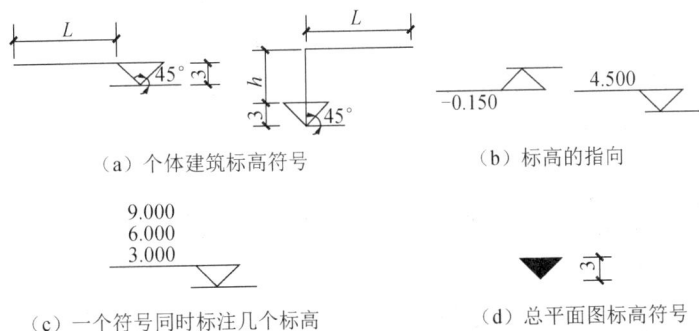

图 7.1.5　标高符号

标高可分为绝对标高和相对标高。我国把青岛附近黄海的平均海平面定为绝对标高的零点，以此零点为基准的标高称为绝对标高。在建筑工程图中，除总平面图外，一般都采用相对标高，即以建筑物底层室内主要地面为相对零点，以此为基准的标高称为相对标高。并在建筑工程的总设计说明中说明相对标高和绝对标高的关系，例如，"建筑室内地坪±0.000m 的设计标高相当于绝对标高 216.00m"说明该建筑物底层室内地面位于在高出黄海平均海平面 216.00m 的水平面上。

5. 索引符号与详图符号

（1）索引符号

图样中的某一局部或构配件，如需放大比例画出详图，应以索引符号索引，即在需要另画详图的部位画上索引符号。索引符号由直径为 8~10mm 的圆和一水平直径组成，如图 7.1.6（a）所示，索引符号用细实线绘制。

当详图与被索引的图样在同一张图纸上时，应在索引符号圆下半圆中画一段水平细实线，在直径的上方写出详图的阿拉伯数字编号，如图 7.1.6（b）所示。

当详图与被索引的图样不在同一张图纸上时，应在索引符号圆下半圆中用阿拉伯数字标注详图所在图纸的编号，在上半圆中标注详图的编号，如图 7.1.6（c）所示。

当详图采用标准图时，应在索引符号圆水平直径的延长线上标注该标准图册的编号，在上半圆中注写详图编号，在下半圆中注写标准图册中该详图所在的图纸的编号，以便看图时查找有关的图纸，如图 7.1.6（d）所示。

图 7.1.6　索引符号

当索引符号用于索引剖面详图时，应在被剖切的部位绘制剖切位置线（用粗短线表示），以引出线引出索引符号，引出线所在的一侧为剖视方向，如图 7.1.7 所示。

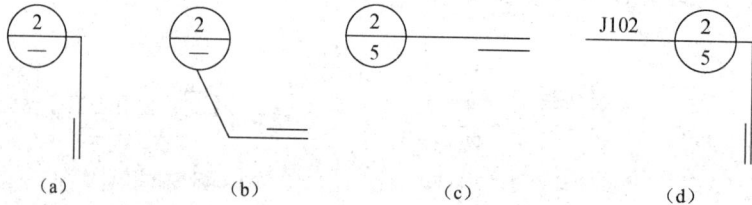

图 7.1.7　索引剖面详图的索引符号

（2）详图符号

详图符号用一直径为 14mm 的粗实线圆表示。

图 7.1.8　详图符号的画法

当详图与被索引的图样在同一张图纸上时，用阿拉伯数字在详图符号圆内注写详图的编号。如图 7.1.8（a）所示。

当详图与被索引的图样不在同一张图纸上时，用细实线在详图符号圆内画出一水平直径，在上半圆中注明详图编号，在下半圆中注明被索引图样所在图纸的编号，如图 7.1.8（b）所示。

6. 多层构造引出线

多层构造共用引出线，应通过被引出的各层，用细实线绘制，在线的另一端画出与构造层数相同的水平线。文字说明注写在水平线的上方或右侧，说明的顺序应由上向下并应与被说明的层次对应一致；当构造层次横向排列时，则由上至下的说明顺序应与由左至右的层次对应一致，如图 7.1.9 所示。

(a)　　　　　　　　　　　　　　(b)

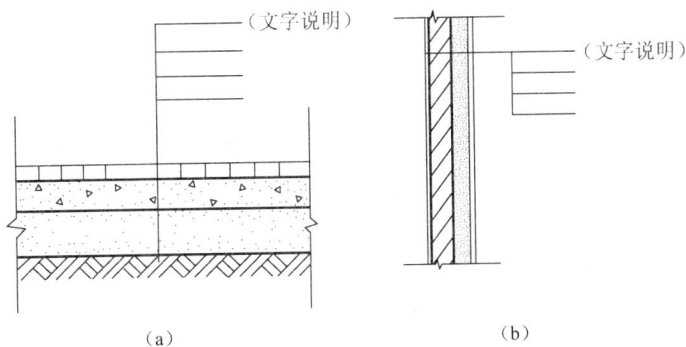

图 7.1.9　多层构造引出线

7. 指北针

在建筑底层平面图和总平面图上均应画上指北针。指北针圆圈用细实线绘制，圆的直径一般以 24mm 为宜，指北针尾端宽度约为圆直径的 1/8（即约为 3mm），在指针头部应注写"北"或"N"字样，如图 7.1.10 所示。

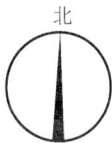

图 7.1.10　指北针

四、建筑工程图的读图方法

1. 阅读建筑工程图应注意的问题

1）熟练掌握正投影原理。施工图是按一定的比例采用正投影原理绘制的建筑工程图样，所以要具备一定的正投影知识，才能看懂施工图。

2）由于建筑的总平面图、平面图、立面图、剖面图等图的绘图比例较小，对于某些建筑细部、构件形状及建筑材料等不可能如实画出，也难以用文字注释来表达清楚，因此，建筑工程图制图规定采用图例符号来表达一些建筑构配件、建筑材料等，以得到简单而明了的效果。所以阅读建筑工程图前一定要熟悉常用的图例符号。

3）各类图纸都采用从整体到局部逐渐深入详细的表达方式，读图时要先粗看后细看，先整体后局部。先将建筑工程图样粗略浏览一遍，了解工程的概貌、性质、规模等，然后再仔细阅读各种专业的工程图样。

4）一套完整的建筑工程图包括多个专业的工程图样，各图样之间互相配合紧密联系。因此要有联系地综合看图。

2. 标准图集的查阅

建筑工程图中常采用标准图集里的构配件类型及某些构造做法，因此，阅读建筑工程图前要熟悉标准图集。

为了加快设计和施工进度，提高设计和施工质量，把常用的、用量大的构配件按统一模数、不同规格设计出系列施工图，供设计部门、施工企业选用，这样的图称为标准图，装订成册后称为标准图集。

（1）标准图的分类

标准图按使用范围的不同，可分为以下三类。

① 经国家建设委员会批准，可以在全国范围内使用的标准图集，如 030G101 等。

② 经地区或省、市、自治区、直辖市批准，在本地区范围内使用的标准图集，如西南 04G231、西南 05J103 等。

③ 各设计单位编制的标准图集，在设计单位内部使用。

标准图按工种的不同，可分为以下两类。

① 建筑配件标准图，一般用"J"表示，如西南 04J515 等。

② 建筑构件标准图，一般用"G"表示，如西南 04G231 等。

（2）标准图的查阅方法

① 根据施工图中所采用的标准图集名称及编号，查找相应的标准图集。

② 阅读标准图集的总说明，了解其设计依据、使用范围、施工要求和注意事项等。

③ 查阅标准图，核对有关尺寸及施工要求。

3. 阅读建筑工程图的方法

建筑工程图中各专业图样的编排顺序是：全局性的在前，局部性的在后；重要的在前，次要的在后；先施工的在前，后施工的在后。阅读图样时，应按顺序进行。

（1）首页图

建筑工程图首页的内容包括图纸目录、设计说明、门窗表和经济技术指标等。通过首页图先了解建筑工程概况及图纸目录，便于查阅图纸。

（2）总平面

总平面图用来表明建筑工程所在位置的总体布置，包括建筑红线位置、新建建筑物的位置、道路、绿化、地形、地貌等。

（3）建筑施工图

先从平、立、剖面图开始，了解建筑平面形状、立面造型和内部组成情况；然后了解各部分详图、内部构造形式等，了解细部构造、装修、材料等。

（4）结构施工图

首先是结构设计说明，了解结构设计的依据、材料组成、施工要求、标准图集的采用等；然后依次阅读基础图、结构布置平面图、钢筋混凝土构件详图等。

（5）设备施工图

阅读给水排水管道平面布置图、系统图、设备安装图、采暖通风施工图、电气施工图等。

阅读工程图的过程中要注意各专业施工图之间的紧密联系，前后照应。

任务实施：确定构成房屋结构的组成部分

构成房屋结构的主要部分一般由基础、墙与柱、楼（地）面、屋面、楼梯、门窗等组成。具体作用见模块七学习情境一中相关内容。

能力提升：总结建筑工程图识读方法

通过任务的完成，请总结建筑工程图可以分为哪几类？识读建筑工程图的基本方法有哪些？

学 习 页

学习情境二　建筑工程图首页和建筑总平面图的识读

任务描述与任务分析

任务描述：

根据图 7.2.1 所示建筑总平面图，指出本工程共规划建设住宅楼的数量及小区地下车库的出入口在工程区域的位置。

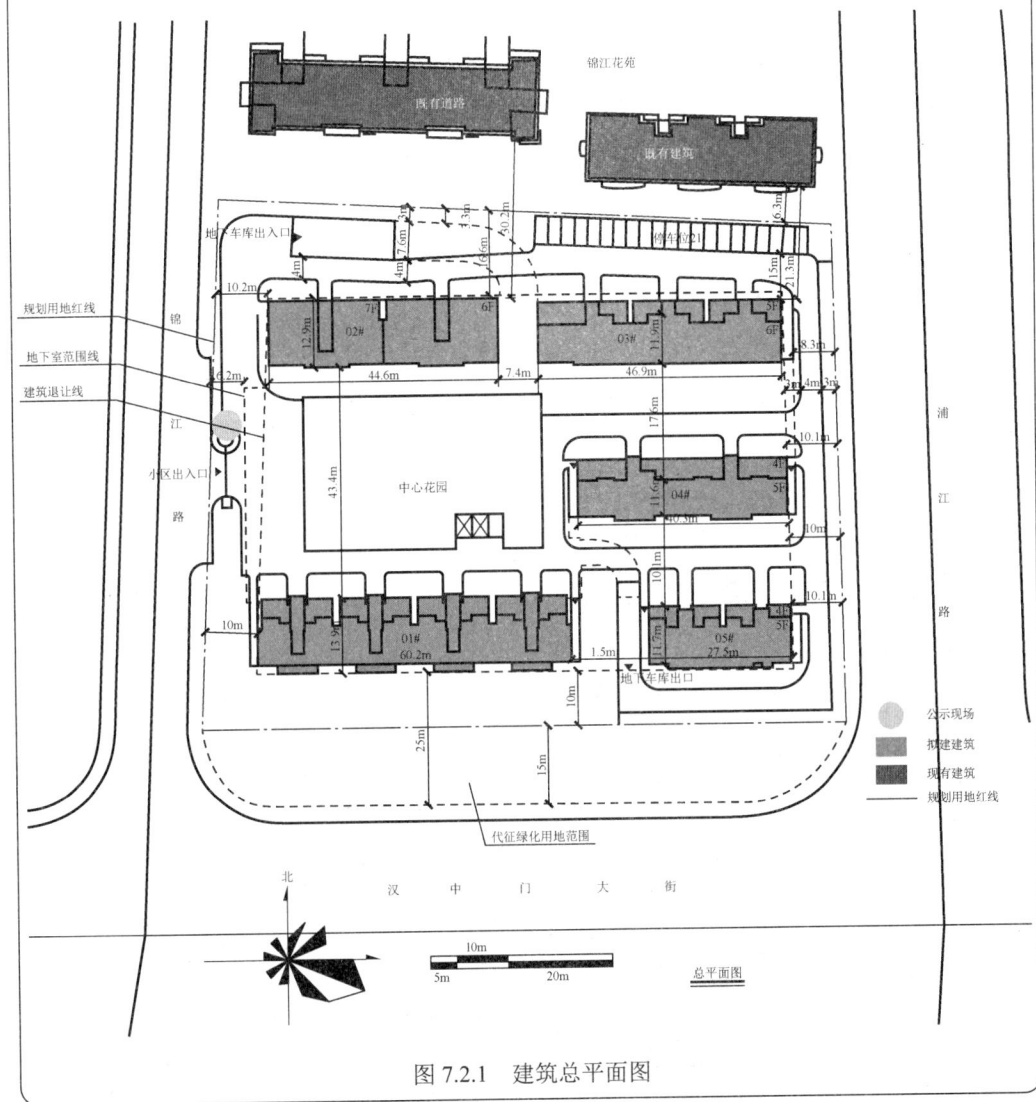

图 7.2.1　建筑总平面图

任务分析：

建筑总平面图是指建筑物、构筑物和其他设施在一定范围的基地上总体布置情况的水平投影图，简称总平面图。其主要表达基地的形状、大小、地形、地貌、标高、新建建筑物的位置和朝向、占地范围、新建建筑物与原有建筑物的关系、建筑物周围道路、绿化及其他新建设施的布置情况等。按照总平面图的识读顺序熟悉图例、比例→了解工程性质及周围环境→查看标高、地形→查找定位依据→道路与绿化。仔细读图，就能完成本任务描述中的问题。

知识准备：建筑工程图首页与总平面图识读基础

一、建筑工程图首页

在建筑工程图的编排中，将图样目录、建筑设计总说明、工程构造做法表和门窗表等编排在一张图纸上，并将其放在整套建筑工程图的前面称为建筑工程图首页。

1. 图样目录

图样目录表明了工程图样的专业组成、各专业图样的名称、张数、编号等，由此绘制成表格，以便于图样的查阅，如表7.2.1所示。

表7.2.1　某住宅楼图样目录

序号	图样内容	图别	备注
1	建筑设计说明、门窗表、工程构造做法表	建施1	
2	总平面图、一层平面图、单元平面图	建施2	
3	标准层平面图、顶层平面图	建施3	
4	南立面图、北立面图、侧立面图	建施4	
5	1—1剖面图、2—2剖面图、3—3剖面图	建施5	
6	楼梯详图、外墙身详图	建施6	
7	结构设计说明	结施1	
8	基础图	结施2	
9	楼层结构平面图	结施3	
10	屋顶结构平面图	结施4	
11	楼梯结构图、雨篷配筋图	结施5	
12	给排水设计说明	水施1	
13	底层给排水平面图	水施2	
14	楼层给排水平面图	水施3	
15	给水系统图	水施4	
16	排水系统图	水施5	
17	采暖设计说明	暖施1	

序号	图样内容	图别	备注
18	底层采暖平面图、标准层采暖平面图	暖施 2	
19	顶层采暖平面图	暖施 3	
20	采暖系统图	暖施 4	
21	底层照明平面图	电施 1	
22	楼层照明平面图	电施 2	

2. 建筑设计总说明

建筑设计总说明是对图样中无法表达清楚的内容用文字加以详细地说明，其主要内容有：设计依据、建筑规模、使用年限、标高、装修做法和对该建筑的施工要求等。

下面是某单位住宅楼建筑设计总说明。

① 设计依据：根据××市规建审字[2020] ×××号文件。

② 建筑规模：该建筑为某单位住宅楼，钢筋混凝土和砖的混合结构（简称砖混结构），占地面积为 672m²，建筑面积为 3680m²。

建筑规模主要包括占地面积和建筑面积。占地面积是建筑物底层外墙皮以内所有面积之和；建筑面积是建筑物外墙皮以内各层面积之和。

③ 使用年限：该建筑耐火等级一级，耐久年限 50 年，抗震烈度为 7 度。

④ 标高：建筑标高±0.000，相当于绝对标高 316.00m。

⑤ 门窗：门窗除注明外，均立樘于墙中，预埋木砖做防腐处理，预埋铁件做防锈处理。塑钢门窗选自 05J101，木门选自 05J102，木质推拉门、防盗门由甲方订货。

⑥ 墙体：砖墙采用 MU7.5 砖，M5 混合砂浆砌筑；砌体构造按国家有关规范执行，墙体防潮层位于标高 -0.060m 处，墙身与填土接触面均需做防水砂浆防潮与墙身水平防潮交接，防潮层采用 20mm 厚防水砂浆，即 1：2 水泥砂浆加 5%防水剂。

⑦ 内装修：门窗洞口及室内墙体阳角抹 1：2 水泥砂浆护角，高度为 1800mm，每侧宽度不小于 50mm。内墙采用 20mm 厚 1：2.5 石灰砂浆打底，大白浆饰面。

⑧ 外装修：外墙先用 1：1：6 混合砂浆打底，墙面面层各部位的做法详见各立面图。阳台、雨篷等采用标准图集西南 05J103 中的装修做法。

⑨ 油漆：该建筑中所有外露铁件均为红丹底，乳白色油性调和漆，木门窗均为浅黄色调和漆。

⑩ 屋面防水：屋面做法见西南 05J103 中的标准图做法，在屋面施工时应注意防水材料的质量及施工要求等。

⑪ 材料选用：该建筑的室内外装修材料、设备等均应现场看样，并由设计、业主、监理、施工等多方认可后才能采用。

⑫ 工种配合：在土建施工、装修中，应紧密配合结构、给排水、电气等专业的施工图施工，防止出现失误。

⑬ 施工要求：该建筑的施工装修及验收，均应按设计图纸及国家颁发的施工规范

及验收标准执行。

⑭ 其他：室外散水宽度 1000mm，其做法见 05J104/P6，室外踏步做法见 05J104/P8，女儿墙压顶做法见 05J104/P35。

3. 工程构造做法表

在建筑工程中，对于建筑各部位的构造做法，常采用表格的形式加以详细地说明，这种表格称为工程构造做法表，如表 7.2.2 所示。在表格中应详细说明施工部位的名称、构造做法等。若采用标准图集中的做法，应注明标准图集的代号、详图编号等。

表 7.2.2　工程构造做法表

编号	名称		施工部位	工程做法	备注
1	外墙面	干黏石墙面	见立面图	05J103 外 16	
		涂料墙面	见立面图	05J103 外 18	
2	内墙面	乳胶漆墙面	用于砖墙	05J103 内 23	
		瓷砖墙面	用于厨房、卫生间、阳台内墙面	05J103 内 42	规格及颜色由甲方定
3	踢脚	水泥砂浆踢脚	除了厨房、卫生间不做外，其余房间均做	05J103 踢 42	
4	楼地面	水泥砂浆楼面	用于楼梯间	05J103 楼 11	
		陶瓷砖楼面	用于厨房、卫生间铺地	05J103 楼 12	规格及颜色由甲方定
		铺地砖楼面	用于客厅、餐厅、卧室铺地	05J103 楼 14	
5	顶棚	乳胶漆顶棚	所有顶棚	05J103 棚 9	
6	油漆	蛋黄色调和漆	木件	05J103 油 6	
		红丹底乳白色油性调和漆	铁件	05J103 油 7	
7	散水			05J103 散 3	宽度 1000mm
8	台阶		用于楼梯间入口	05J103 台 2	
9	屋面			05J103 屋 56	

4. 门窗表

将建筑物中所有不同类型、大小、数量的门窗进行统计后，以表格的形式来反映这些门窗的类型、大小、数量等，这种表格就称为门窗表，如表 7.2.3 所示。如采用标准图集中的门窗类型，应在门窗表中注明标准图集的代号、详图编号等。

表 7.2.3　门窗表

类别	设计编号	洞口尺寸/mm		采用标准图集及编号		备注
		宽	高	图集代号	编号	
门	M1	900	2100	05J102	M5	
	M2	700	2100	05J102	M16	
	M3	1200	2300		甲方定货	防盗门
窗	C1	1800	1800	05J102	C7	
	C2	2100	1800	05J102	C12	
	C3	2400	1800	05J102	C16	
	C4	1200	1800	05J102	C3	

二、建筑总平面图

1. 总平面图的形成

建筑总平面图是指建筑物、构筑物和其他设施在一定范围的基地上总体布置情况的水平投影图，简称总平面图。其主要表示基地的形状、大小、地形、地貌、标高、新建建筑物的位置和朝向、占地范围、新建建筑物与原有建筑物的关系、建筑物周围道路、绿化及其他新建设施的布置情况等。

总平面图是施工定位、土方施工、设备管线总平面布置图和现场施工总平面布置图的依据。

2. 总平面图的图示方法

总平面图是按一定的比例用正投影的原理绘制的图样。总平面图常用的比例有1∶500、1∶1000、1∶2000 等。由于其比例较小，所以，总平面图中的图形主要以图例的形式表示。画图时应严格执行《总图制图标准》（GB/T 50103—2010）规定的图例符号，总平面图常用图例符号如表 7.2.4 所示。

表 7.2.4　总平面图常用图例符号

序号	名称	图例	说明
1	新建建筑物	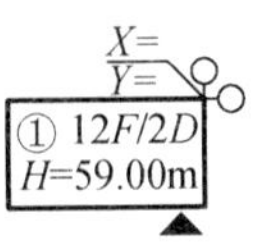 ① 12F/2D H=59.00m X= Y=	① 新建建筑物以粗实线表示与室外地坪相接处±0.00 外墙定位轮廓线 ② 建筑物一般以±0.00 高度处的外墙定位轴线交叉点坐标定位。轴线用细实线表示，并标明轴线号 ③ 根据不同设计阶段标注建筑编号，地上、地下层数，建筑高度，建筑出入口位置（两种表示方法均可，但同一图纸采用一种表示方法）
2	原有建筑物	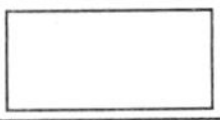	用细实线表示
3	计划扩建的预留地或建筑物		用中粗线虚线表示
4	拆除的建筑物	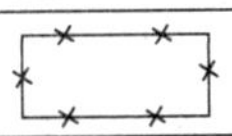	用细实线表示
5	建筑物下面的通道	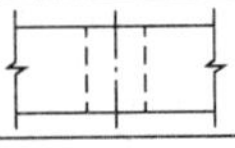	—
6	围墙及大门	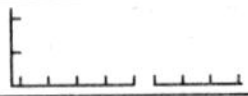	—
7	挡土墙	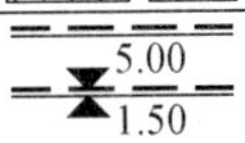 5.00 / 1.50	挡土墙根据不同设计阶段的需要标注　$\frac{墙顶标高}{墙底标高}$
8	坐标	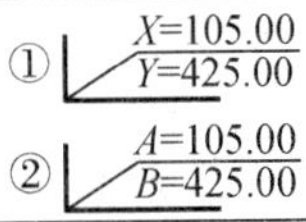 ① X=105.00 Y=425.00　② A=105.00 B=425.00	① 表示地形测量坐标系 ② 表示自设坐标系 坐标数字平行于建筑标注
9	方格网交叉点标高	-0.50 | 77.85 / 78.35	"78.35"为原地面标高；"77.85"为设计标高 "-0.50"为施工高度；"-"表示挖方（"+"表示填方）

序号	名称	图例	说明
10	填挖边坡	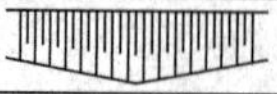	—
11	室内地坪标高	▽ 151.00 (±0.00)	数字平行于建筑物书写
12	室外地坪标高	▼ 143.00	室外标高也可采用等高线
13	新建的道路	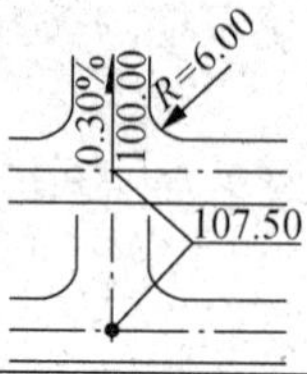 R=6.00 0.30% 100.00 107.50	"R=6.00"表示道路转弯半径；"107.50"为道路中心线交叉点设计标高，两种表示方式均可，同一图纸采用一种方式表示；"100.00"为变坡点之间距离，"0.30%"表示道路坡度，➝表示坡向
14	原有的道路		—
15	计划扩建的道路	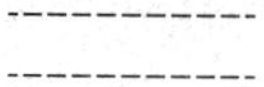	—
16	拆除的道路	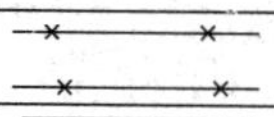 ×—————× ×—————×	—
17	人行道	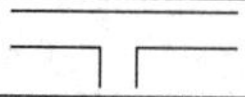	—
18	草坪	① 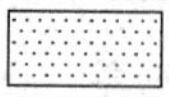 ② 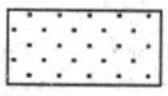 ③ 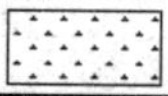	① 草坪 ② 表示自然草坪 ③ 表示人工草坪

3. 总平面图的内容

总平面图中主要包括以下几方面的内容。

（1）建筑红线

地方国土管理部门在提供给建设单位的地形蓝图上，用红色笔勾画出建设单位土地使用范围的线称为建筑红线。任何建筑物在设计和施工中均不能超过此线，如图 7.2.2 所示。

（2）区分新旧建筑物

在总平面图中，建筑物可分为新建建筑物、原有建筑物、拟建建筑物和将要拆除的建筑物。在阅读总平面图时，要根据图例符号区分不同的建筑物种类。建筑物的层数可用小圆点或阿拉伯数字标注在建筑物图形的右上角，如图 7.2.2 所示。

（3）新建筑物的定位

新建筑物的定位方式有两种：一是按原有建筑物或原有道路与新建筑物之间的距离来定位；二是利用坐标定位。

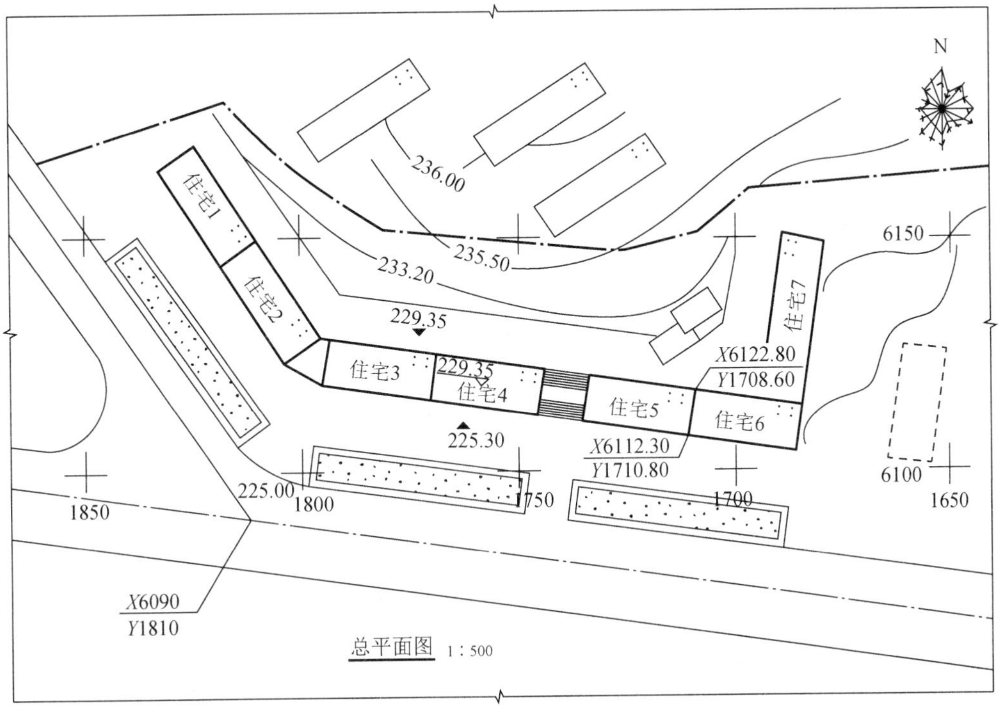

图 7.2.2 某住宅小区总平面图

坐标定位又分为测量坐标定位和施工坐标定位。

① 测量坐标定位：在总平面图中，用细实线画成交叉十字线的坐标网，南北方向的轴线为 X，东西方向的轴线为 Y，这样的坐标称为测量坐标。坐标网常采用 100m×100m、50m×50m 的方格网，建筑物一般采用标注其两个墙角点的坐标来定位，如图 7.2.3 所示。

② 施工坐标定位：当建筑朝向与测量坐标不一致时，可用施工坐标来定位。将建筑区域内某一点定为"0"点，采用 100m×100m 或 50m×50m 的方格网，沿建筑物外墙方向用细实线画成方格网通线，竖线标为 A，横线标为 B，这种坐标称为施工坐标，如图 7.2.3 所示。

（4）标高

标高数字以米为单位，在总平面图中，标高数字注写到小数点后第二位。标注标高要采用标高符号，标高符号的应用情况，如图 7.2.2 所示。

（5）等高线

高低不平的地形用等高线来表示，从地形图上的等高线可以分析出地形的起伏情况。等高线间距越大，地面起伏越平缓；相反，等高线间距越小，地面起伏越大。

（6）道路

在总平面图中，由于比例较小，道路仅表示与建筑物的位置关系，不能作为道路施工的依据。标注出道路中心控制点，以表明道路的标高和平面位置，如图 7.2.2 所示。

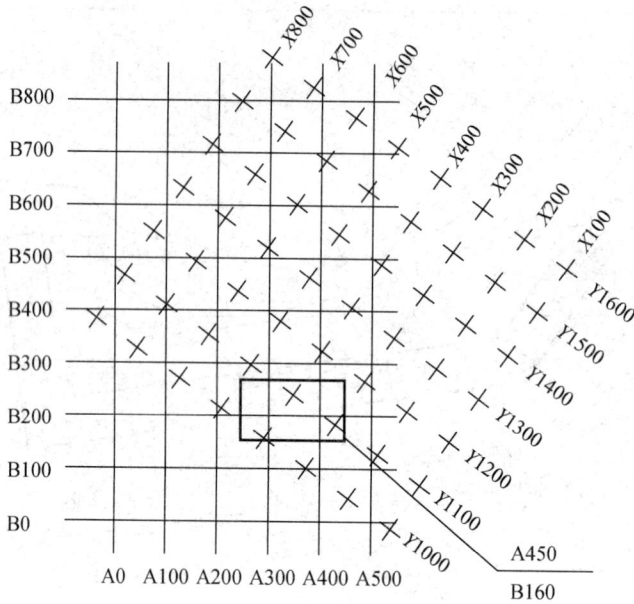

图 7.2.3　测量坐标与施工坐标的区别

（7）风向频率玫瑰图

在总平面图中，常用带有指北针的风向频率玫瑰图来表示该地区常年的风向频率和房屋朝向。风由外面吹过建设区域中心的方向称为风向，风向频率是在一定的时间内某一方向出现风向的次数占总观察次数的百分比。如图 7.2.4 所示的风向频率玫瑰图，实线表示全年的风向频率，虚线表示夏季 6～8 月的风向频率。

（8）其他

总平面图中除以上内容外一般还有围墙、挡土墙、绿化等与工程有关的内容。

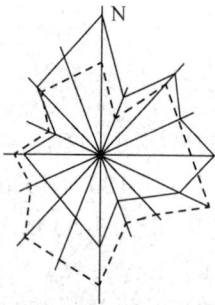

图 7.2.4　风向频率玫瑰图

4. 总平面图的识读

（1）熟悉图例、比例

查看比例，根据图例了解总平面图所包含的内容。

（2）了解工程性质及周围环境

工程性质是指建筑物属于哪种类型，是住宅、商场、教学楼，还是办公楼等。了解周围的环境，并分析周围环境对该建筑所存在的影响因素。

（3）查看标高、地形

根据标高和地形图上的等高线可看出基地的地形、地貌，建筑物周围的地形变化情况等。

（4）查找定位依据

在总平面图中，查找新建建筑物所处的位置。根据新建建筑物的定位依据，确定其在基地中的具体位置、朝向，以及与其他建筑物的位置关系。

（5）道路与绿化

道路与绿化是建筑物的配套工程。从道路可看出建筑物周围的交通情况，从绿化可看出建筑物周围的环境。

任务实施：建筑总平面图中基本信息的识读

根据总平面图识读顺序，对总平面图进行详细识读，可知本工程共规划建设住宅楼5栋；根据风向频率玫瑰图的方位，可知小区地下车库位于工程区域的西北角；根据工程区域的范围，可知本工程东至浦江路，西至锦江路，南至汉中门大街，北至锦江花苑。

能力提升：依给定总平面图识读建构物之间的关系

根据图 7.2.1，判读：

1）各建构物之间的位置关系。

2）各建构物与建筑红线之间的距离关系是如何规定的。

学　习　页

学习情境三 识读建筑平面图

任务描述与任务分析

任务描述:

图 7.3.1 为某砖混结构建筑一层平面图,表 7.3.1 为门窗明细表,仔细识读图表,试完成以下任务。

1)建筑平面图是如何形成的?

2)一层平面图中有几种类型的门窗?各是什么?

3)建筑物定位轴线间的总长度和总宽度各是多少?

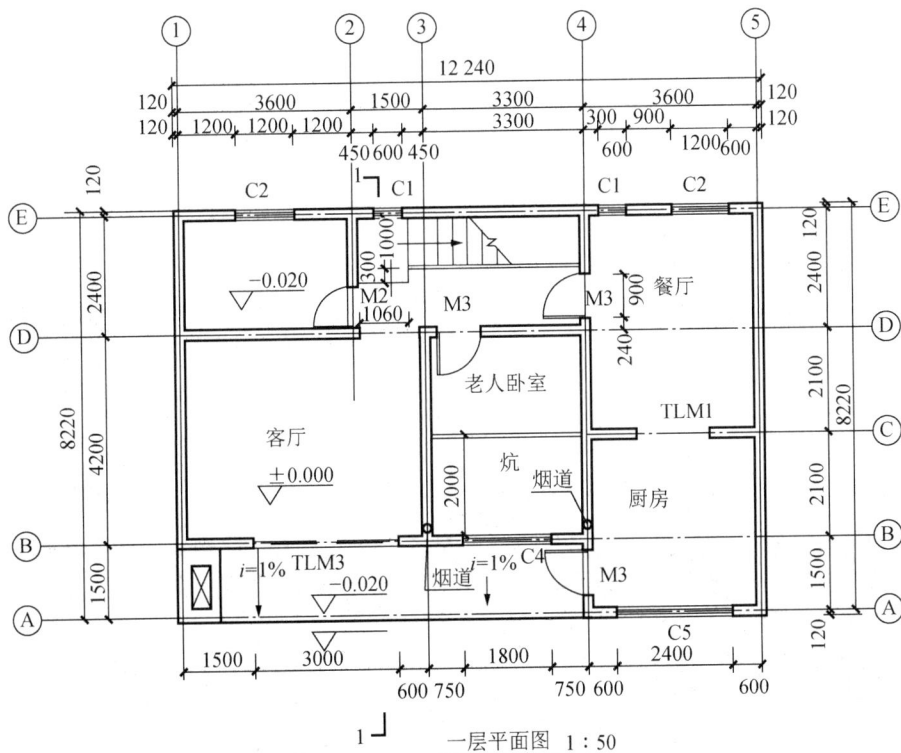

一层平面图 1:50

建筑做法说明:

1.土壤类别:−0.5m 以上为普通土,以下为坚土。人工挖土,人力车运土至40m指定地点。

2.基础:C15混凝土垫层,水泥砂浆M5.0黏土砖基础。

3.墙体:承重墙为240mm厚、M5.0混合砂浆、混水实心黏土砖墙;非承重墙为120mm厚、M5.0混合砂浆、泥水实心黏土砖墙;墙垛均居中开设。

图 7.3.1 建筑平面图

表 7.3.1　门窗明细表

类型	设计编号	洞口尺寸 （宽×高）	数量	备注
门	M1	700mm×2100mm	1	木门
	M2	800mm×2100mm	2	木门
	M3	900mm×2100mm	6	木门
	TLM1	1500m×2100mm	1	塑钢推拉门
	TLM2	2400mm×2700mm	1	塑钢推拉门
	TLM3	3000mm×2700mm	2	塑钢推拉门
窗	C1	600mm×1500mm	3	塑钢窗
	C2	1200mm×1500mm	4	塑钢窗
	C3	1800mm×900mm	1	塑钢窗
	C4	1800mm×1800mm	2	塑钢窗
	C5	2400mm×1800mm	2	塑钢窗
	百叶窗	600mm×500mm	2	塑料

任务分析：

建筑平面图是施工放线、砌墙、安装门窗、室内外装修，以及编制概、预算的重要依据，它反映了建筑物的平面形状、内部组成、墙体的厚度、柱子的截面形状与大小、门窗的位置与类型等。

知识窗：中山王陵兆域图铜版

1977年，中山王陵兆域图铜版于河北省平山中山王墓出土，因图面有"兆法"字样，又称"兆法图"。

中山王陵兆域图铜版

原图质地为铜版，长方形，纵48厘米，横94厘米。其上用金、银镶错出陵园平面图，包括三座大墓、两座小墓的名称、尺寸和中山王的一段诏令。图上的建筑物按照一定比例尺绘制，图面规整，线条匀称，注记清晰，体现战国时期我国制图技术已达到相当高的水平。此图是迄今所知最早的建筑规划设计图，据此图可知当时帝王、诸侯均有专官为其设计陵园，对古代建筑史和东周丧葬制度的研究具有重要价值。

（注：具体内容请扫码查看。）

知识准备：建筑平面图识读基础

一、建筑平面图的形成

用一个假想水平剖切平面，沿略高于窗台的位置将整栋建筑剖切开，移去剖切平面及其上部，将剩余部分向水平面作正投影，所得的水平剖面图称为建筑平面图，简称平面图。建筑平面图是施工放线、砌墙、安装门窗、室内外装修，以及编制概、预算的重要依据，它反映了建筑物的平面形状、内部组成、墙体的厚度、柱子的截面形状与大小、门窗的位置与类型等。

二、建筑平面图的图示方法

沿略高于底层窗台位置剖切后所得到的平面图称为底层平面图，也称为首层平面图或一层平面图。沿略高于二层窗台的位置剖切后所得的平面图称为二层平面图。一般情况下，建筑物有几层就应画几个平面图，图名注写在图样的下方，图名下画一粗横线，其长度为图名所占用的长度，图名的右侧注写比例。

当建筑物二层至顶层之间的楼层剖开后所得的平面图相同时，只需画一个平面图作为代表层，将这一个作为代表层的平面图称为标准层平面图。

沿略高于顶层窗台的位置剖切后所得的平面图称为顶层平面图。因此，多层建筑的平面图一般由底层平面图、标准层平面图、顶层平面图组成。另外，将建筑物直接从上向下进行投射所得到的投影图称为屋顶平面图。屋顶平面图主要表示建筑物屋顶的布置情况和排水方式。

平面图实质上是剖面图，因此应按剖面图的图示方法绘制。被剖切平面剖切到的墙、柱子等的轮廓线用粗实线绘制，未被剖切到的部分如室外台阶、散水等用细实线绘制，门的开启线用中粗实线绘制。

绘制建筑平面图常用的比例有 1：50、1：100、1：200 等，其中 1：100 的比例应用最多。

三、建筑平面图的图示内容

① 所有定位轴线及其编号，以及墙、柱、墩的形状、位置、尺寸
② 建筑物内部各房间的组合形式、名称，以及门窗的位置、编号、大小。
③ 建筑物平面尺寸的标注和楼地面的标高。
④ 电梯或楼梯的位置、形状、主要部分的尺寸，以及楼梯步级数和上、下行方向。
⑤ 附属设施，如花池、散水、台阶、斜坡、雨篷、落水管等的位置及尺寸。
⑥ 室内设备，如家具、卫生器具、水池、操作台等的平面位置及形状。
⑦ 底层平面图上应标注剖面图的剖切符号及编号，并在底层平面图的左下方或右上方画出指北针。
⑧ 在平面图中凡需要另画详图表示的部位均用索引符号表示。
⑨ 屋顶平面图中要表达的内容有：女儿墙、檐沟、屋面坡度、分水线、雨水口、上人孔、变形缝等。

四、建筑平面图的图例符号

建筑平面图中的构配件形状是用图例符号表示的，画平面图时，应采用《建筑制图

标准》（GB/T 50104—2010）中规定的图例符号，如表 7.3.2 所示。

表 7.3.2　建筑构造及配件图例

序号	名称	图例	说明
1	底层楼梯平面图		需设置靠墙扶手或中间扶手时，应在图中表示
2	中间层楼梯平面图		
3	顶层楼梯平面图	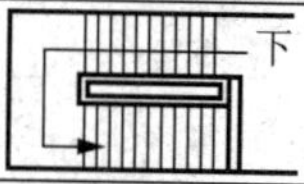	
4	检查口		左图为可见检查孔，右图为不可见检查孔
5	坑槽		—
6	孔洞		阴影部分亦可填充灰度或涂色代替
7	墙预留洞、槽	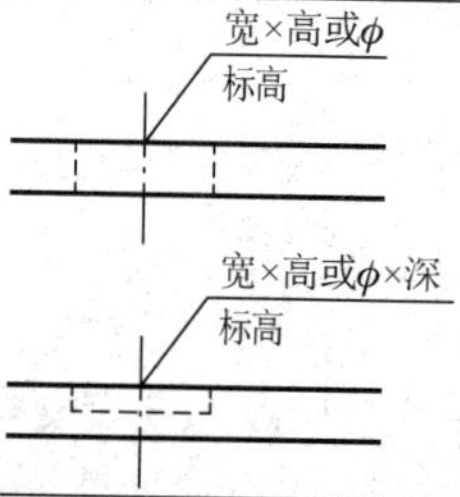	① 上图为预留洞，下图为预留槽 ② 平面以洞（槽）中心定位 ③ 标高以洞（槽）底或中心定位 ④ 宜以涂色区别墙体和预留洞（槽）
8	风道	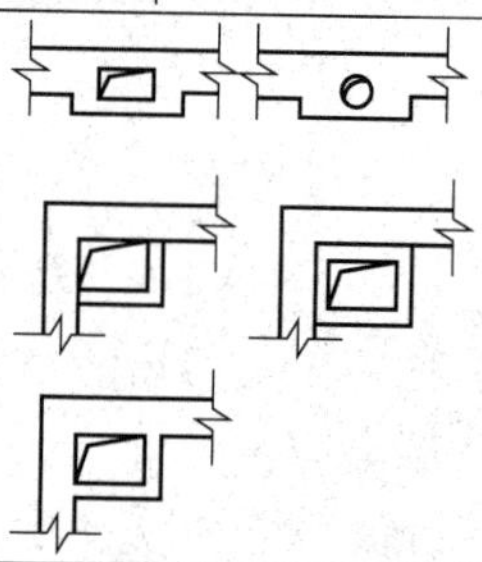	① 阴影部分亦可填充灰度或涂色代替 ② 烟道、风道与墙体为相同材料，其相接处墙身线应连通 ③ 烟道、风道根据需要增加不同材料的内衬
9	烟道	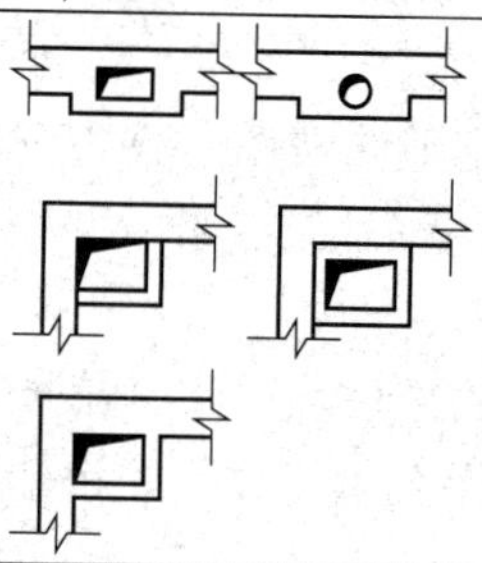	

续表

序号	名称	图例	说明
10	单面开启单扇门（包括平开或单面弹簧）	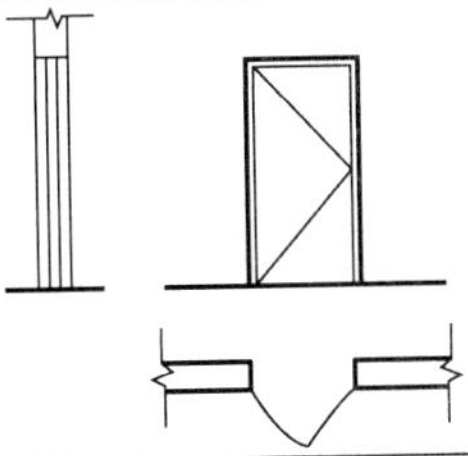	① 门的名称代号用 M 表示 ② 平面图中，下为外，上为内门开启线为 90°、60° 或 45°，开启弧线宜绘出 ③ 立面图中，开启线实线为外开，虚线为内开。开启线交角的一侧为安装合页一侧。开启线在建筑立面图中可不表示，在立面大样图中可根据需要绘出 ④ 剖面图中，左为外，右为内 ⑤ 附加纱扇应以文字说明，在平、立、剖面图中均不表示 ⑥ 立面形式应按实际情况绘制
11	单面开启双扇门（包括平开或单面弹簧）	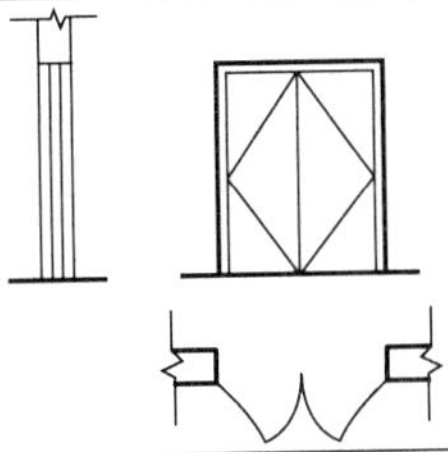	
12	单层外开平开窗	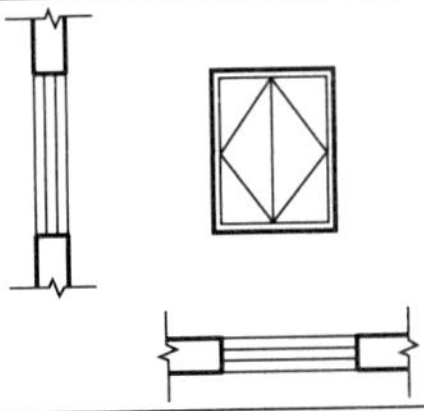	① 窗的名称代号用 C 表示 ② 平面图中，下为外，上为内 ③ 立面图中，开启线实线为外开，虚线为内开。开启线交角的一侧为安装合页一侧。开启线在建筑立面图中可不表示，在门窗立面大样图中需绘出 ④ 剖面图中，左为外、右为内。虚线仅表示开启方向，项目设计不表示 ⑤ 附加纱窗应以文字说明，在平、立、剖面图中均不表示 ⑥ 立面形式应按实际情况绘制
13	单层内开平开图	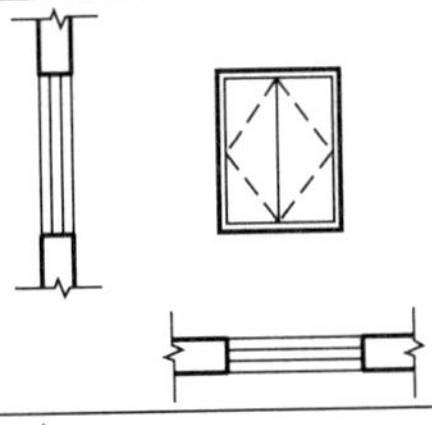	
14	单层推拉窗	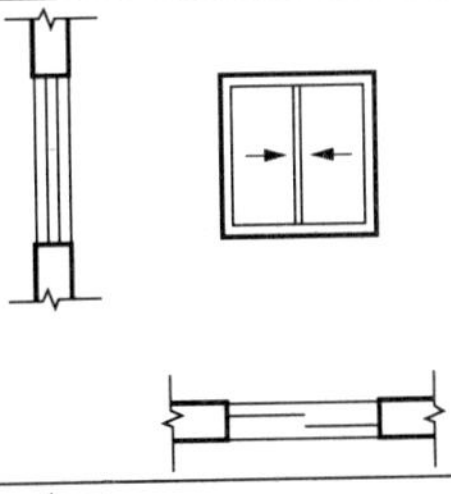	① 窗的名称代号用 C 表示 ② 立面形式应按实际情况绘制
15	双层推拉窗	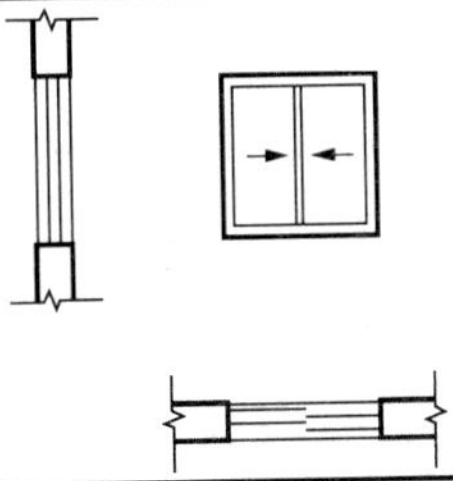	

五、建筑平面图识读方法

1. 底层平面图的识读

下面以某单位住宅楼底层平面图为例说明底层平面图的识读方法，如图 7.3.2 所示。

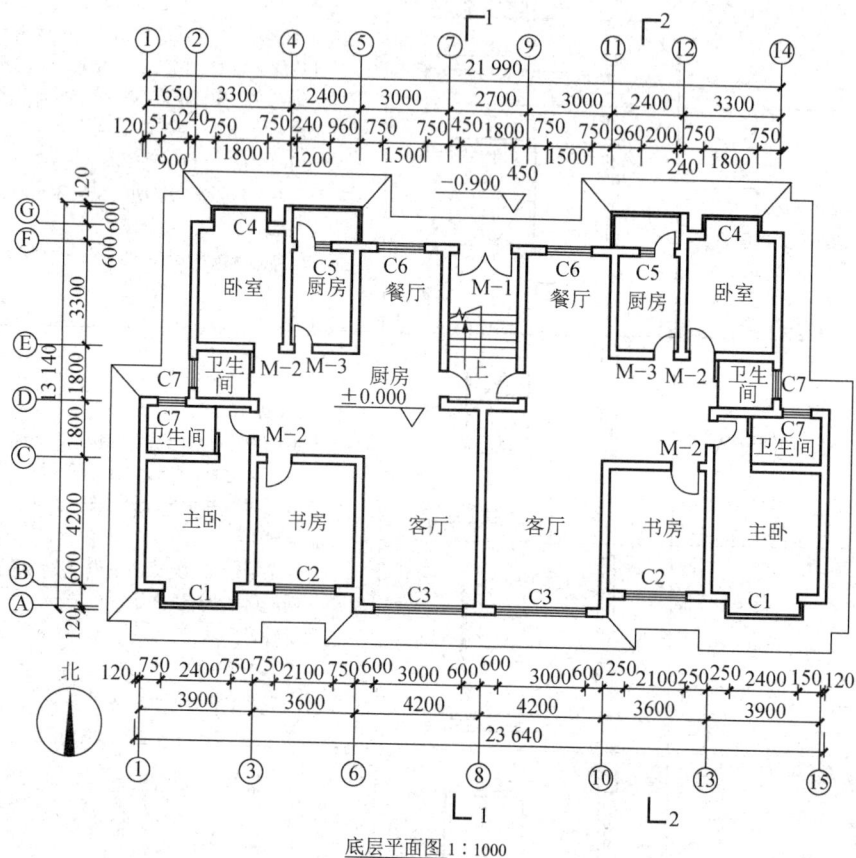

底层平面图 1：1000

图 7.3.2　底层平面图

（1）建筑物朝向

从底层平面图中的指北针可知建筑物的朝向。

（2）平面布置

平面图表达的主要内容是平面布置，即各种用途房间与走道、楼梯、卫生间的关系。

（3）定位轴线

在建筑工程施工图中，房间的大小、走廊的宽窄、墙或柱的位置等均用轴线来确定。凡主要的墙、柱、梁的位置都要用定位轴线来确定其位置。

（4）平面尺寸

通过平面图上所标注的尺寸可计算房屋的占地面积、建筑面积、使用面积等。占地面积为底层外墙外边线所包围的面积；建筑面积是指各层建筑外墙结构所包围的水平面积之和，包括墙体所占用的面积；使用面积是指建筑物各层平面布置中可直接作为生产或生活使用的净面积的总和。

平面图中标注的尺寸分为内部尺寸和外部尺寸两种。

内部尺寸一般用一道尺寸线表示，表明墙厚、内墙上门窗洞口的宽度、柱的断面大小、柱与轴线的关系、内墙门窗与轴线的关系等。

外部尺寸一般标注三道尺寸，最里面一道尺寸称为细部尺寸，表示外墙门窗的大小及其与轴线的位置关系。中间的一道尺寸称为轴线尺寸，表示房间的开间与进深尺寸或柱子的柱距。相邻横向定位轴线之间的尺寸称为开间；相邻纵向定位轴线之间的尺寸称为进深。最外面一道尺寸称为外包尺寸，表示建筑物的总长、总宽，即从一端的外墙皮到另一端的外墙皮的尺寸。

（5）标高

在平面图中，建筑物各组成部分如室内外地面、楼梯平台面、室外台阶面等处应标注标高，采用相对标高，注写到小数点后第三位数字。如有坡道，应注明坡度方向和坡度值。该建筑室内地面的标高为±0.000m，室外地面标高为-0.900m，室内外高差为0.900m。

（6）墙厚（或柱的断面）

建筑物中墙、柱是承受垂直荷载的重要构件，墙体又起着分隔房间和抵抗水平剪力的作用。为抵抗水平剪力而设置的墙，称为剪力墙，如图 7.3.2 所示，外墙厚 240mm。

（7）门窗

在建筑平面图中，门采用代号 M 表示，窗采用代号 C 表示，并将不同类型的门窗分别进行编号。如图 7.3.2 中的 M-1、M-2、C1、C2 等。读图时应注意门窗的类型、位置、大小、编号等。

（8）楼梯

建筑平面图比例较小，楼梯在平面图中只能用示意楼梯的投影方式。注意底层平面图中楼梯的画法、平面位置、开间和进深等。

（9）附属设施

在建筑物外部还设有花池、散水、台阶等附属设施。在底层平面图中只能表示出这些附属设施的平面位置，具体做法应查阅相应的详图或标准图集。

（10）各种符号

底层平面图上的符号有剖切符号和索引符号。读图时应注意剖切的位置、投射方向、编号、索引符号所指的部位等。如图 7.3.2 中有 1—1 剖切符号、2—2 剖切符号。

2. 标准平面图与顶层平面图的识读

为了简化作图，已经在底层平面图上表示过的某些内容，在标准层平面图和顶层平面图上不再表示。如在标准层平面图上不再画散水、明沟、室外台阶等，如图 7.3.3 和图 7.3.4 所示；在顶层平面图上不再画二层平面图上的雨篷等。识读标准层平面图和顶层平面图时，要结合底层平面图对照异同，如平面布置有无变化、楼梯图例有无变化等，其识读方法基本与底层平面图相同。

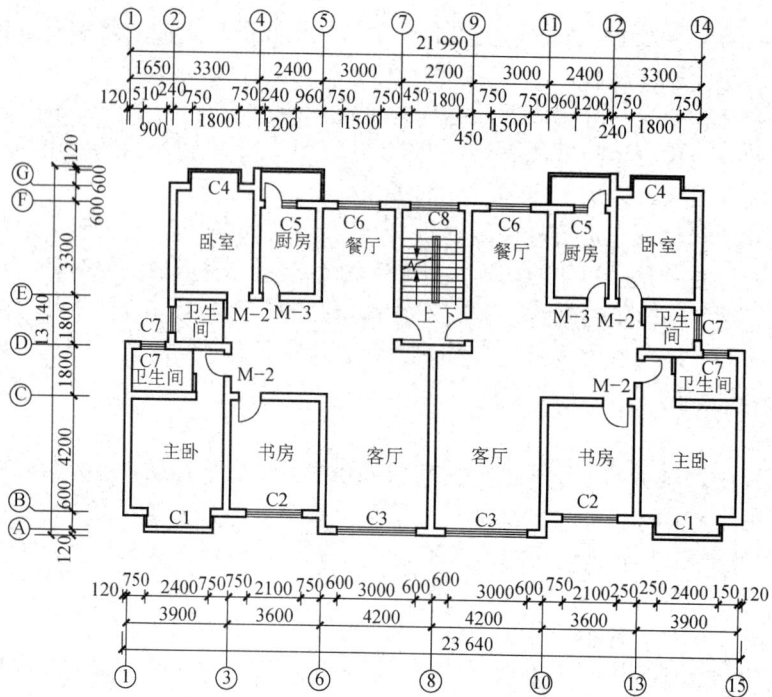

标准层平面图 1 : 100

图 7.3.3 标准层平面图

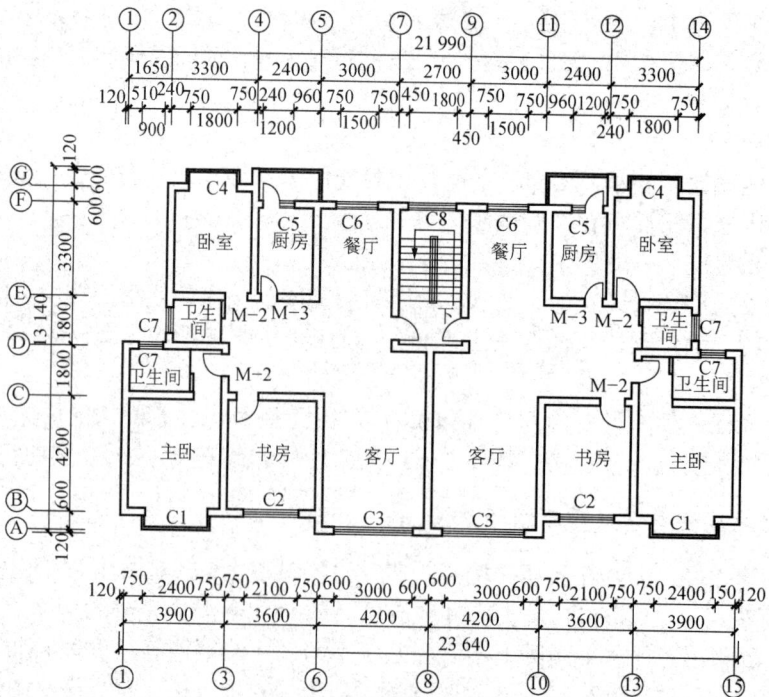

顶层平面图 1 : 100

图 7.3.4 顶层平面图

3. 屋顶平面图的识读

屋顶平面图主要表示屋面上通风道、女儿墙、檐沟、雨水口、变形缝等的位置和屋面排水分区、排水方向、排水坡度等，如图 7.3.5 所示。

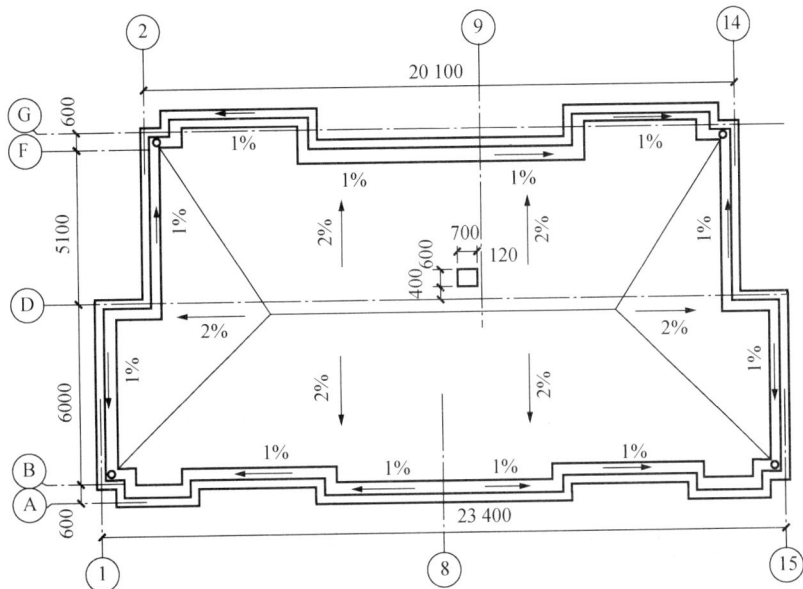

屋顶平面面图　1∶100

图 7.3.5　屋顶平面图

任务实施：建筑平面图基本信息识读

根据图 7.3.1 和表 7.3.1 可知，在一层平面图中共有一种类型的窗，为塑钢窗，设计编码分别为 C1、C2、C4、C5；共有两种类型的门，分别为木门和塑钢推拉门，木门设计编号为 M2、M3，塑钢推拉门设计编号为 TLM1、TLM3。

建筑物定位轴线间的总长度和总宽度，指的是始末定位轴线间的距离。如图 7.3.1 所示，总长度和总宽度应为外包尺寸减去墙厚，即

$$总长度=12\ 240-120-120=12\ 000（mm）$$
$$总宽度=8220-120=8100（mm）$$

能力提升：巩固建筑平面图的识读

1）根据图 7.3.1 一层平面图的图示内容，指出一层平面图所缺少的内容？

2）指出图 7.3.1 中尺寸标注不规范的地方。

学 习 页

学习情境四　建筑立面图识读

任务描述与任务分析

任务描述：

根据图 7.4.1 所示某建筑立面图，请指出本建筑出入口位置；本建筑楼层高度；本建筑采用什么外装修。

任务分析：

建筑立面图是建筑物外墙在平行于该外墙面的投影面上的正投影图。主要用来表达房屋的外部造型、门窗位置及形式、立面装修的材料、阳台和雨篷的做法及雨水管等的位置。

知识准备：建筑立面图识读基础

一、建筑立面图的形成及命名方式

表示建筑物外墙面特征的铅垂面正投影图称为立面图。立面图是表达立面设计效果的重要图样，在建筑施工图中，立面图主要反映房屋各部位的高度、外观和外墙面装修要求，是建筑外装修、工程概预算等的主要依据。

一般建筑物都有前、后、左、右四个立面，所以，建筑立面图相应也有四个。立面图的命名方式有三种。

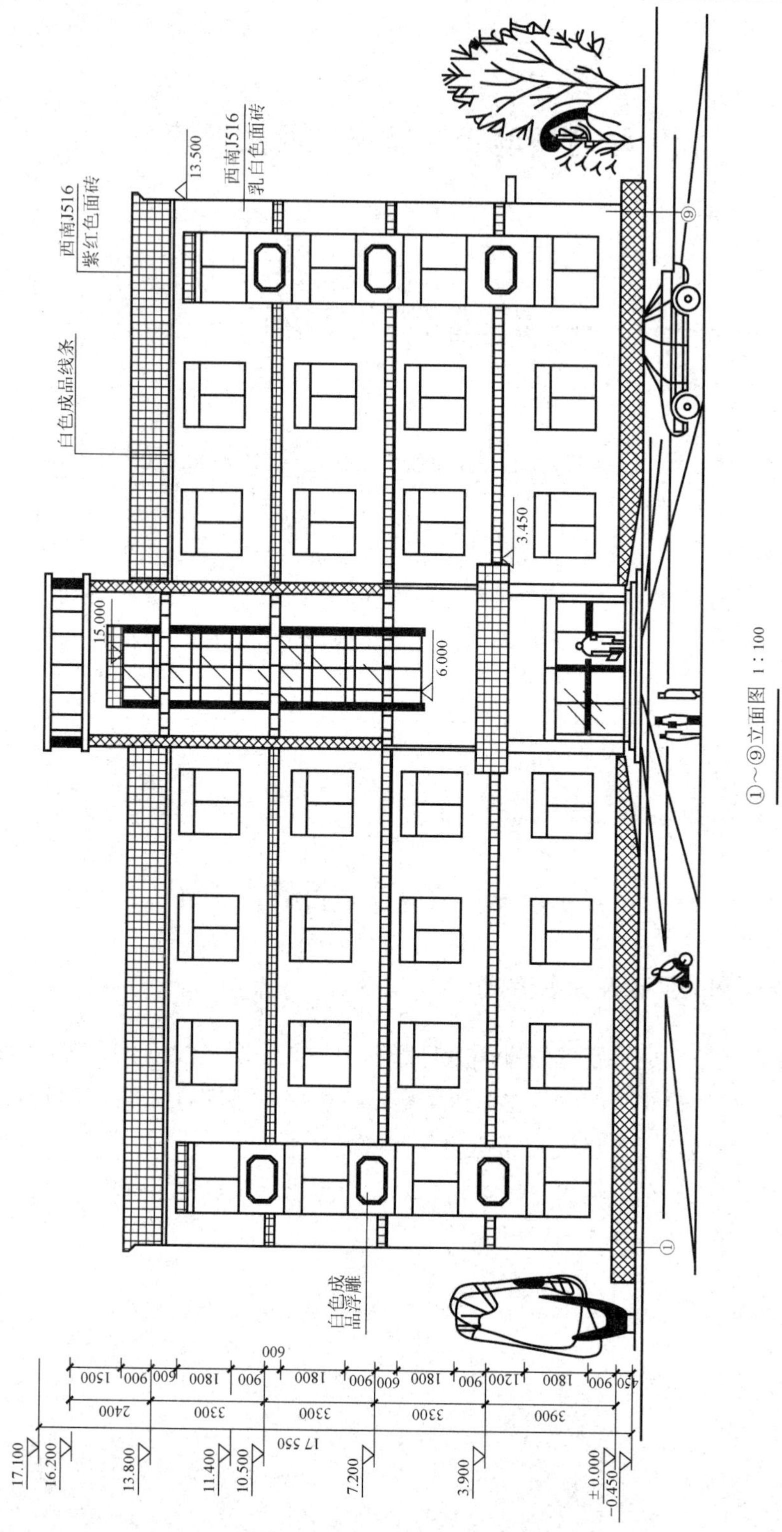

图 7.4.1 某建筑立面图

①～⑨立面图 1：100

1. 以方位命名

将表示建筑物主要出入口或比较重要外观特征的那一面正投影图称为正立面图；与正立面相对的立面正投影图称为背立面图；表示建筑物左、右侧立面特征的正投影图分别称为左侧立面图和右侧立面图，如图 7.4.2 所示。

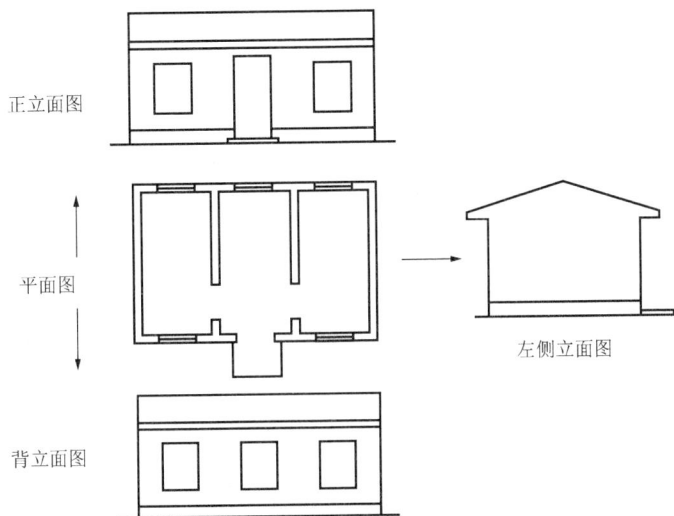

图 7.4.2　以方位命名的立面图

2. 以朝向命名

以建筑物立面所面对的方向来命名，如建筑物立面面向南方，该立面图称为南立面图；面向北面，称为北立面图；其余两个立面图分别称为东立面图和西立面图，如图 7.4.3 所示。

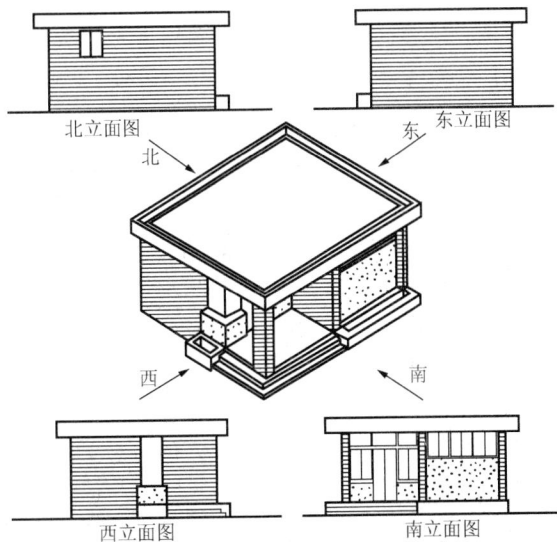

图 7.4.3　以朝向命名的立面图

3. 以定位轴线命名

建筑立面图的名称可以根据两端的定位轴线编号来确定，如图 7.4.1 所示的立面图也可称为①～⑨立面图。

施工图中这三种命名方式都可使用，但每套施工图只能采用其中的一种方式。

二、建筑立面图的图示内容及规定画法

1. 建筑立面图的图示内容

① 表明建筑物外部造型，主要有房屋的勒脚、台阶、门窗、雨篷、阳台、墙面分格线、雨水管、檐口、屋顶等的形状和位置。

② 用标高表示建筑物外部各主要部位的相对高度，如室外地面标高、各层门窗洞口的标高、各楼层标高和檐口的标高等。

③ 标注建筑物立面两端的定位轴线及其编号。

④ 在建筑物立面需另用详图表示的部位画出索引符号。

⑤ 外墙面装修。用文字说明外墙面装修的材料、装修的具体做法，一般用索引符号引出详图表示或采用标准图集里的做法。

2. 立面图规定画法

为了使立面图外形清晰，通常建筑物立面的最外轮廓线用粗实线绘制，线宽为 b；室外地坪线用特粗线绘制，线宽 $1.4b$；台阶、门窗洞、雨篷、阳台及立面上凸出或凹进的线脚等轮廓线用中实线 $0.5b$ 绘制；门窗扇分格线、墙面分格线、雨水管等用细实线 $0.35b$ 绘制。

当建筑物立面呈弧形、折线形、曲线形等形状时，可将立面展开使其平行于投影面。然后用正投影法画出展开后的立面投影图，这种立面图应在图名后注写"展开"二字。

三、建筑立面图的绘图方法与步骤

立面图一般要对应平面图来绘制，立面图的绘制方法与步骤与平面图的大致相同，其步骤如下（图 7.4.4）。

① 选比例、定图幅、进行图面布置。立面图的比例应与平面图的一致，根据比例确定图幅大小，并进行图面布置。

② 画铅笔底图。画室外地坪线、立面两端的定位轴线、外墙轮廓线、屋顶或檐口线；确定细部形状与位置，如各层门窗洞口位置、阳台、雨篷、台阶等的位置与形状；检查无误后，按要求加深图线。

③ 标注标高，注明各部位的装修做法，注写必要的文字说明。

④ 注写图名、比例，完成全图。

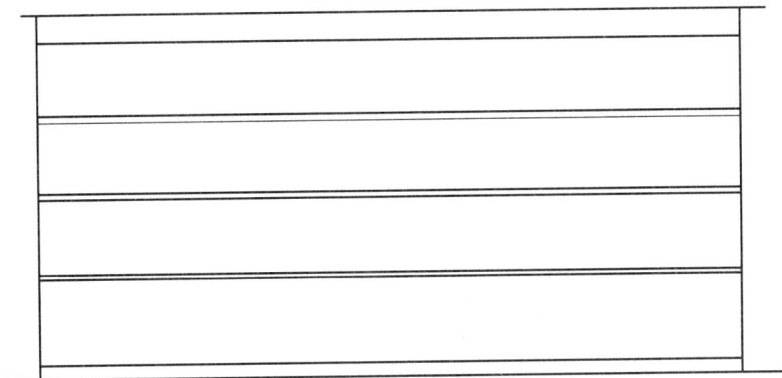

（a）画室外地坪线、建筑物外轮廓线、墙面门窗位置线

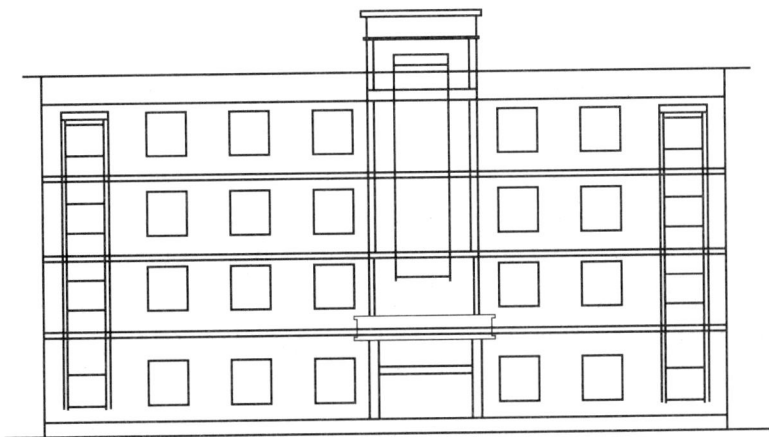

（b）确定门窗位置

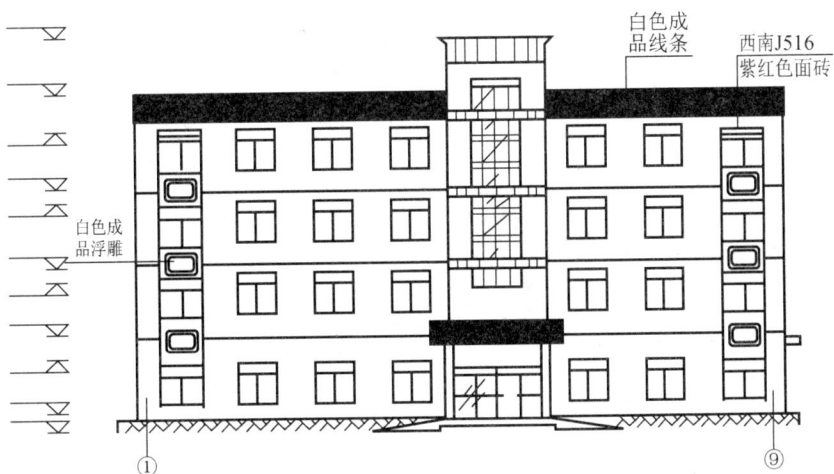

①～⑨立面图 1∶100

（c）加深图线，标注门窗洞口标高，完成全图

图 7.4.4　立面图的绘制

四、建筑立面图的识读要点

1）立面图应结合平面图进行识读，将立面图与平面图对照阅读，能够加强立体感，加深对立面图的理解。

2）了解建筑物的外部造型、各部位的形状与位置。

3）查阅建筑物各部位的标高及尺寸大小。

4）结合材料及装修一览表，查阅外墙各细部的装修做法，如台阶、勒脚、阳台、雨篷等的装修做法。

5）结合相关的图，查阅外墙面、门窗、玻璃等的施工要求。

任务实施：建筑立面图基本信息识读

该建筑立面图采用 1∶100 比例绘制；①～⑨立面为正立面，整个立面造型大方、简洁，反映了该立面的外形特征和主要出入口的位置；其共四层，总高为 17.10m，一层高 3.90m，二、三、四层均为 3.30m，室内外高差 0.45m；各层窗一律采用铝合金推拉窗；前面楼梯间圆弧形墙有一组铝合金窗从上贯通至二层。立面装修在不同部位用乳白色面砖和紫红色面砖贴面，勒脚采用青灰色人造剁斧石贴面，给人以素雅、清新的感觉。门厅凸出墙面 4.50m。

能力提升：巩固建筑立面图的识读

图 7.4.5 为某办公楼立面图，试确定该立面图的命名方法、楼层高度、外装修材料。

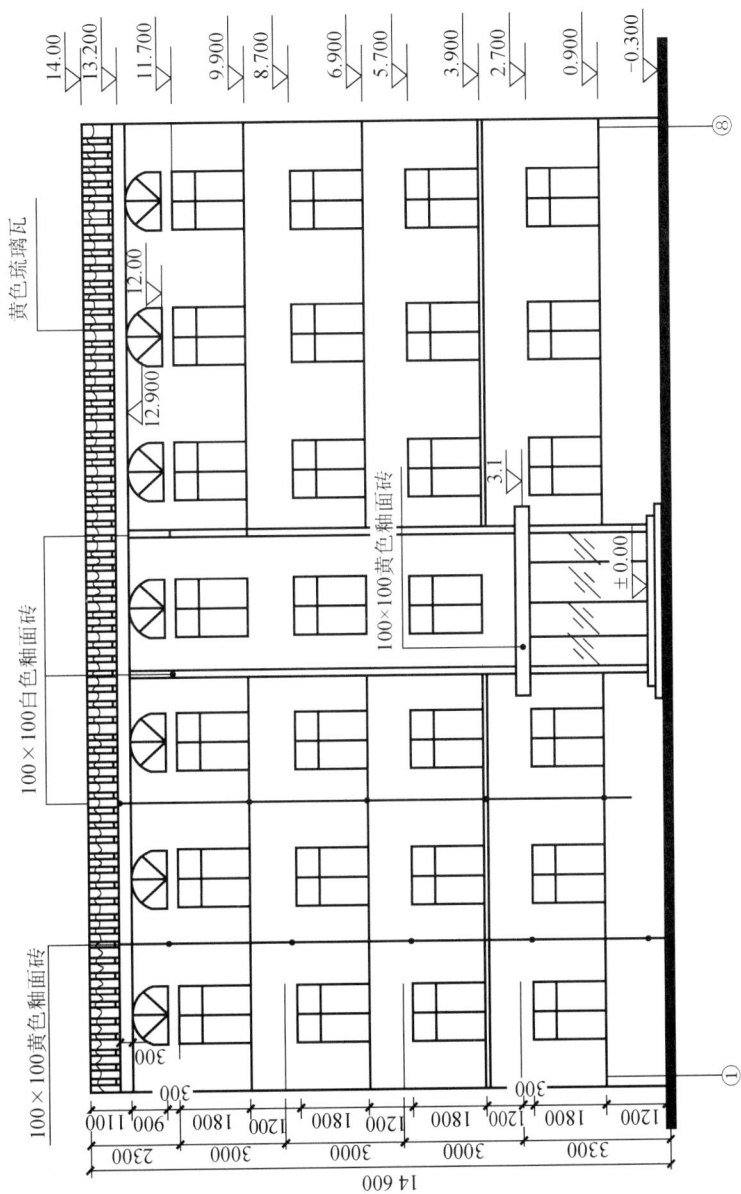

①～⑧立面图　1∶100

图7.4.5　某办公楼立面图图

学　习　页

学习情境五　建筑剖面图的识读

任务描述与任务分析

任务描述：

读图 7.5.1 建筑剖面图，确定该建筑剖面图及檐口详图所表达的内容。

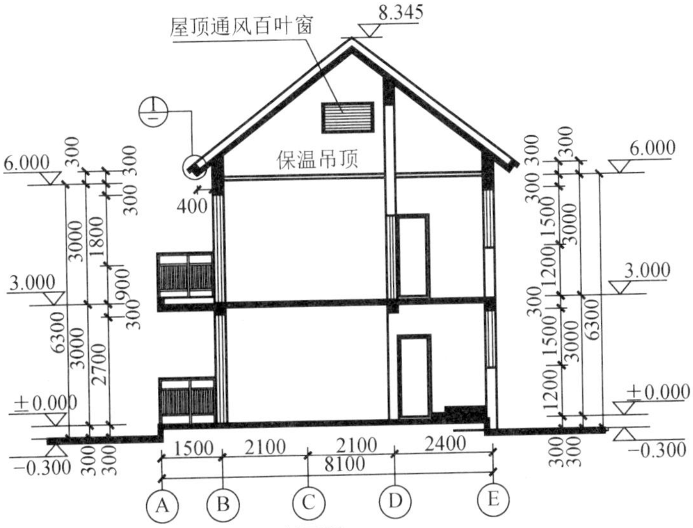

1—1剖面图 1：100

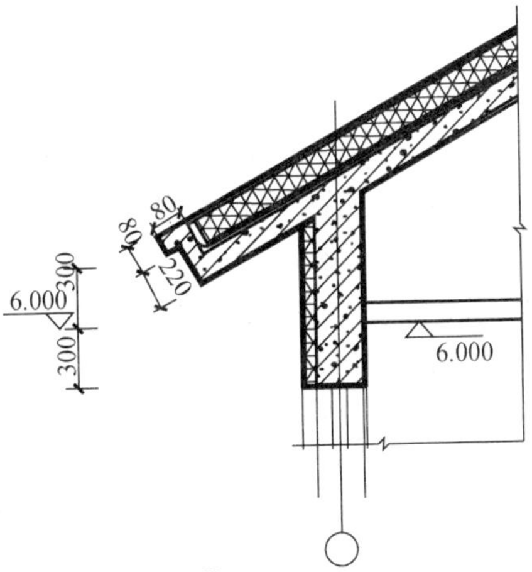

① 檐口详图 1：25

图 7.5.1　建筑剖面图

任务分析：

剖面图的数量及其剖切位置应根据建筑物的复杂程度和实际情况而定，一般剖切位置选择在能够反映建筑内部组成、构造特征或有代表性的部位，如楼梯间等，并应尽量使剖切平面通过门窗洞口。

知识准备：建筑剖面图识读基础

一、剖面图的形成及命名方式

1. 剖面图的形成

用一个假想的平行于正立投影面或侧立投影面的剖切平面剖开建筑物，移去剖切平面与观察者之间的部分，画出剩余部分在投影面上的正投影所得到的投影图称为剖面图。剖面图用来表达建筑物内部的结构形式、分层情况、层高、各层楼地面及屋顶的构造等，是建筑施工、概预算及备料的重要依据。

2. 剖面图的命名方式

剖面图采用剖切符号的编号来命名。如 1—1 剖面图、2—2 剖面图等，剖面图的图名应与对应的剖切符号编号一致，该知识内容在模块五，学习情境一中有详解。

二、剖面图的图示内容及画法。

1. 剖面图的图示内容

1）标识被剖切到的墙、梁及其定位轴线。

2）标识室外地面、散水、台阶、防潮层、室内各层楼地面、屋顶、门窗、楼梯、阳台、雨篷等，凡是被剖切到的或是用直接正投影法能看到的部分都应表示清楚。

3）标注尺寸与标高。标注被剖切到的建筑物外墙门窗洞口的标高，室外地面、室内各层楼地面、檐口、女儿墙顶的标高。标注建筑物门窗洞口、层间高度和建筑物总高三道尺寸。室内应标注出内墙体上门窗洞口的高度及内部设施的定位和定形尺寸。

4）建筑物各层楼地面、屋顶的构造。一般用引出线说明建筑物各层楼地面、屋顶的构造做法。屋顶分为平屋顶和坡屋顶：屋面坡度在 5% 以内的屋顶称为平屋顶；屋面坡度大于 15% 的屋顶称为坡屋顶。这些构造做法如需另画详图，则在剖面图上用索引符号引出说明。

2. 剖面图的规定画法

在建筑施工图中，剖面图的绘图比例与平面图、立面图的比例一致，因比例较小，所以在剖面图中一般不画材料图例，被剖切到的墙、梁、板等的轮廓线用粗实线表示，没有被剖切到,但正投影时可以看见的构配件轮廓线用细实线绘制,被剖切到的钢筋混凝土梁、板涂黑。

三、剖面图的绘图方法与步骤

剖面图的绘制一般应在平面图、立面图绘制之后进行,剖面图的比例与平面图、立面图的相同。剖面图的绘制方法参考图7.5.2。

1)画出定位轴线和分层线。内容包括墙体定位轴线、室内外地坪线、楼层分隔线、女儿墙顶面线。

2)确定墙厚、楼层厚度、地面厚度、屋顶构造厚度、门窗洞高度、过梁的截面形状等。

3)画出未被剖切到,但投影时可见的构配件轮廓线及相应的图例。

4)检查无误后按要求加深图线。

5)按规定标注尺寸、标高、定位轴线编号、索引符号及必要的文字说明等。

6)注写图名、比例,完成全图。

四、剖面图的识读注意事项

1)剖面图应结合底层平面图来阅读,将剖面图与平面图相互对照,加强对房屋内部的空间感,如图7.5.2所示。

2)了解各部位的高度。如门窗洞口的高度、阳台高度、各层楼地面的标高、建筑总高等。注意阳台、厨房、厕所与同层楼地面的关系。

3)阅读剖面图时,应结合建筑设计总说明或材料及装修一览表,查阅地面、楼面、墙面等的装修做法。

4)结合屋顶平面图和建筑设计总说明或材料及装修一览表,查阅屋面坡度、屋面防水、女儿墙泛水、屋面保温与隔热的做法。

任务实施:建筑剖面图基本信息识读

1)用一个假想的平行于正立投影面或侧立投影面的剖切平面剖开建筑物,移去剖切平面与观察者之间的部分,画出剩余部分在投影面上的正投影所得到的投影图称为建筑剖面图,简称剖面图。

2)剖面图用来表达建筑物内部的结构形式、分层情况、层高、各层楼地面及屋顶的构造等,是建筑施工、概预算及备料的重要依据。

3)檐口详图主要表达了檐口的详细尺寸、做法和材质。

（a）画定位轴线、楼面线、墙身线

（b）画出各层门窗、楼板、雨篷等

1—1剖面图 1:100

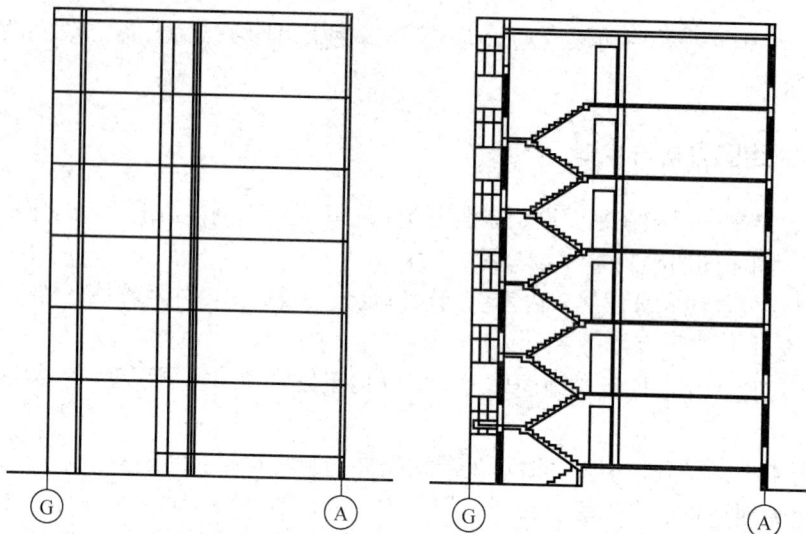

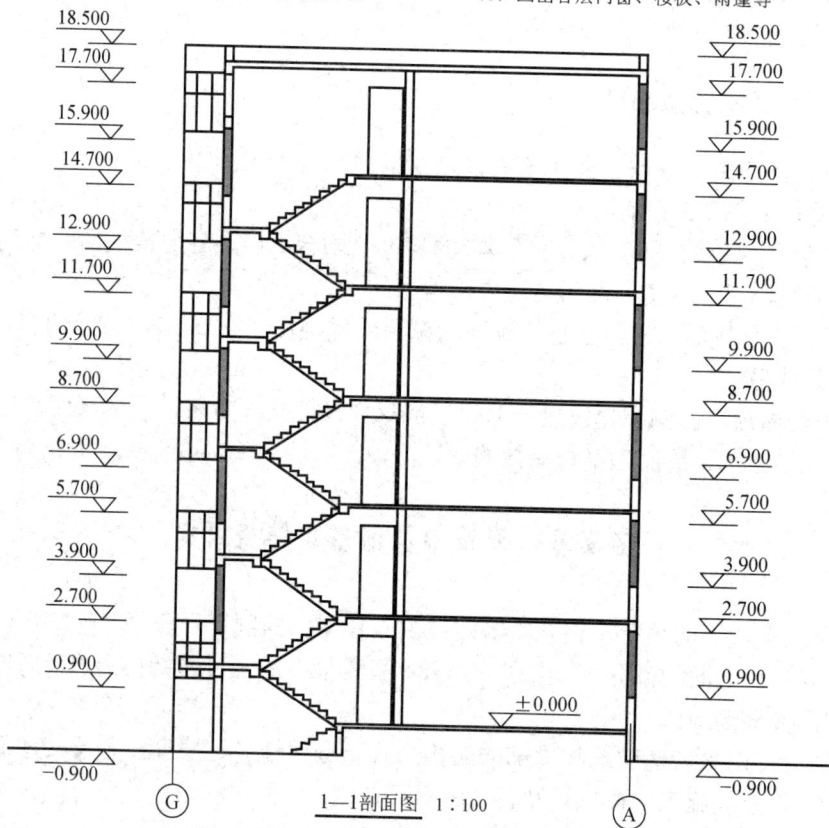

（c）加深图线，标注标高，完成全图

图 7.5.2 剖面图的绘制方法

能力提升：巩固建筑剖面图识读

结合图 7.3.1 建筑平面图、图 7.5.1 建筑剖面图，回答以下问题。

1）1—1 剖面图是从建筑物的什么位置剖切的？

2）建筑剖面图中涂黑部分代表什么意思？

学 习 页

学习情境六 识读建筑详图

任务描述与任务分析

任务描述：

读图 7.6.1 基础断面详图，确定：JQL 代表什么意思，以及其顶部距离室内地坪高差；基础 1—1、2—2 底部标高；JQL、GZ 的断面尺寸及其断面配筋。

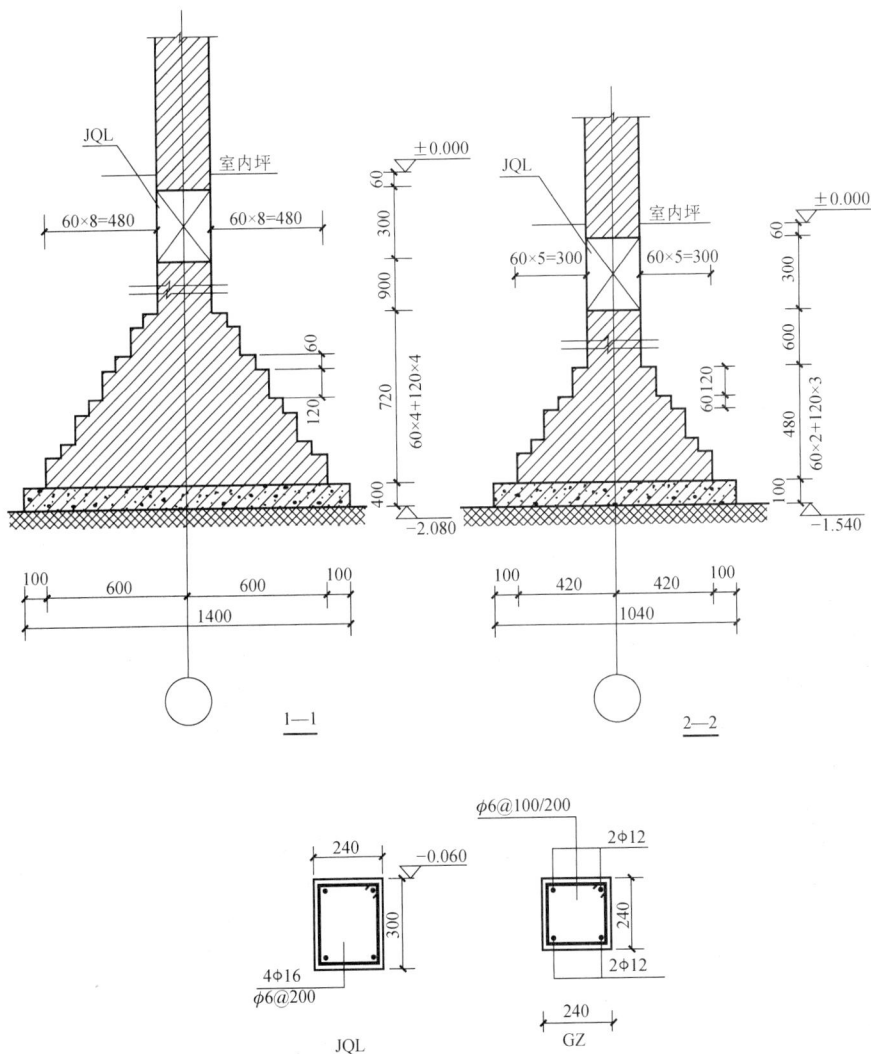

图 7.6.1 基础断面详图

任务分析：

为了满足施工要求，对在建筑平、立、剖面图中无法表达清楚的建筑细部构造，应采用较大的比例详细地绘制出其图样，这种图样称为建筑详图。建筑详图是建筑细部的施工图，常用的比例有 1∶1、1∶2、1∶5、1∶10、1∶20、1∶50 等。

建筑详图一般可分为：局部构造详图，如外墙身详图、楼梯详图等；构件详图，如门窗详图等；装饰构造详图，如墙裙构造详图等。

知识准备：建筑详图识图基础

建筑平、立、剖面图一般均采用较小的比例绘制，某些建筑构配件（如门、窗、楼梯）和某些剖面节点（如窗台、檐口）等部位的式样、具体的尺寸、做法和用料等都难以表达清楚，为了满足施工要求，对这些在建筑平、立、剖面图中无法表达清楚的建筑细部构造，应采用较大的比例详细地绘制出其图样，这种图样称为建筑详图。因此，建筑详图是建筑细部的施工图。详图常用的比例有 1∶1、1∶2、1∶5、1∶10、1∶20、1∶50 等。

建筑详图一般可分为：局部构造详图，如外墙身详图、楼梯详图等；构件详图，如门窗详图等；装饰构造详图，如墙裙构造详图等。

本章主要介绍施工图中常见的详图。

一、外墙身详图

外墙身详图的剖切位置一般设在门窗洞口部位。外墙身详图是建筑外墙剖面图的放大图样，也称为外墙大样图。外墙身详图主要表示地面、楼面、屋面与墙体的关系，同时也表示排水沟、散水、勒脚、窗台、女儿墙、天沟、排水口等位置及构造做法。常用绘图比例为 1∶20，如图 7.6.2 所示。

外墙身详图与平、立、剖面图配合使用，是建筑施工中砌墙、室内外装修、门窗安装、编制建筑概预算等的依据。

1. 外墙身详图的内容

（1）表明外墙身的建筑材料、墙厚、墙与轴线的关系

如图 7.6.2 所示，外墙体材料为黏土砖，墙厚 240mm，墙体中心线与轴线重合。

附加防水层
钢筋混凝土楼板
顶棚抹灰

18.500
18.000

16.200

14.400

10厚1:2.5水泥砂浆
钢筋混凝土休息平台板
顶棚抹灰

13.500

2.400

10厚1:2.5水泥砂浆
钢筋混凝土休息平台板
顶棚抹灰

1.500

800

240

10厚1:2.5水泥砂浆
70厚C15混凝土基层
素土夯实

-0.900

1000

F

外墙身详图 1:20

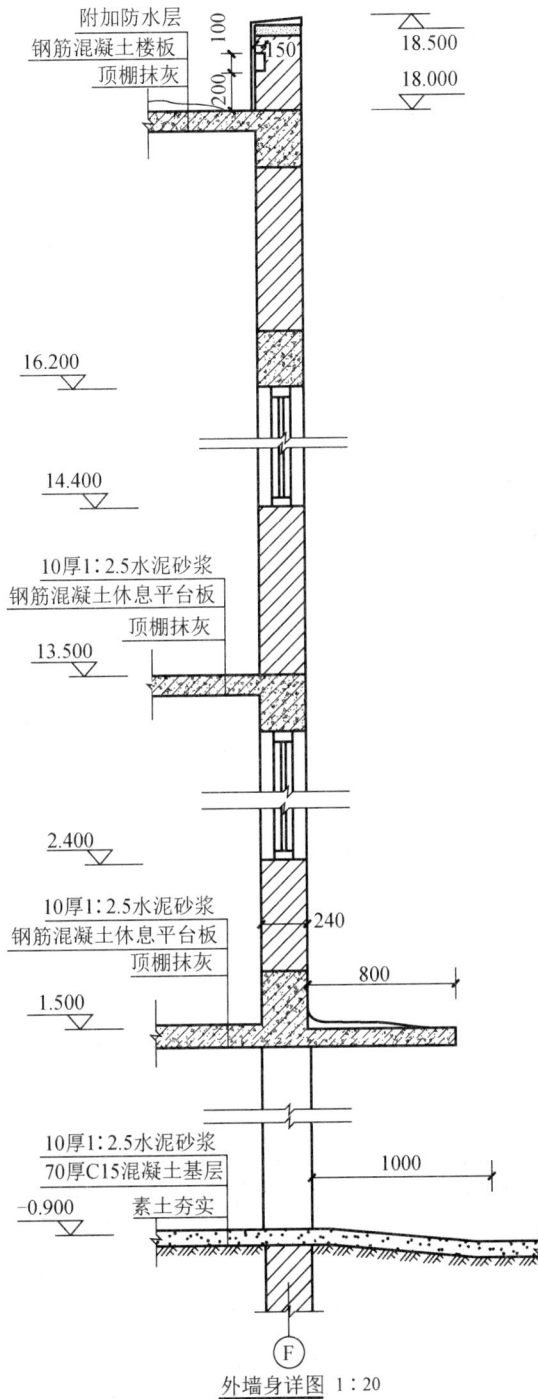

图 7.6.2 外墙身详图

（2）表明各层楼中梁、板的位置

如图 7.6.2 所示，该建筑的楼面、屋面采用的是现浇钢筋混凝土梁、板，板与梁现浇成一个整体。

（3）表明各层楼地面、屋面的构造做法

楼地面、屋面的构造做法一般要与建筑设计总说明和材料及装修一览表共同表示。

（4）表明各主要部位的标高

在外墙身详图中要标明各部位的标高。

（5）表明各部位的细部装修及防水防潮做法

如防潮层、散水、窗台、天沟等的细部做法。

2. 外墙身详图的识读

（1）掌握外墙身剖面图所表示的范围

如图 7.6.2 所示，为某住宅的外墙身详图，读图时应与该建筑的剖面图对照，可知外墙身详图所表示的范围。

（2）掌屋楼板与梁、墙的关系

如图 7.6.2 所示为现浇整体式楼板，具体做法应参照相应的结构施工图。

（3）熟悉楼地面、墙面的装修做法

楼地面、墙面的装修做法采用分层表示法。

（4）查阅细部构造做法

应结合建筑设计总说明和材料及装修一览表，了解详图中各细部构造做法。

二、楼梯详图

在建筑施工图中，平、立、剖面图的比例较小，构造较复杂的楼梯在这些视图中无法表达清楚。因此，需另外绘制楼梯详图，详图中应表示出楼梯的平面形式、结构形式、各部分的构造、尺寸及装修等。

楼梯详图一般有三部分内容，即楼梯平面图，楼梯剖面图，楼梯踏步、栏杆、扶手等节点详图。

现以钢筋混凝土板式双跑楼梯为例说明楼梯详图的内容和表达形式。

1. 楼梯平面图

楼梯平面图实质上是水平剖面图。楼梯平面图是房屋平面图中楼梯间部分放大比例后的图样。楼梯平面图常用 1∶50 的比例绘制，如图 7.6.3 所示。

楼梯平面图分为楼梯底层平面图、楼梯标准层平面图和楼梯顶层平面图。

（1）楼梯底层平面图

楼梯底层平面图一般从第一个平台下方剖切，将第一跑梯段断开，断开处用折断线表示。折断线本应平行于踏步轮廓线，为了与踏步的投影区分，用倾斜 30°、45° 的折断线表示。因此，楼梯底层平面图只画半跑楼梯，用箭头表示上的方向，并注写一层至二层的踏步数。

底层平面图 1:50

标准层平面图 1:50

顶层平面图 1:50

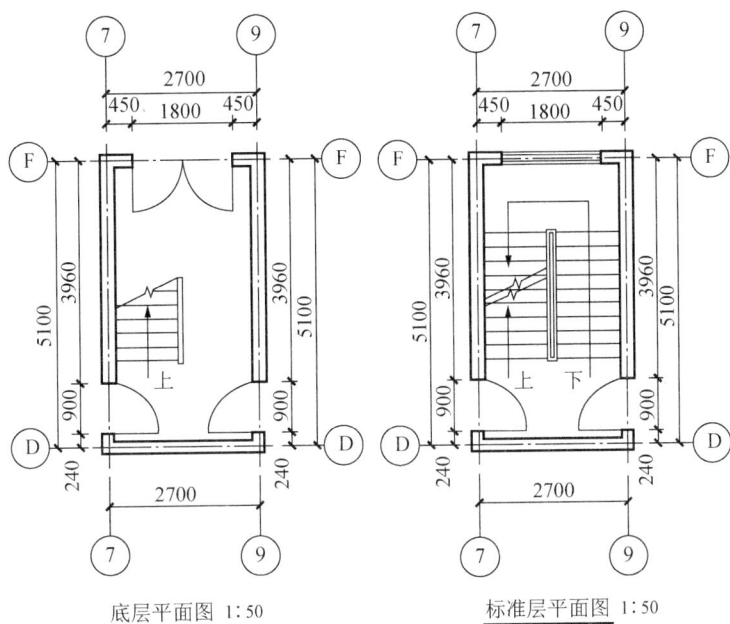

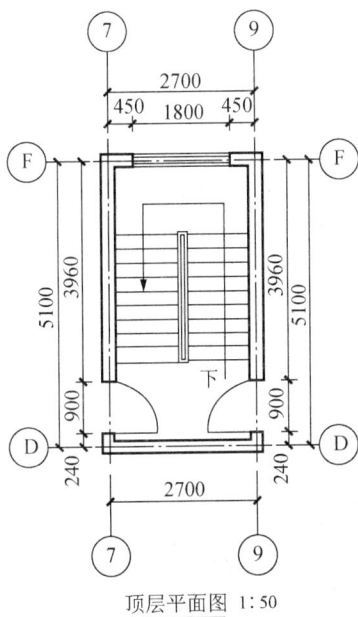

图 7.6.3　楼梯平面图

（2）楼梯标准层平面图

中间相同的几层楼梯平面图同建筑平面图一样，可用一个楼梯平面图来表示，这个平面图称为楼梯标准层平面图。楼梯标准层平面图从中间层楼梯间窗台上方剖切，既应画出被剖切的上行部分楼梯段，还要画出该层下行的部分楼梯段及休息平台。用箭头表示上、下行方向。

（3）楼梯顶层平面图

在楼梯顶层平面图中，假想的剖切平面是从顶层楼梯间窗台上方的位置剖切的，没有剖切到楼梯段（出屋顶楼梯间除外），平面图中应画出完整的两跑楼梯段及休息平台，并用箭头表示下行方向。

楼梯平面图用轴线编号表明楼梯间在建筑平面图中的位置，注明楼梯间开间、进深的尺寸，每跑的宽度，每层楼梯间踏步步数，踏步的平面尺寸，休息平台的平面尺寸及标高等。

2. 楼梯剖面图

假想用一个铅垂剖切平面，通过各层的一个楼梯段，将楼梯从上向下垂直剖开，向另一未被剖切到的楼梯段方向作投影，所得到的剖面图称为楼梯剖面图。

在多层房屋建筑中，当中间各层的楼梯构造完全相同时，可以只画出底层、中间层（标准层）和顶层楼梯间的剖面，中间以折断线断开，但应在标准层楼梯的楼面和平台面处以括号形式标注中间各层相应部位的标高。通常情况下，如果楼梯间的屋顶面无特殊之处，一般可折去不画。未被剖切到的梯段应画出其可见轮廓线。楼梯剖面图的线型要求与对应的建筑剖面图相同。

楼梯剖面图表明各层楼梯踏步步数、踏面的宽度、踢面的高度、休息平台的标高、各种构件的搭接方法、楼梯栏杆的形式及高度、楼梯间各层门窗洞口的标高及尺寸等。

3. 楼梯节点详图

在楼梯平面图和剖面图中未能表达清楚的细部，如踏步、栏杆、扶手等，应另画详图表示，这种详图称为节点详图。楼梯节点详图主要表达楼梯栏杆、踏步、扶手的做法。楼梯节点详图常用的绘图比例有 1∶1、1∶2、1∶5、1∶10、1∶20 等，如采用标准图集里的细部做法，则可直接引注标准图集代号。如图 7.6.4 所示为楼梯的两个节点详图，主要表示踏步防滑条的做法。

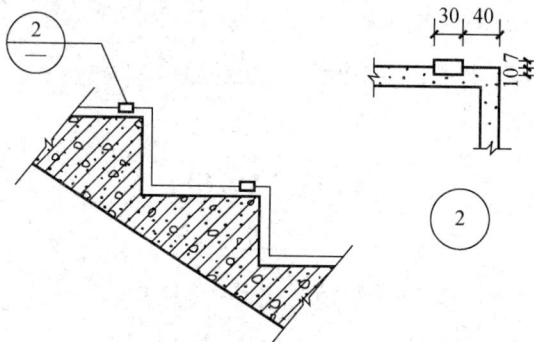

图 7.6.4　楼梯节点详图

三、门窗详图

门窗的技术发展趋势是设计定型化、制作与安装专业化。民用建筑常用的门窗各地区一般都有不同类型和规格的标准图,以供设计者选用。因此,在施工图中,只需要用索引符号注明该门窗详图所在标准图集中的编号即可。

任务实施:建筑详图的基本信息识读

通过对任务描述内容的学习可知以下信息。

1)JQL 代表的是基础圈梁,由图 7.6.1 可知,其顶面距离室内地坪高差-0.060m。

2)基础 1—1 的底部标高为-2.080+0.4=-1.680(m)。

基础 2—2 的底部标高为-1.540+100=-1.440(m)。

3)JQL 的断面尺寸为 300mm×240mm,配筋为:角筋 4Φ16,箍筋 ϕ6@200。

GZ 的断面尺寸为 240mm×240mm,配筋为:纵筋 4Φ12,箍筋 ϕ6@100/200。

能力提升:巩固建筑详图的识读

根据图 7.6.1,试回答以下问题。

1)基础断面详图中的材料图例各表示什么意思?

2)试指出砖基础大放脚各部分尺寸。

学　习　页

结构施工图识读

▌思政目标　通过了解鸟巢的施工过程，激发对我国人民伟大创造精神的认同感，以及"基建大国"和"中国智慧"的自豪感，进一步提高专业学习兴趣和学习热情。通过了解钢铁的发展，培养自身不断创新的能力。

▌学习目标　了解结构施工图的一般规定。
熟悉钢筋混凝土结构及其图示方法。
熟悉基础图的图示方法。
了解钢结构施工图的画法。

▌技能目标　能够熟读钢筋混凝土构件图。
能够熟读基础图。
能够熟读钢结构施工图。

▌学习提示　建筑物中起承重和支撑作用的构件，如梁、板、墙、柱和基础等，按一定的连接方式互相支承，连成整体，组成了房屋的承重结构系统，我们把这个系统称为建筑结构。建筑结构如同房屋的骨架，它支承着房屋的自重和作用在房屋上的各种载荷。结构设计的任务，是根据建筑物的使用要求和作用在建筑物上的载荷，选择合理的结构方案，进行结构布置和计算，确定各承重构件的形状、材料、大小及内部构造。将设计结果绘制成图样，这种图称为结构施工图，简称结施。结构施工图是进行构件制作、结构安装、编制预算和施工进度的依据。本模块将介绍结构施工图的表达方法，见图 8.0.1。

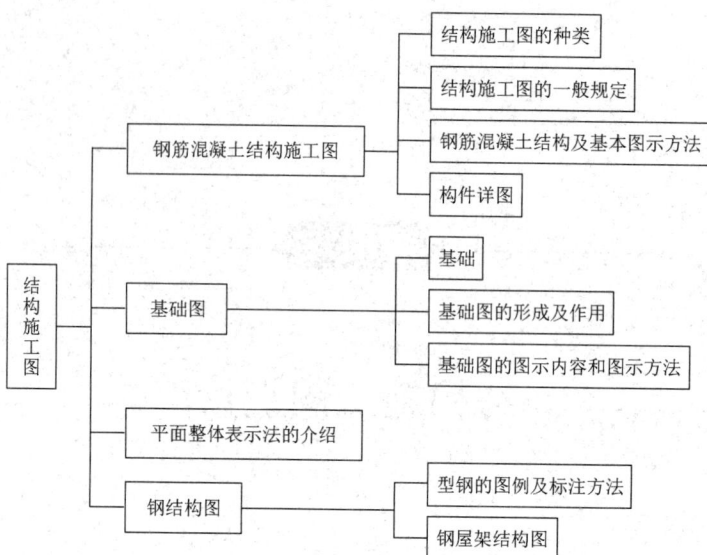

图 8.0.1　结构施工图内容

学习情境一　识读钢筋混凝土结构施工图

任务描述与任务分析

任务描述：

如图 8.1.1 所示钢筋混凝土梁的结构详图，读懂图示信息基本内容。

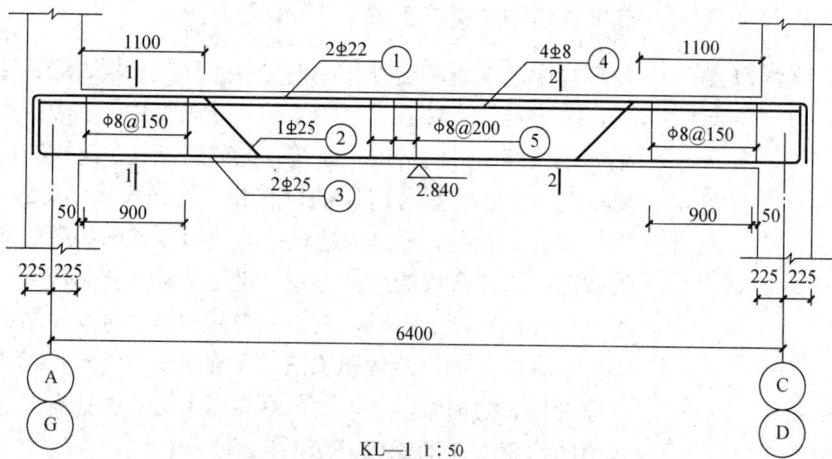

KL—1　1 : 50

图 8.1.1　钢筋混凝土梁的结构详图

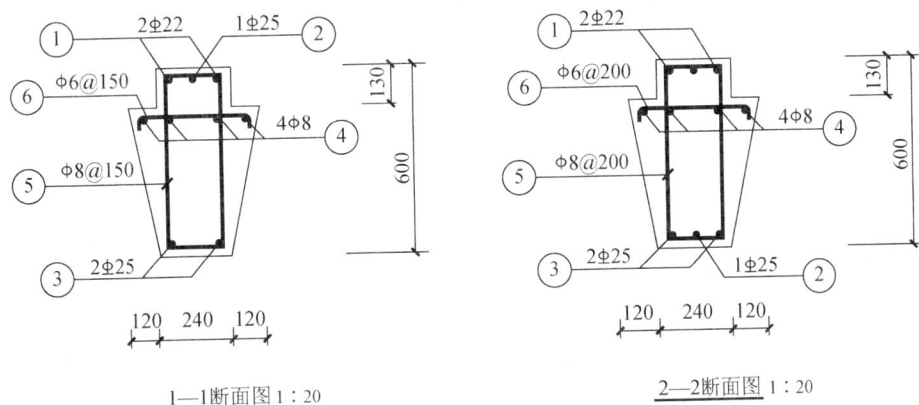

图 8.1.1 （续）

任务分析：

梁的结构详图一般包括立面图和断面图。

立面图主要表达梁的轮廓、尺寸及钢筋的位置，钢筋可以全画，也可以只画其中的一部分。如有弯筋，应标注弯筋起弯位置。各类钢筋都有编号，以便与断面图及钢筋表对照。

断面图主要表示梁的断面形状、尺寸，箍筋的形式及钢筋的位置。断面图的剖切位置应在梁内钢筋数量有变化处。钢筋表附在图样的旁边，其内容主要是每一种钢筋的形状、长度尺寸、规格、数量，以便加工制作和做预算。

知识窗：鸟巢

2008 年北京奥运会的主体育场鸟巢是我国一座标志性建筑。

鸟巢结构设计奇特新颖，形态如同孕育生命的巢，它更像一个摇篮，寄托着人类对未来的希望。其外形结构主要由门式钢架组成，大跨度的屋盖支撑在 24 根桁架柱之上。整个建筑舍弃了传统意义的支撑立柱，而大量采用由钢板焊接而成的箱形构件，用 24 根桁架柱托起了世界上最大的屋顶结构，创造了全世界建筑业的一大壮举，是人类建筑文明史上的惊人杰作。

（注：具体内容请扫码查看。）

鸟巢

知识准备：钢筋混凝土结构施工图识读基础

一、结构施工图的种类

结构施工图按构件使用的材料分为钢筋混凝土结构图、钢结构图、砖混结构图、木结构图等；按照建筑结构形式的不同分为砌体结构图、框架结构图、排架结构图等；按照结构的不同部位分为基础图、上部结构布置平面图、构件详图等。

结构施工图包括以下内容。

1）图纸封面、目录。

2）结构设计说明。

其中结构设计说明包括抗震设计与防火要求，地基与基础、地下室、钢筋混凝土各结构构件、砖砌体、后浇带与施工缝等部分选用材料的类型、规格、强度等级，施工注意事项、技术要求等。

3）上部结构布置平面图。上部结构布置平面图有以下几种。

① 楼层结构平面布置图，对于工业建筑还包括柱网、吊车梁、柱间支撑、连系梁布置等。

② 屋面结构平面图，包括屋面板、天沟板、屋架、天窗支撑系统布置等。

4）构件详图。构件详图有以下几种。

① 梁、板、柱等结构详图。

② 楼梯结构详图。

③ 屋架结构详图。

5）基础图。基础图有以下几种。

① 基础平面图，工业建筑还有设备基础布置图。

② 基础详图。

6）其他详图，如支撑详图、节点详图等。

二、结构施工图的一般规定

为了统一建筑结构专业制图规则，保证制图质量、提高制图效率，做到图面清晰、简洁，符合设计、施工存档的要求，适合工程建设需要，国家颁布了《建筑结构制图标准》（GB/T 50105—2010）。结构施工图的一般规定如下。

1. 图线

结构图图线宽度要求如下。

1）结构图图线宽度 b 应符合《房屋建筑制图统一标准》（GB/T 50001—2017）中的规定。每个图样应根据复杂程度和比例大小，先选用适当基本线宽度 b，再选用相应的线宽。根据表达内容的层次，基本线宽 b 和线宽比可适当地增加或减少。

2）结构图中采用的各种线型应符合表 8.1.1 的规定。

表 8.1.1　线型

名称		线型	线宽	一般用途
实线	粗	——————	b	螺栓、钢筋线、结构平面图中的单线结构构件线、钢木支撑及系杆线、图名下横线、剖切线
	中粗	——————	$0.7b$	结构平面图及详图中剖到或可见的墙身轮廓线、基础轮廓线、钢、木结构轮廓线，钢筋线
	中	——————	$0.5b$	结构平面图及详图中剖到或可见的墙身轮廓线、基础轮廓线、可见的钢筋混凝土构件轮廓线、钢筋线
	细	——————	$0.25b$	标注引出线、标高符号线、索引符号线、尺寸线

名称		线型	线宽	一般用途
虚线	粗		b	不可见的钢筋线、螺栓线、结构平面图中不可见的单线结构构件线及钢、木支撑线
	中粗		0.7b	结构平面图中的不可见构件、墙身轮廓线及不可见钢、木结构构件线、不可见的钢筋线
	中		0.5b	结构平面图中的不可见构件、墙身轮廓线及不可见钢、木结构构件线、不可见的钢筋线
	细		0.25b	基础平面图中的管沟轮廓线、不可见的钢筋混凝土构件轮廓线
单点长画线	粗		b	柱间支撑、垂直支撑、设备基础轴线图中的中心线
	细		0.25b	定位轴线、对称线、中心线、重心线
双点长画线	粗		b	预应力钢筋线
	细		0.25b	原有结构轮廓线
折断线			0.25b	断开界线
波浪线			0.25b	断开界线

2. 比例

绘制图形时根据图样的用途，被绘物体的复杂程度选用表 8.1.2 中的常用比例，若有特殊情况，可以选用可用比例。

表 8.1.2　结构图的比例

图名	常用比例	可用比例
结构平面图、基础平面图	1∶50、1∶100、1∶150	1∶60、1∶200
圈梁平面图、总图中管沟、地下设施等	1∶200、1∶500	1∶300
详图	1∶10、1∶20、1∶50	1∶5、1∶25、1∶30

3. 构件代号

在结构工程图中，为了图示简明，并且把各种构件区分清楚，便于施工，各类构件常用代号表示。同类构件代号后应用阿拉伯数字标注该构件型号或编号，也可用构件的顺序号。构件的顺序号采用不带角标的阿拉伯数字连续编排。常见构件代号见表 8.1.3。

表 8.1.3　常见构件代号

序号	名称	代号	序号	名称	代号
1	板	B	7	墙板	QB
2	屋面板	WB	8	梁	L
3	空心板	KB	9	屋面梁	WL
4	密肋板	MB	10	吊车梁	DL
5	楼梯板	TB	11	圈梁	QL
6	盖板或沟盖板	GB	12	过梁	GL

续表

序号	名称	代号	序号	名称	代号
13	连系梁	LL	19	基础	J
14	基础梁	JL	20	梯	T
15	楼梯梁	TL	21	雨篷	YP
16	屋架	WJ	22	阳台	YT
17	框架	KJ	23	构造柱	GZ
18	柱	Z	24	钢筋网	W

4. 结构图

结构图采用正投影法绘制，特殊情况下也可采用仰视投影绘制。

5. 编号

结构平面图中的剖面图、断面图、详图的编号顺序宜按下列规定编号：外墙按顺时针从左下角开始编号；内横墙从左至右、从上到下编号；内纵墙从上到下、从左至右编号。

三、钢筋混凝土结构及基本图示方法

混凝土是由水泥、沙子、石子、水按一定比例配合，经过搅拌、注模、振捣、养护等工序而形成的，凝固后坚硬如石，其抗压能力很强，抗拉能力差。用混凝土制成的构件受到的外力达到一定值后，容易发生断裂、破坏（图 8.1.2）。而钢筋抗拉能力强，为了防止构件发生断裂，充分发挥混凝土的抗压能力，在混凝土构件的受拉区及相应部位加入一定数量的钢筋，使两种材料黏结成一体，共同承受外界荷载，这样大大提高了构件的承载能力。配有钢筋的混凝土称为钢筋混凝土。

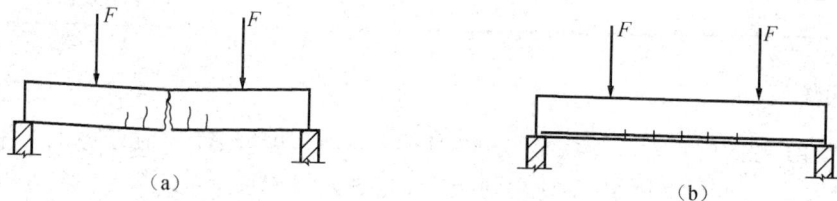

(a)　　　　　　　　　　　　(b)

图 8.1.2　梁示意图

用钢筋混凝土制成的梁、板、柱、基础等构件称为钢筋混凝土构件。在工程上，如果钢筋混凝土构件是在工地现场浇制的，称为现浇钢筋混凝土构件；如果是在工厂、工地以外预先把构件制作好，然后运到工地安装的，称为预制钢筋混凝土构件。此外还有制作时对混凝土预加一定的压力以提高构件的强度和抗裂性能，这样的构件称为预应力钢筋混凝土构件。使用钢筋混凝土构件的结构形式包括框架结构及砖混结构，框架结构的承重构件全部用钢筋混凝土构件，砖混结构的承重构件以砖墙及钢筋混凝土板、梁、柱承重。

1. 钢筋的分类和作用

钢筋在混凝土中不能单根放置，一般是将各种形状的钢筋用铁丝绑扎或焊接成钢筋骨架或网片。配置在钢筋混凝土结构中的钢筋按其作用可分为下列几种（图 8.1.3）。

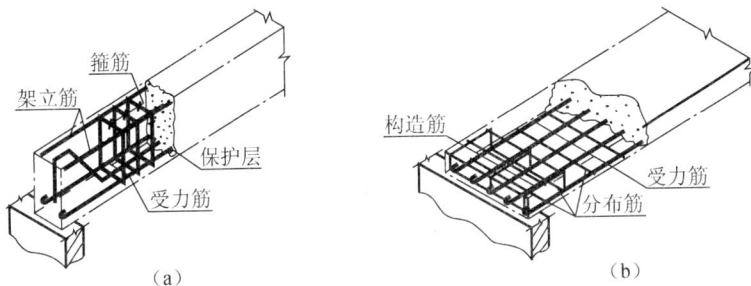

图 8.1.3 钢筋混凝土梁、板配筋示意图

1）受力筋：承受拉、压应力的钢筋，用于梁、板、柱等各种钢筋混凝土构件。受力筋分为直筋和弯筋两种。

2）箍筋（钢箍）：承受一部分斜拉力，并固定受力筋的位置，多用于梁和柱内。

3）架立筋：用以固定梁内箍筋的位置，并与受力筋、箍筋构成梁内钢筋骨架。

4）分布筋：用于屋面板、楼板内，与受力筋垂直布置，将承受的荷载均匀地传给受力筋，并固定受力筋的位置，抵抗热胀冷缩引起的温度变形。

5）其他：因构件要求或施工安装需要而配置的构造筋、预埋锚固筋、吊环等。

在构件中，钢筋的外表是混凝土，混凝土起了保护钢筋、防腐蚀、防火及加强钢筋与混凝土的黏结力的作用。钢筋的混凝土保护层最小厚度见表 8.1.4。

表 8.1.4 钢筋的混凝土保护层最小厚度 　　　　　　单位：mm

环境类别	板、墙、壳	梁、柱、杆
一	15	20
二 a	20	25
二 b	25	35
三 a	30	40
三 b	40	50

注：1. 混凝土强度等级不大于 C25 时，表中保护层厚度数值应增加 5mm；

2. 钢筋混凝土基础宜设置混凝土垫层，基础中钢筋的混凝土保护层厚度应从垫层顶面算起，且不应小于 40mm。

钢筋的混凝土保护层在比例较小的图样中，可以示意性地估计画出，一般不在图中标注。

如果受力钢筋用光圆钢筋，则两端要有弯钩，以加强钢筋与混凝土的黏结力，避免钢筋在受拉时滑动。带肋钢筋（亦称螺纹钢筋）与混凝土的黏结力强，两端不必弯钩。钢筋端部的弯钩常用两种形式：带平直部分的半圆弯钩和直弯钩。

2. 钢筋的表示方法

结构图中普通钢筋的一般表示方法及钢筋的画法分别见表 8.1.5 和表 8.1.6。

表 8.1.5　普通钢筋的一般表示方法

序号	名称	图例	说明
1	钢筋横断面	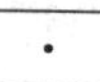 ·	
2	无弯钩的钢筋端部		下图表示长、短钢筋重叠时，短钢筋的端部用 45° 的斜画线表示
3	带半圆形弯钩的钢筋端部		—
4	带直钩的钢筋端部		—
5	带丝扣的钢筋端部		—
6	无弯钩的钢筋搭接		—
7	带半圆弯钩的钢筋搭接		—
8	带直钩的钢筋搭接		—
9	花篮螺丝钢筋接头	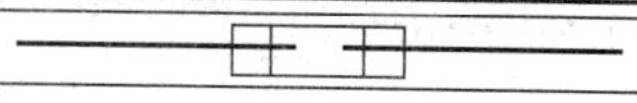	
10	机械连接的钢筋接头		用文字说明机械连接的方式（如冷挤压或直螺纹等）

表 8.1.6　钢筋的画法

序号	说明	图例
1	在结构平面图中配置双层钢筋时，底层钢筋的弯钩应向上或向左，顶层钢筋的弯钩应向下或向右	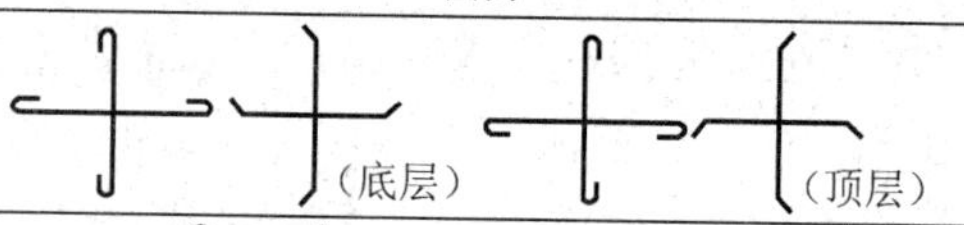 （底层）　（顶层）
2	钢筋混凝土墙体配双层钢筋时，在配筋立面图中，远面钢筋的弯钩应向上或向左，而近面钢筋的弯钩应向下或向右（JM 近面，YM 远面）	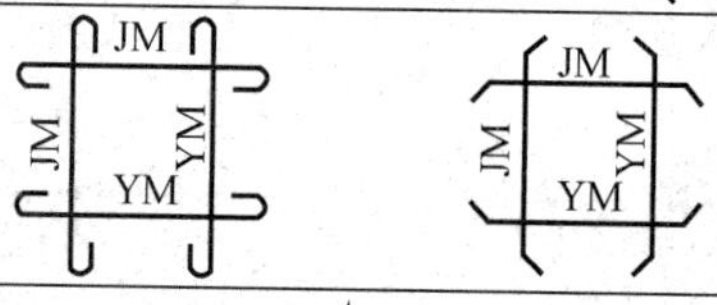
3	若在断面图中不能表达清楚的钢筋布置，应在断面图外增加钢筋大样图（如钢筋混凝土墙、楼梯等）	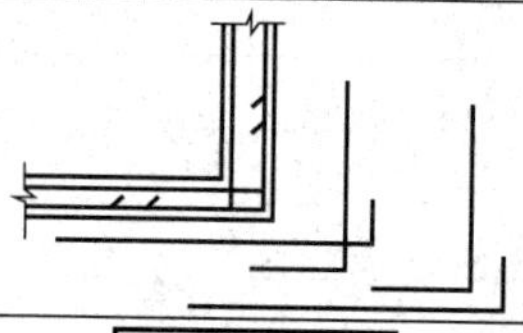
4	图中所表示的箍筋、环筋等，若布置复杂时，可加画钢筋大样及说明	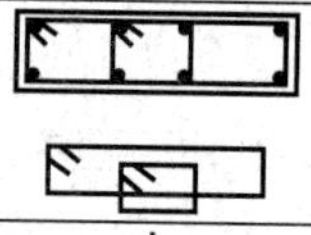
5	每组相同的钢筋、箍筋或环筋，可用一根粗实线表示，同时用一两端带斜短画线的横穿细线，表示其余钢筋及起止范围	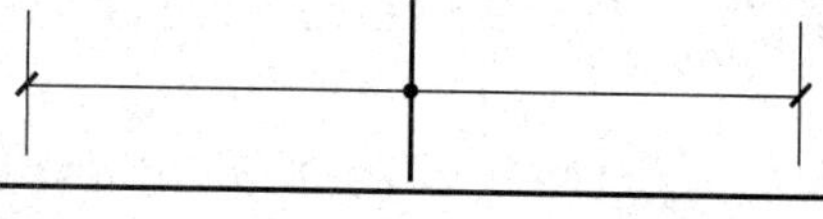

3. 钢筋的种类及符号

钢筋按其强度和种类分成不同的等级（表 8.1.7）。

表 8.1.7　常用钢筋种类及符号

钢筋种类		符号	钢筋种类			符号
热轧钢筋	HPB300（Q235）	Φ	预应力钢筋	钢铰线		ϕ^S
	HRB335（20MnSi）	Φ		消除应力钢丝	光面	ϕ^P
	HRB400（20MnSiV、20MnSiNb、20MnTi）	Φ			螺纹肋	ϕ^H
	RRB400	Φ^R				

4. 钢筋的标注

（1）钢筋混凝土构件的一般表示方法

构件轮廓用中线或细线，钢筋用单根的粗实线表示其立面，钢筋的横断面用黑圆点表示，混凝土材料图例省略不画。

（2）钢筋的编号及标注方法

为了便于识图及施工，构件中的各种钢筋应编号，编号的原则是将种类、形状、直径、尺寸完全相同的钢筋编成同一编号，无论根数多少都只编一个号。若上述有一项不同，钢筋的编号也不相同。编号时应按照先主筋、后分布筋（或架立筋），逐一按顺序编号。编号采用阿拉伯数字，写在直径为 6 mm 的细圆圈中，用平行或放射状的引出线从钢筋引向编号，并在相应编号的引出线的水平线段上对钢筋进行标注，标注出钢筋的数量、代号、直径、间距、编号及所在位置，其说明应沿钢筋的长度标注或标注在有关钢筋的引出线上（一般标注出数量，可不注间距，如注出间距，可不注数量。对于简单的构件，钢筋可不编号）。具体标注方式如图 8.1.4 所示。

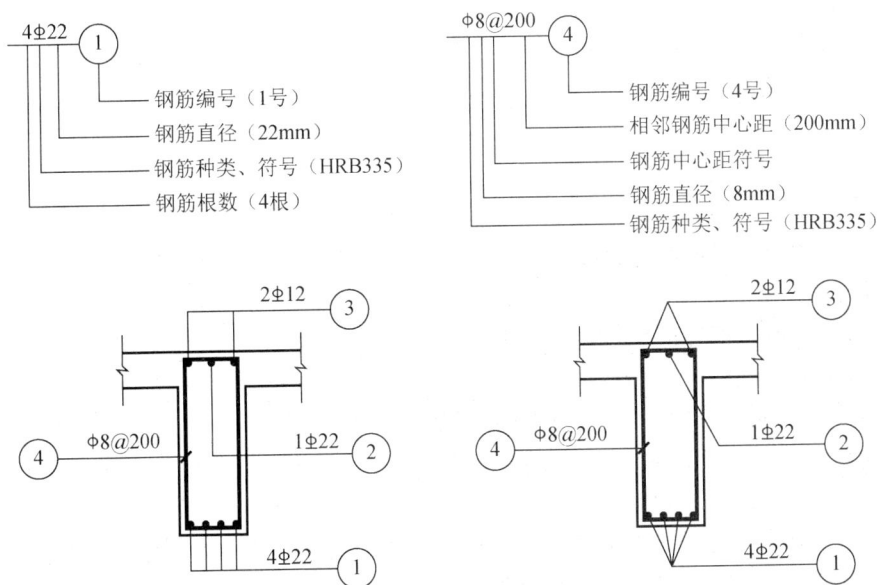

图 8.1.4　钢筋的编号方式

四、钢筋混凝土构件详图

1. 图示内容及作用

构件详图包括模板图、配筋图、预埋件详图及钢筋表（或材料用量表），用来表示构件的长度，断面形状、尺寸及钢筋的形式与配置情况，也可以表示模板的尺寸、预留孔洞以及预埋件的大小与位置、轴线和标高。为制作构件时安装模板、钢筋加工和绑扎等工序提供依据。配筋图包括立面图、断面图和钢筋详图。钢筋混凝土梁详图一般只画出配筋立面图和配筋断面图，为了统计用料，可画出钢筋大样图，并列出钢筋表。钢筋混凝土板详图一般画配筋平面图。

2. 图示方法

在一般情况下构件详图只绘制配筋详图，包括配筋立面图与配筋断面图，对较复杂的构件才画出模板图和预埋件详图。

（1）配筋立面图

配筋立面图是假想构件为一个透明体而画出的正面投影图。它主要为了表达构件中钢筋上下排列的情况，钢筋用粗实线表示，构件的轮廓线用细实线表示。在图中箍筋只反映它的侧面投影，类型、直径、间距相同时在图中只画出一部分。

（2）配筋断面图

配筋断面图是构件的横向剖切投影图，表示钢筋在断面中的上下左右排列布置、箍筋及其与其他钢筋的连接关系。图中钢筋的横断面用黑圆点表示，构件轮廓用细实线表示。

当配筋复杂时，通常在立面图的正下（或上）方用同一比例画出钢筋详图，相同编号的钢筋只画一根，并注明编号、数量（间距）、类别、直径及各段的长度与总尺寸。

配筋立面图和配筋断面图应标注出一致的钢筋编号并图示出规定的保护层厚度。

3. 图示实例

下面以现浇钢筋混凝土梁为例，介绍钢筋混凝土构件结构详图的图示方法。

形状比较简单的梁，一般不画单独的模板图，只画配筋图。配筋图通常用配筋立面图和配筋断面图来表示。配筋立面图表示梁的立面轮廓，长度、高度尺寸及钢筋在梁内上、下、左、右的配置，同时表示梁的支承情况。梁内箍筋只画出 3～4 根，以此表示沿梁全长等间距配置；当梁板一起浇灌时，应在立面图中用虚线画出板厚及次梁的轮廓。断面图表示梁的断面形状、宽度、高度尺寸和钢筋上、下、前、后的排列情况。画钢筋大样图时，每个编号的钢筋只画一根，从构件中最上部的钢筋开始，依次向下排列，画在配筋立面图下方，并在钢筋线上方注出钢筋编号、根数、种类、直径及各段尺寸，弯起筋倾斜角度。标注尺寸时，不画尺寸线及尺寸界限，此外还要标注出下料长度 l，它是钢筋各段长度总和，钢筋弯钩应按规定计算其长度，如半圆弯钩按 $6.25d$（d 为直径）计算。

如图 8.1.5 所示为一根钢筋混凝土梁的结构详图。

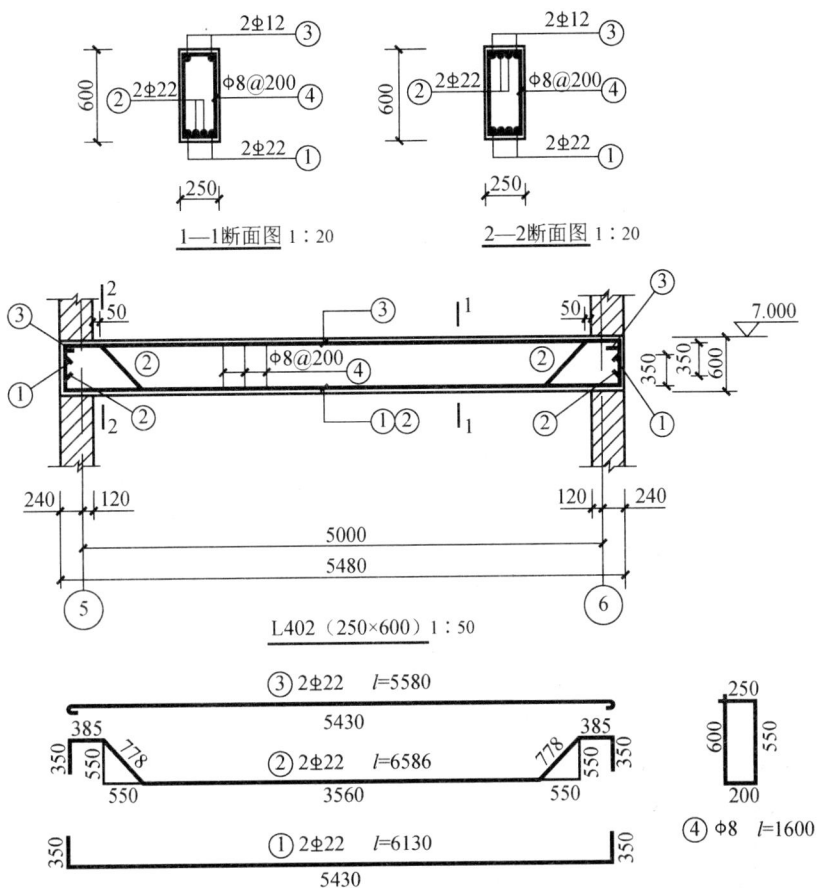

图 8.1.5 梁的结构详图

先看梁立面图下的图名。"L402"表示第四层楼面中的第 2 号梁,(250×600)表示梁断面宽 250mm、高 600mm。绘图比例为 1∶50。

将梁的立面图和断面图对照阅读,可知该梁高 600mm、宽 250mm、全长 5480mm。梁的两端搭接在砖墙上。

梁内钢筋配置:首先从梁的跨中看起,梁的下部配置①、②号钢筋,直径为 25mm,级别为 HRB335(Ⅱ级筋),①号钢筋伸到梁的端部向上垂直弯起 350mm(钢筋的锚固长度);②号钢筋在接近梁端时沿 45°向上弯起至梁的上部,距离内墙面 50mm 处折为水平,伸入到梁端又垂直向下弯 350mm;在梁的上部为③号架立筋,钢筋直径为 12mm,级别为 HRB335,沿梁全长布置,两端带半圆弯钩;④号钢筋是箍筋,直径为 8mm,级别为 HPB300(Ⅰ级筋),沿梁的全长每隔 200mm 放置一根。梁左右两端钢筋配置完全一致。

任务实施:钢筋混凝土施工图基本信息识读

图 8.1.1 是某楼的框架梁 KL-1 结构详图。从立面图上轴线编号及梁底标高 2.840 可以知道该梁位于培训楼二层,Ⓐ到Ⓒ跨和Ⓖ到Ⓓ跨之间。梁上部配置两根①号Ⅱ级直

径 22 的受力筋，下部配置两根③号Ⅱ级直径 25 的受力筋，一根弯筋②号Ⅱ级直径 25 的起弯位置距两边柱边缘 1100mm。由于弯筋的原因，梁的两端上下部受力筋配置数量发生变化，断面图的剖切位置就在这些有变化的地方，1—1 断面位于梁端部，2—2 断面位于梁中部。箍筋采用双肢箍形式，箍筋布置在梁中部为⑤号Ⅰ级直径 8 间距 200，在两端距柱 900mm 范围加密为Ⅰ级直径 8 间距 150。断面图显示梁截面为花篮形式。顶部两侧各有一高为 130mm 的缺口，保证梁上搁置的板与梁顶面平齐。缺口下设有⑥号Ⅰ级直径 6 间距 150/200 的横向筋，并由 4 根架立筋④号Ⅰ级直径 8 来固定。梁内各种钢筋的位置可参见图 8.1.6。

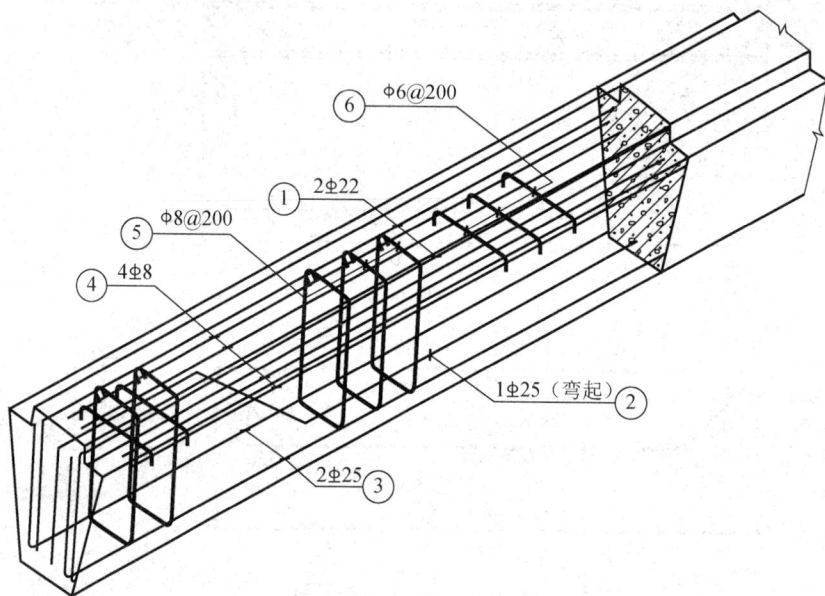

图 8.1.6 混凝土梁内配筋立体示意图

能力提升：巩固钢筋混凝土梁施工图识读

根据图 8.1.7 所示，识读钢筋混凝土梁图中所标注的信息。

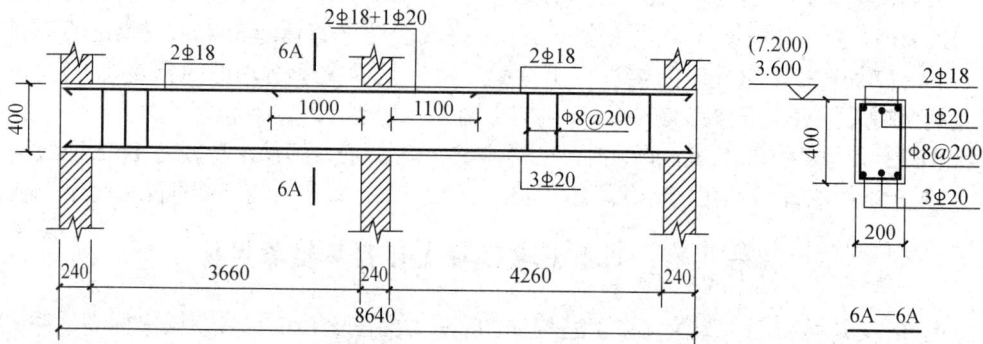

图 8.1.7 某钢筋混凝土梁

学 习 页

学习情境二　建筑基础构造施工图识读

任务描述与任务分析

任务描述：

如图 8.2.1 所示某住宅楼的基础平面图及详图，识读图中所示具体信息。

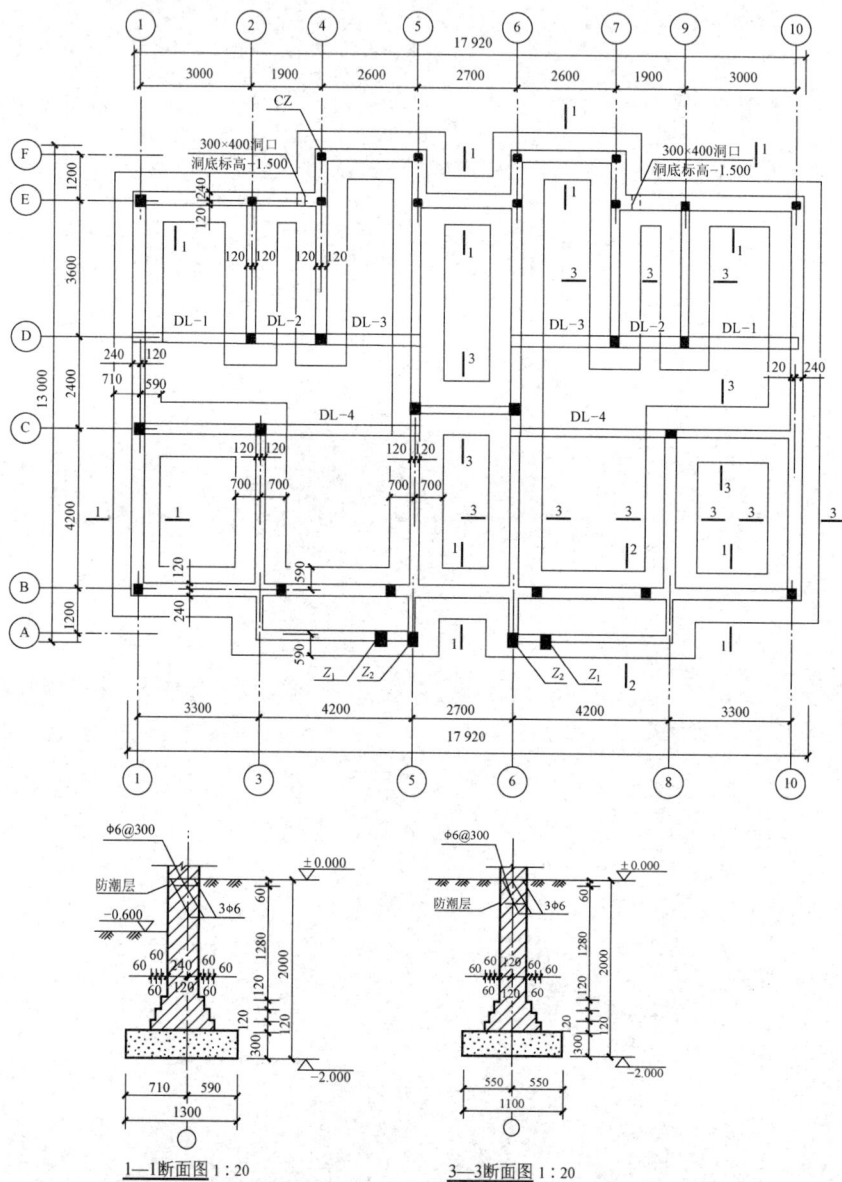

图 8.2.1　基础平面图及详图

任务分析：

　　由图可知该住宅楼基础类型为条形基础，轴线两侧的中实线是基础墙线，细线是基础底编线及基础梁（也称地梁）边线。

知识准备：基础构造施工图识读基础

一、基础

　　基础是在建筑物地面以下，承受上部结构所传来的各种荷载及建筑物的自重并传递给地基的结构组成部分。一般常用的基础形式有条形基础［图 8.2.2（a）］、独立基础［图 8.2.2（b）］、筏板基础等。基础以下部分是天然的或经过处理的岩土层，称为地基。基础施工首先开挖的土坑称为基坑。基础的埋置深度是指房屋首层地坪±0.000 到基础底面的深度。埋入地下的墙称为基础墙。基础墙与垫层之间做成阶梯形的部分称为大放脚。基础墙中要做防潮层，其作用是防止地下的潮气沿墙体向上渗透，一般是用钢筋混凝土或水泥砂浆做成的。

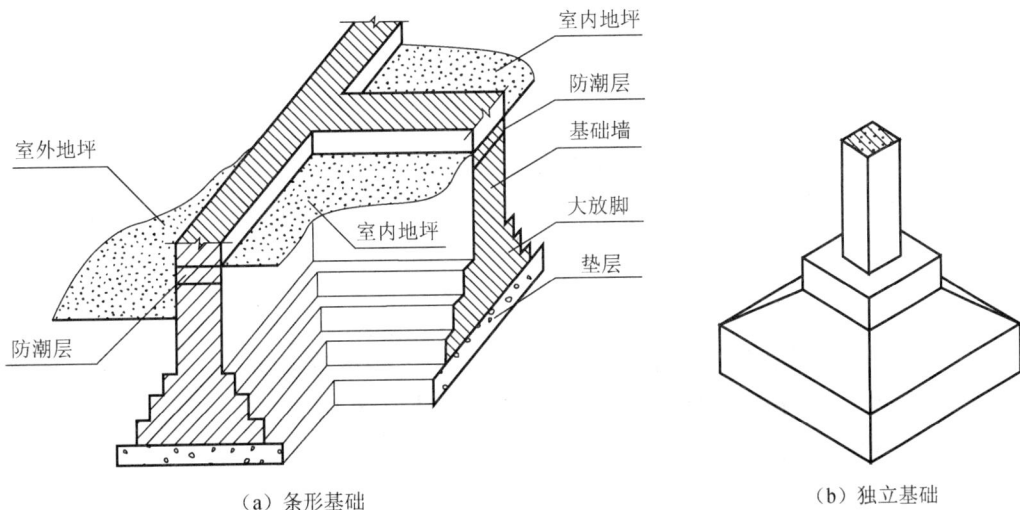

（a）条形基础　　　　　　　　　　　　（b）独立基础

图 8.2.2　基础构造示意图

二、基础图的形成及作用

　　基础图是施工时，放线（用石灰粉在地面上定出房屋的定位轴线、墙身线、基础底面的长宽线、基坑的边线）、开挖基坑、做垫层、砌筑基础和管沟墙（根据水、暖、电等专业的需要而预留的孔洞及砌筑的地沟）的依据。基础图包括基础平面图、基础详图。

　　基础平面图的形成：用水平的剖切平面沿房屋的首层地面与基础之间把整幢房屋剖

开后，移去上部的房屋和基础上的泥土，将基础裸露出来向水平面所作出的水平投影。

基础详图的形成：将条形基础垂直剖切，反映基础断面形状、尺寸及内部的钢筋配置等材料的断面图。

三、基础图的图示内容和图示方法

现在以墙下条形基础为例，介绍基础图的图示内容和图示方法。

1. 基础平面图

1）表达纵、横定位的轴线及编号（必须与建筑平面图一致）。

2）表达基础的平面布置。图上需要画出基础墙、基础梁、柱及基础底面的轮廓线，而基础的细部轮廓线省略不画。当基础底面标高有变化时，应在基础平面图对应部位的附近画出一段基础垫层的垂直断面图，用来表示基础底面标高的变化，并标出相应的标高。

3）标出基础梁、柱、独立基础的位置及代号和基础详图的剖切符号及编号，以便查看对应的详图。

4）标注轴线尺寸、基础墙宽度、柱断面、基础底面及轴线关系的尺寸。标出基础底面、室内外的标高和细部尺寸。

5）由于其他专业的需要而设置的穿墙孔洞、管沟等的布置及尺寸、标高。

2. 基础详图

1）表达与基础平面图相对应的定位轴线及编号。

2）表达基础的详细构造：垫层、断面形状、材料、配筋和防潮层的位置及做法等。

3）标注基础底面、室内外标高和各细部尺寸。

3. 施工说明

施工说明主要是为了说明基础所用的各种材料、规格及基础施工中的一些技术措施、须遵守的规定、注意事项等。此说明可以写在结构设计说明中，也可以写在相应的基础平面图和基础详图中。

任务实施：建筑基础平面图基本信息识读

如图 8.2.1 所示，以轴线①为例，了解基础墙、基础底面与轴线的定位关系。①轴的墙为外墙，宽度为 360mm，墙的左右边线到①轴的距离分别为 240mm、120mm，轴线不居中。基础左右边线到①轴的宽度分别为 710mm、590mm，基础总宽为 1300mm，即 1.3m。其他基础墙的宽度、基础宽度及轴线的定位关系均可以从图中了解。此房屋的基础宽度有三种：1300mm、1200mm、2380mm。

从平面图可以看到基础上标有剖切符号，分别为 1—1、2—2、3—3，说明该建筑的条形基础共有三种不同的基础断面图，有三个基础详图。

　　基础的断面形状、尺寸、材料与埋置深度相同的区段，用同一断面图表示。对于每一种不同的基础，都要画出它的断面图，并在基础平面图上相应位置注写剖切符号，以表明断面的位置。图 8.2.1 中给出了 1—1、3—3 详图，其中的 1—1 断面图是外墙的基础详图，图中显示该条形基础为砖基础，基础垫层为素混凝土，垫层宽 1300mm，高 300mm，其上面是大放脚，每层高 120mm，宽均为 60mm，室外设计地平标高-0.600m，基础底面标高-2.000m，基础墙在 ±0.000 标高处设有一道钢筋混凝土防潮层，厚 60mm，钢筋的配置为 3 根直径为 6mm 的Ⅰ级筋（HPB300），箍筋为Ⅰ级直径 6mm 间距 300mm，它的作用是防止地下的潮气向上侵蚀墙体。3—3 断面图为一内墙的基础详图，宽度为 1000mm，墙宽为 240mm，轴线居中。在Ⓔ轴基础墙上的②与④轴、⑦与⑨轴之间，有预留的空洞，尺寸为 300mm×400mm，洞底标高-1.500m。

能力提升：巩固建筑基础构造施工图识读

识读图 8.2.3 所示柱基础平面图及详图。

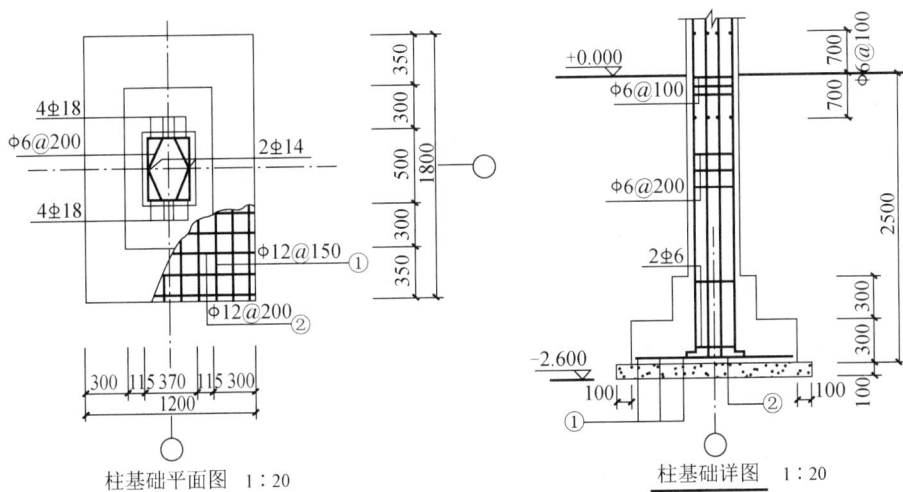

图 8.2.3　柱基础平面图及详图

学　习　页

学习情境三 钢结构施工图识读

任务描述与任务分析

任务描述：

如图 8.3.1 所示是某仓库钢屋架局部立面图，绘图比例 1：200，试读图示基本信息。

任务分析：

钢屋架立面图含三部分，中间是屋架立面图，屋架上、下弦实形投影图位于上下两侧。由于屋架的跨度和高度尺寸较大，而杆件的截面尺寸较小，所以通常在立面图中采用两种不同的比例，即屋架轴线用较小比例，如 1：50，杆件和节点用较大比例，如 1：25。

知识窗：中国钢铁的发展

钢铁推动着人类文明的进步。时至今日，钢铁材料已无处不在。未来钢铁仍将作为最重要的基础材料之一，影响着我们的生活。

我国已知的用铁最早时间可以上推至夏商时代。

铁冶炼技术在春秋晚期问世，这次技术上的飞跃，领先欧洲国家1900 多年。这一时期，铁器逐渐取代铜器成为主要生产工具。人类社会正式进入铁器时代，也标志着新一代社会生产力的形成。

中国钢铁的发展

（注：具体内容请扫码查看。）

知识准备：钢结构施工图识读基础

一、型钢的图例及标注方法

钢结构是由各种型钢如角钢、工字钢、钢板等组合连接而成的，常用于大跨度、高层建筑及工业厂房中。

1. 常用型钢的图例及标注方法

常用型钢的图例及标注方法如表 8.3.1 所示。

2. 连接形式

钢结构中的构件常用焊接和螺栓连接，铆接在房屋建筑中较少采用。

（1）焊接和焊缝符号

在焊接钢结构图中，必须把焊缝的位置、形式和尺寸标注清楚。焊缝的表示应符合国家标准《焊缝符号表示法》（GB/T 324—2008）中的规定。焊缝符号一般由基本符号和指引线组成，必要时可加上辅助符号、补充符号和焊缝尺寸，常见形式见图 8.3.2。焊缝横截面尺寸标在基本符号的左侧，焊缝长度尺寸标在基本符号的右侧，坡口角度、间隙等尺寸标在基本符号的上或下侧。

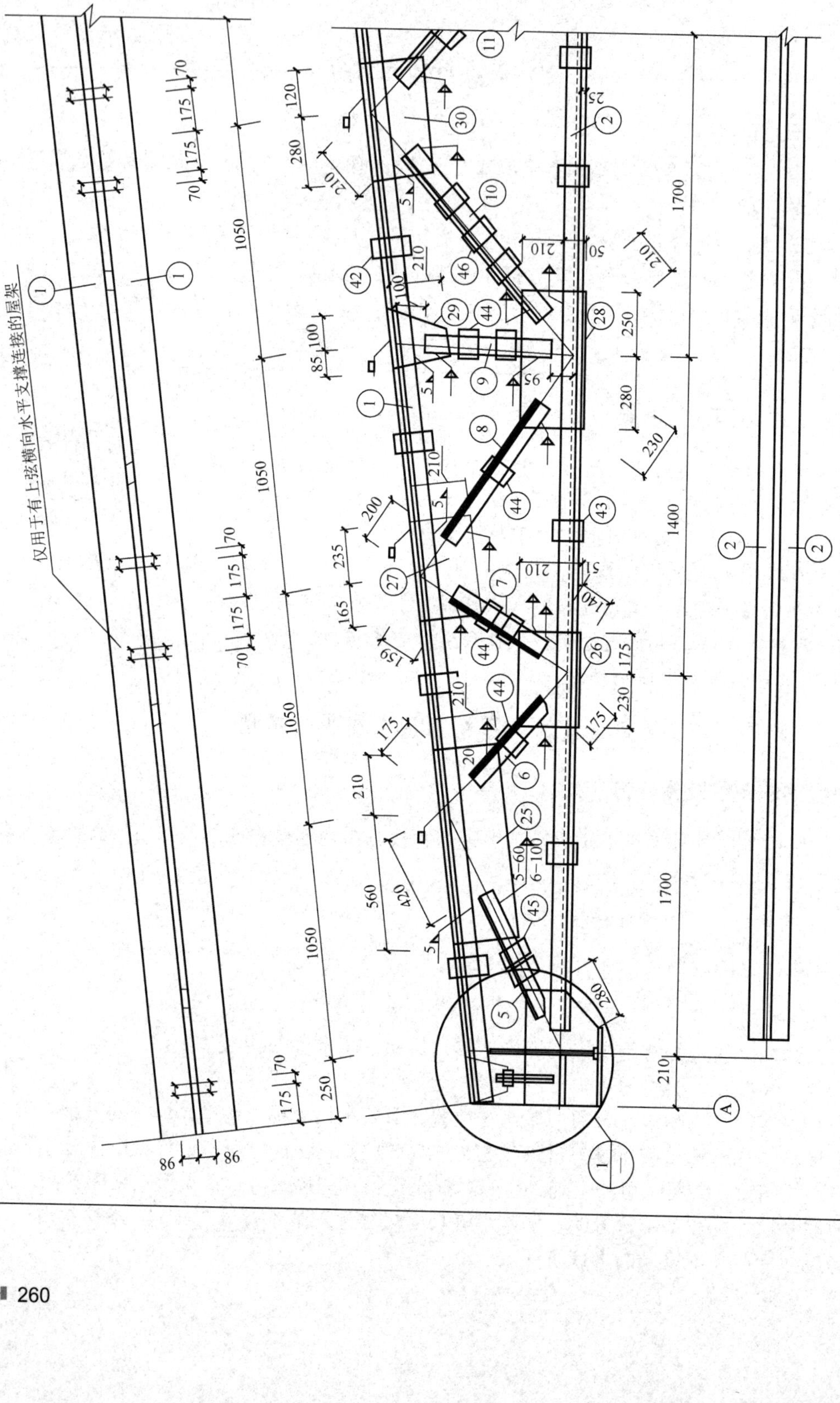

图 8.3.1　钢屋架局部立面图

表 8.3.1　常用型钢的图例及标注方法

序号	名称	截面	标注	说明
1	等边角钢	∟	∟ $b \times t$	b 为肢宽 t 为肢厚
2	不等边角钢	⌐∟	∟ $B \times b \times t$	B 为长肢宽 b 为短肢宽 t 为肢厚
3	工字钢	I	I$_N$, Q I$_N$	轻型工字钢加注 Q 字
4	槽钢	[	[$_N$, Q [$_N$	轻型槽钢加注 Q 字
5	扁钢	⊢ b ⊣	$-b \times t$	—
6	圆钢	⊘	ϕd	—
7	钢管	○	$\phi d \times t$	d 为外径 t 为壁厚

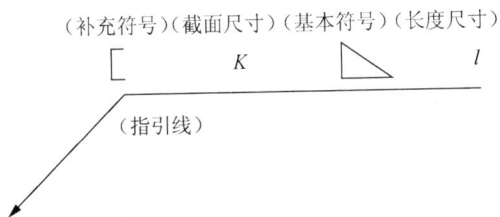

（补充符号）（截面尺寸）（基本符号）（长度尺寸）

[　　 K 　　 ◿ 　　 l

（指引线）

图 8.3.2　焊缝符号

常用焊缝的基本符号如表 8.3.2 所示。

表 8.3.2　焊缝的基本符号

焊缝名称	示意图	基本符号
V 形焊缝		V
I 形焊缝		‖
角焊缝		◿

（2）螺栓连接

螺栓连接拆装方便，操作简单，其连接形式可用简化图例表示，见表 8.3.3。

表 8.3.3 常用螺栓、螺栓孔图例

序号	名称	图例	说明
1	永久螺栓	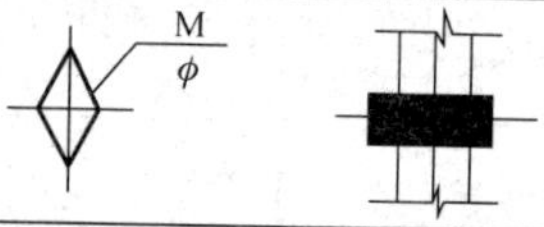 $\dfrac{M}{\phi}$	① 细"+"线表示定位线 ② M 表示螺栓型号 ③ ϕ 表示螺栓孔直径
2	安装螺栓	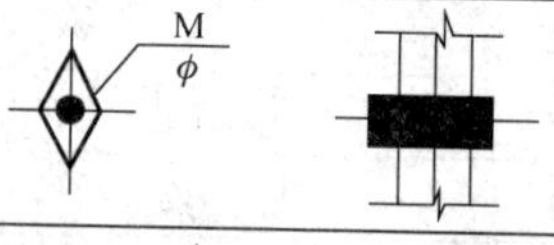 $\dfrac{M}{\phi}$	① 细"+"线表示定位线 ② M 表示螺栓型号 ③ ϕ 表示螺栓孔直径
3	圆形螺栓孔	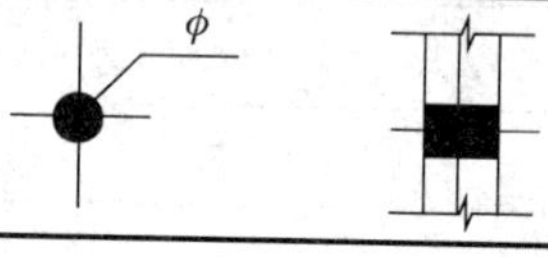 ϕ	

二、钢屋架结构图

1. 图示方法

钢屋架结构图主要有屋架简图、屋架立面图和节点详图。

2. 画法特点及要求

（1）图线

钢屋架简图用单线图表示，一般用粗（或中粗）实线绘制。钢屋架立面图中杆件或节点板轮廓为粗（或中粗）线，其余为细线。

（2）比例

钢屋架简图采用较小比例，如 1：200，屋架的立面图及上下弦投影图比例采用 1：50，杆件和节点比例采用 1：20。

（3）定位轴线

定位轴线用以表明屋架在建筑物中的位置，编号应与结构布置平面图一致。

（4）图例符号

焊接、螺栓连接形式应采用表 8.3.2 和表 8.3.3 的规定图例和标注方式。

（5）对称画法

凡对称屋架可采用对称画法，即只需画出一半屋架图。

（6）尺寸标注

钢屋架简图除需标注屋架的跨度尺寸外，一般还应标出杆件的几何轴线长度。钢屋架立面图上则需要标注杆件的规格、节点板、孔洞等详细尺寸。

任务实施：识读给定钢结构局部立面图

从立面图 8.3.1 可以看出，屋架的上、下弦分别由若干根杆件、节点板焊接而成，直杆和斜杆经节点板将上、下弦相连构成屋架。杆件、节点板应编号并标注定位尺寸。支座节点因比例小，杆件和节点板的形状、尺寸及连接形式都无法表达清楚，另绘有详图，用索引符号表示。

图 8.3.3 是钢屋架支座节点详图。绘图比例 1∶20。从详图上看出，屋架上、下弦通过杆件④、节点板㉑和㉒相连，再由㉒将屋架与节点板㉓相连。㉓是屋架与柱连接的支座垫板。

1—1 剖面显示支座垫板㉓为 360mm × 420mm 的矩形板，㉒位于其前后对称面处并用支撑板⑳焊接。㊽是螺帽垫，屋架通过㉓与柱顶焊接再用螺栓固定。

2—2 剖面显示杆件由两个相同的角钢组成，两角钢之间用塞焊与节点板相连，见放大的上弦塞焊图。一般每个节点板均应画出详图，这里只绘了节点板㉒的详图。

在钢屋架结构图中一般还附有材料表，表中按零件编号详细注明了组成杆件的各型钢的截面规格尺寸、长度、数量和质量等内容。所以在屋架图中可以不注出各杆件的截面尺寸，而只注出编号。

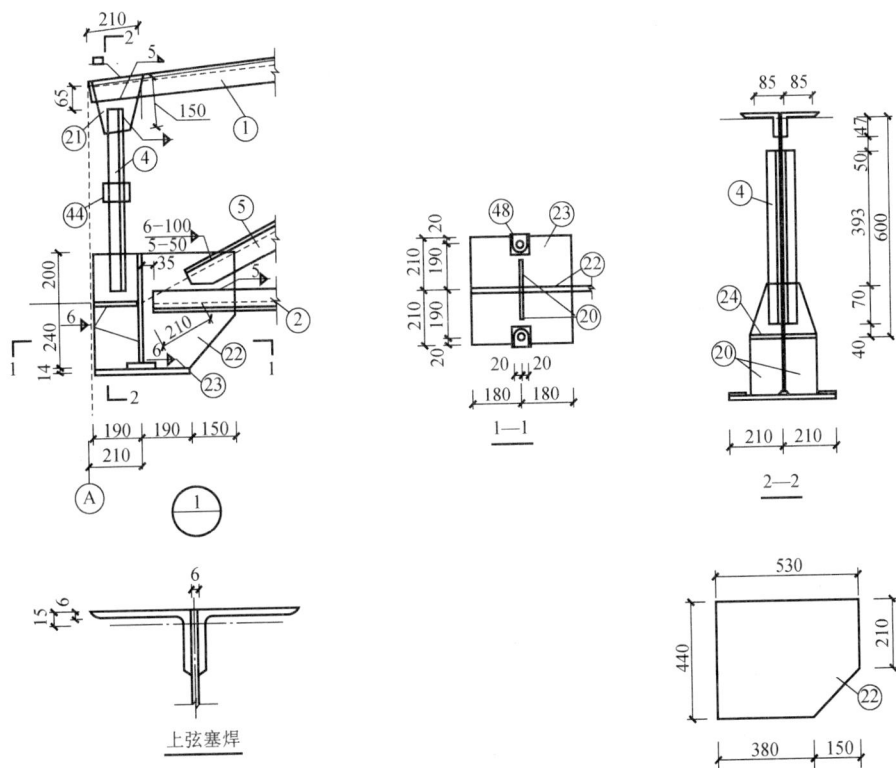

图 8.3.3 钢屋架支座节点详图

能力提升：巩固识读钢结构立面图

识读 8.3.4 所示钢结构图所示的基本信息。

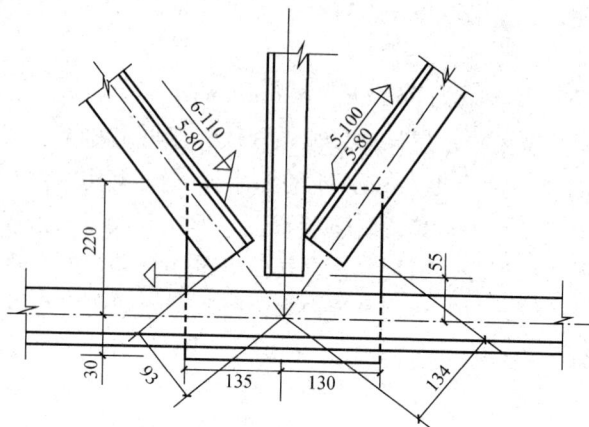

图 8.3.4　某钢结构示意图

学 习 页

桥梁、涵洞工程图识读

▌思政目标 通过对中国桥梁、隧道发展史的学习，树立"逢山开路、遇水架桥"的奋斗精神，体会近十几年我国在桥梁工程和隧道工程领域取得的阶段性进步，在"世界之最"中树立强烈的民族自信心和自豪感，激发学习热情，进一步提高专业学习兴趣和动力。

▌学习目标 了解桥梁的组成并会阅读桥梁工程图。
了解涵洞的组成并会阅读涵洞工程图。

▌技能目标 能够正确识读桥涵工程图。

▌学习提示 铁路或公路要跨越江河、湖海、山谷等障碍物时，需要修建桥梁（或涵洞）；要穿过山岭、江河、湖海等障碍物时，则需要开凿隧道。桥梁、涵洞、隧道等工程图，是修建这些建筑物的技术依据。这些图样，除了采用前面讲述的图示方法（三视图、剖面图和断面图等）外，还应根据其构造形式的不同，采用不同的表示方法。本模块将介绍桥梁、涵洞工程图的识读，其关系见图 9.0.1。

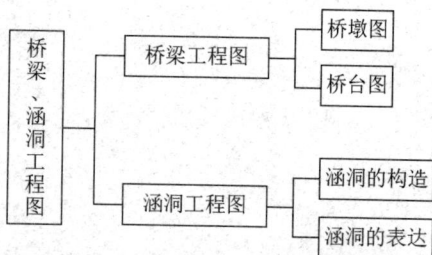

图 9.0.1　桥梁、涵洞工程图的关系

学习情境一 桥梁工程图识读

─── 任务描述与任务分析 ───

任务描述：

图9.1.1为白沙河桥梁总体布置图，识读此桥参数。

任务分析：

图9.1.1绘图比例采用1∶200，该桥为三孔钢筋混凝土空心板简支梁桥；桥中设有两个柱式桥墩；两端为重力式混凝土桥台；桥台和桥墩的基础均采用钢筋混凝土预制打入桩；桥上部承重构件为钢筋混凝土空心板梁。

知识窗："中国现代桥梁之父"茅以升

茅以升是中国土力学学科的创始人和倡导者，被誉为"中国现代桥梁之父"。

钱塘江潮高多变、流沙无底，十分凶险，民间有"钱塘江造桥——办不到"的谚语，更是有外国桥梁专家断言，中国人无法在钱塘江上建桥。但茅以升不畏艰难，决心在钱塘江上造桥，建造出中国人第一座现代化桥梁。

钱塘江江底流沙40多米厚。按照茅以升的设计，要将1440根桩穿过这厚厚的流沙层打入江底，但是他们用了整整一夜才打入了1根。心急如焚的时候，茅以升看见小朋友浇花时水流把泥土冲出了一个洞，瞬间得到启发：如果用高压水流，能不能把江底的泥沙冲开？茅以升马上开始试验，一夜就打入了30根桩，这就是著名的"射水法"打桩。

"射水法""沉箱法""浮运法"……茅以升利用自然力来清除自然界的障碍。终于，第一列火车在1937年9月26日从钱塘江大桥上驶过，这也标志着钱塘江造桥成功。

知识准备：桥梁工程图识读基础

桥梁根据其长度，可分为小桥、中桥、大桥和特大桥。桥梁虽然有大小之分，但其构造和组成基本相同，它包括桥梁的上部建筑、下部建筑和附属建筑，如图9.1.2所示。其中上部建筑是指梁和桥面。梁以下部分为下部建筑，它包括两岸连接路基的桥台和中间的支撑桥墩。附属建筑物则包括桥头锥体护坡及导流堤等。

建造一座桥梁需用的图纸很多，一般包括桥位平面图、桥位地质断面图、桥梁总体布置图、构件结构图等。

桥位平面图表示桥梁在整个线路中的地理位置。

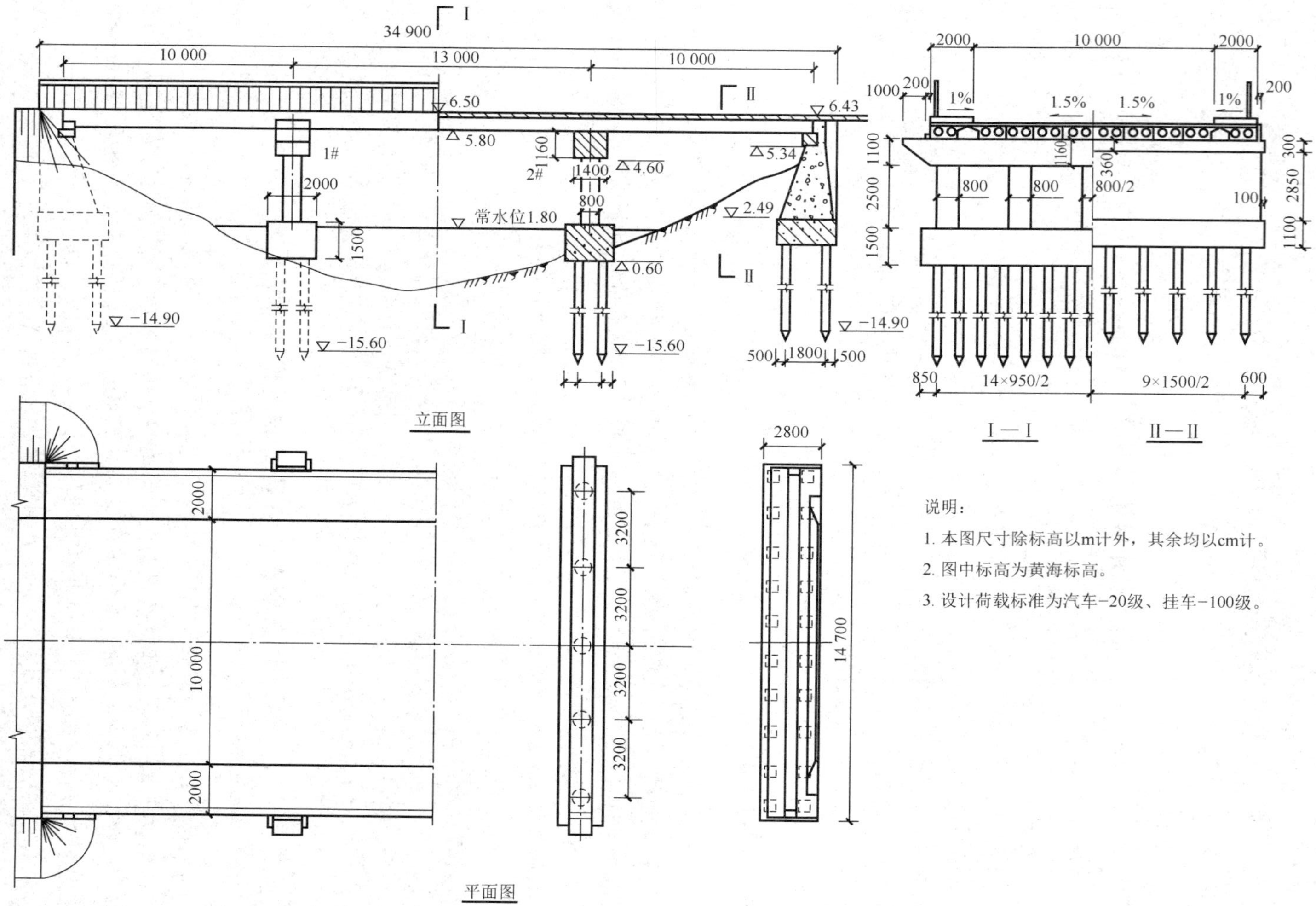

说明:
1. 本图尺寸除标高以m计外, 其余均以cm计。
2. 图中标高为黄海标高。
3. 设计荷载标准为汽车-20级, 挂车-100级。

立面图

平面图

图 9.1.1 白沙河桥梁总体布置图

桥位地质断面图表示桥梁所处河床断面的水文、地质情况。

桥梁总体布置图表示桥梁的结构形式、跨径、跨数、尺寸、各主要构件的相互位置关系、高程、主要材料用量及总技术说明和施工要点等。

构件结构图明确各部分构件的结构形式，包括形状、大小和材料组成情况等。包括桥台工程图、桥墩工程图、基础工程图、主梁工程图、桥面系工程图等。

根据桥梁的大小和工程复杂程度的不同，所需要图样的种类和数量各不相同。在此，只介绍桥墩和桥台构造图。

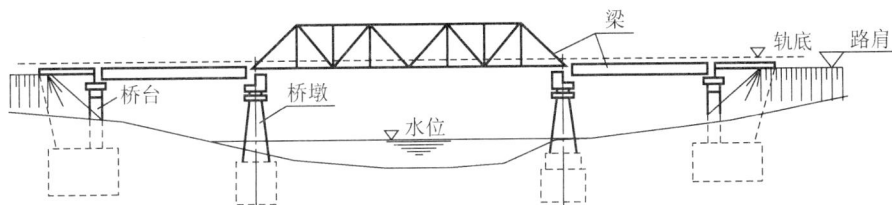

图 9.1.2 桥梁示意图

一、桥墩图

桥墩是桥梁的中间支撑，它由基础、墩身和墩顶（包括托盘和墩帽）三部分组成。根据墩身水平截面形状的不同，有矩形、圆形、圆端形和尖端形桥墩之分，图 9.1.3 给出了其中的两种。现以圆端形桥墩为例说明桥墩的图示特点。

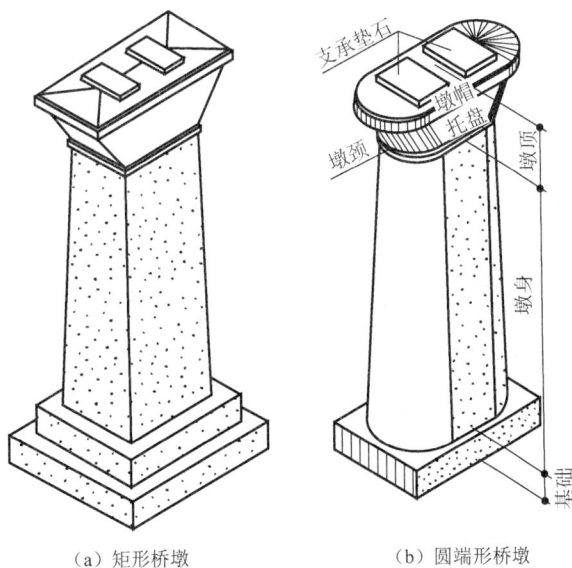

（a）矩形桥墩　　　　　　（b）圆端形桥墩

图 9.1.3 桥墩

桥墩图包括桥墩总图、墩顶构造图和墩顶钢筋布置图等。桥墩顺线路方向的投影称为正面图，垂直于线路方向的投影称为侧面图。

1. 桥墩总图

桥墩总图主要用来表达桥墩的总体概貌、部分尺寸和部分材料。由于桥墩的形体大，绘图比例较小，其细部构造和尺寸常常被省略，故这样的图又称为桥墩概图。它包括正面图、平面图和侧面图。这三种图均采用半剖面图（对称简化）的表达方法，如图9.1.4所示。

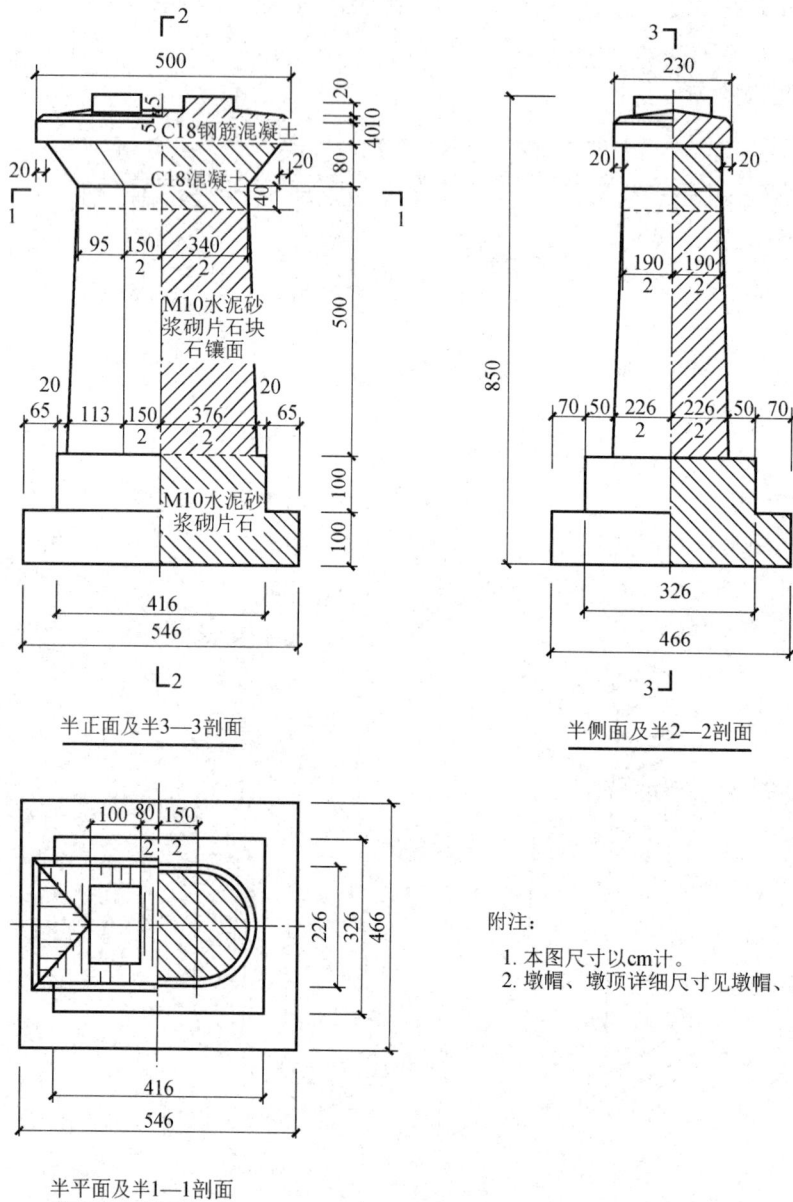

半正面及半3—3剖面

半侧面及半2—2剖面

半平面及半1—1剖面

附注：
1. 本图尺寸以cm计。
2. 墩帽、墩顶详细尺寸见墩帽、墩顶详图。

图 9.1.4　桥墩总图

正面图：由半正面和半 3—3 剖面组成。半正面表示外形；半 3—3 剖面表示基础、墩身和墩帽等各部分所用的材料。

平面图：由半平面和半 1—1 剖面组成。半平面表示由顶帽向下投影的形状和大小。半 1-1 剖面表示墩身水平截面及其以下部分水平投影的形状和大小。

侧面图：由半侧面和半 2—2 剖面组成。半侧面表示桥墩的外形，半 2—2 剖面表示其各部分所用的材料。

图中有关对称的尺寸均以 $n/2$ 的形式标注。如半 3—3 剖面图中的 376/2，即表示墩身底面总长为 376cm。

2. 墩顶构造图

由于桥墩总图比例较小，墩帽构造的尺寸和托盘的形状尚不能完全表达出来，故有必要另取墩顶构造图来补充桥墩总图表达的不足，如图 9.1.5 所示。

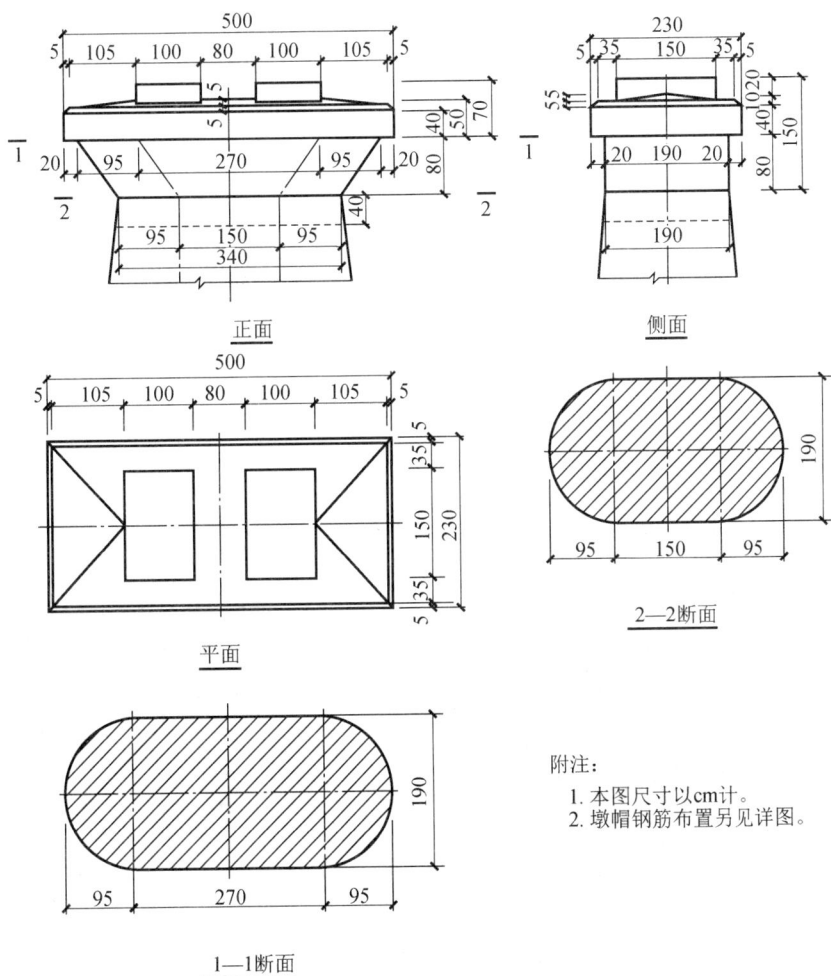

图 9.1.5　墩顶构造图

正面图和侧面图都是墩顶的外形图，其墩身采用了折断画法。为使图形清晰起见，平面图只画了可见部分的投影。1—1 和 2—2 断面表明了托盘顶部和底部的形状和大小。

墩顶的钢筋布置图与前面所介绍的钢筋混凝土结构图的表达内容和特点相同，此处不再赘述。

二、桥台图

桥台是桥梁两端的支柱，除传递梁以上的荷载外，还承受着路基填土的水平推力，保证与桥台相连的路基的稳定。

同桥墩一样，桥台多以台身水平截面形状分成多种类型。铁路桥梁的桥台根据桥头填土高低等的不同，通常采用 U 形、矩形、T 形等，如图 9.1.6 和图 9.1.7 所示。

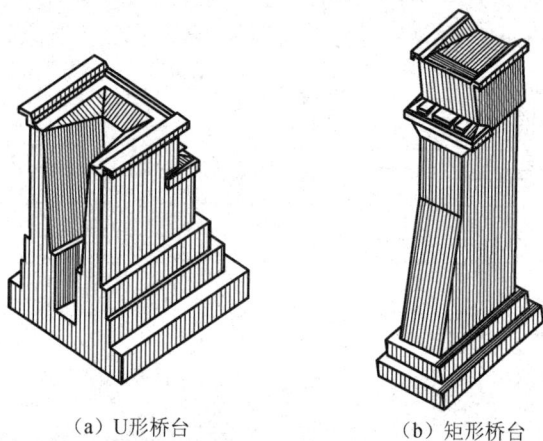

（a）U形桥台 　　　　　　　　　　（b）矩形桥台

图 9.1.6　U 形和矩形桥台

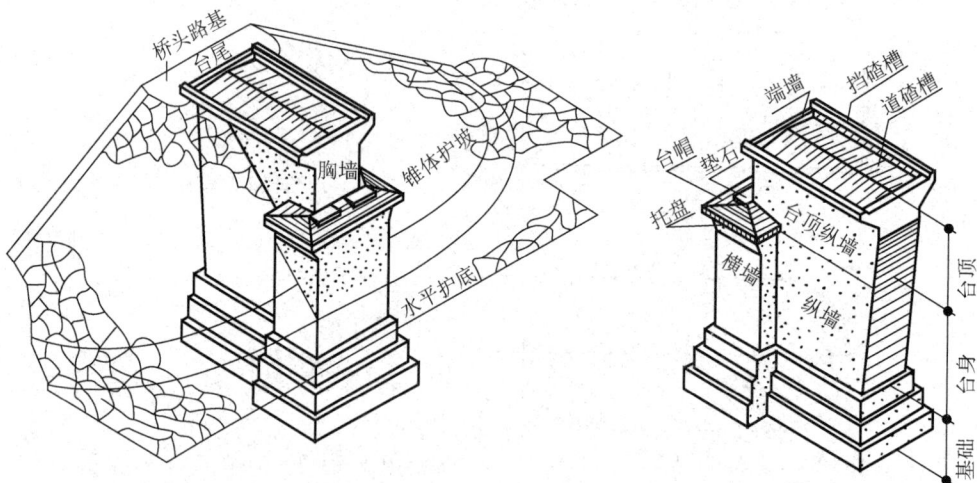

图 9.1.7　T 形桥台的构造

1. 桥台的构造

桥台类型尽管不同，但其构造基本一致。现以图 9.1.7 所示 T 形桥台为例，介绍其组成及构造。

基础：同桥墩一样，基础是桥台的最下部分，常埋于地下。它也随着地质水文等条件不同而有多种形式。图 9.1.7 所示是常用的扩大基础。

台身：是桥台的中间部分。桥台的类型也是以台身的水平截面形状区分的。T 形桥台的台身由纵墙、横墙及其上部的托盘组成。托盘是用来承托台帽的。

台顶：位于桥台的上部，主要由台帽、道碴槽和台顶纵墙（即台身纵墙向上的延伸部分）三部分组成。台帽在托盘之上，其中一部分与台顶纵墙相嵌，它的组成和构造基本与墩帽相同。道碴槽是用来容纳道碴以铺设轨道的，其基本形状如图 9.1.8 所示，是一个四面有墙的槽子。两端的墙叫端墙。两侧的墙叫挡碴墙。它们的内侧上部都稍悬出形成滴水檐，如 A 处放大图所示。为了防止槽内积水，在槽底用低标号的混凝土做成一个向两侧倾斜的垫层，并在两侧最低位置穿过挡碴墙，相间设置横向泄水管。另外在槽底混凝土垫层表面及端墙挡碴墙内侧表面敷设防水层，以免水中有害物质浸害混凝土。前述滴水檐就是防止雨水渗入防水层与混凝土之间的缝隙的。

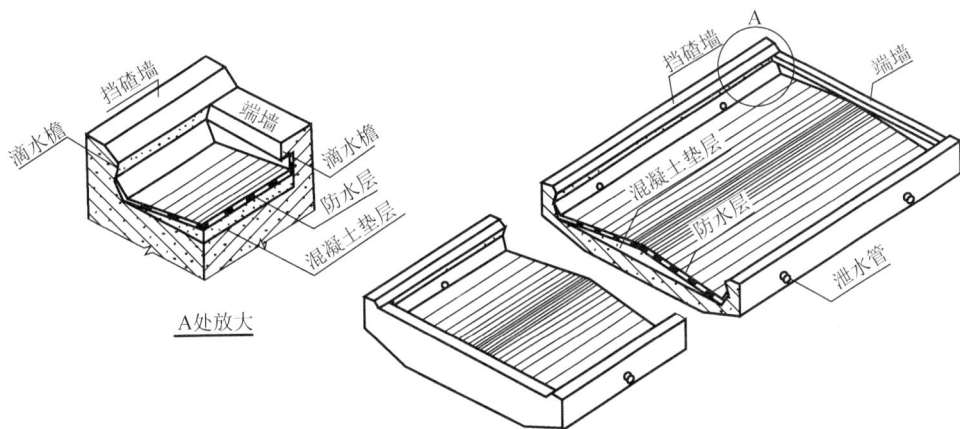

图 9.1.8　桥台道碴槽的构造

附属建筑：主要指保护桥头填土不致受河水冲刷的锥体护坡。它与桥台紧密相连，其实际形状相当于两个 1/4 的椭圆锥体，分设于桥台两侧。台身的大部分都为它所覆盖和包容。

2. 桥台的表达

一个桥台通常要有桥台总图（或称桥台设计图）、台顶构造图、台帽及道碴槽钢筋布置图等图样来表达。若基础为较复杂的沉井或桩基础等，则还应有基础构造图。下面以图 9.1.7 所示的 T 形桥台为例进行介绍。

（1）桥台总图

桥台总图（图9.1.9）主要用来表达桥台的总体形状、大小、各组成部分的相对位置及所使用的材料，桥台与路基、桥台与锥体护坡、桥台与线路上部构造等相关构筑物的关系。

习惯上把与线路垂直方向的称作桥台的侧面，把顺线路面向胸墙的方向称为桥台的正面，顺线路方向面向台尾的方向称为桥台的背面。它们的内容与布置，如图 9.1.9 所示。

正面图：画成桥台的侧面，也称桥台的侧面图。它反映桥台各组成部分的形状特征和相关位置及桥台与其相关的路基、锥体护坡等的相互关系。正面图是桥台侧面的外形图，在尺寸方面除了要标注桥台本身的主要尺寸外，还应标注基底、桥头路肩和轨底等处的标高，以及锥体护坡顺线路方向的坡度等。

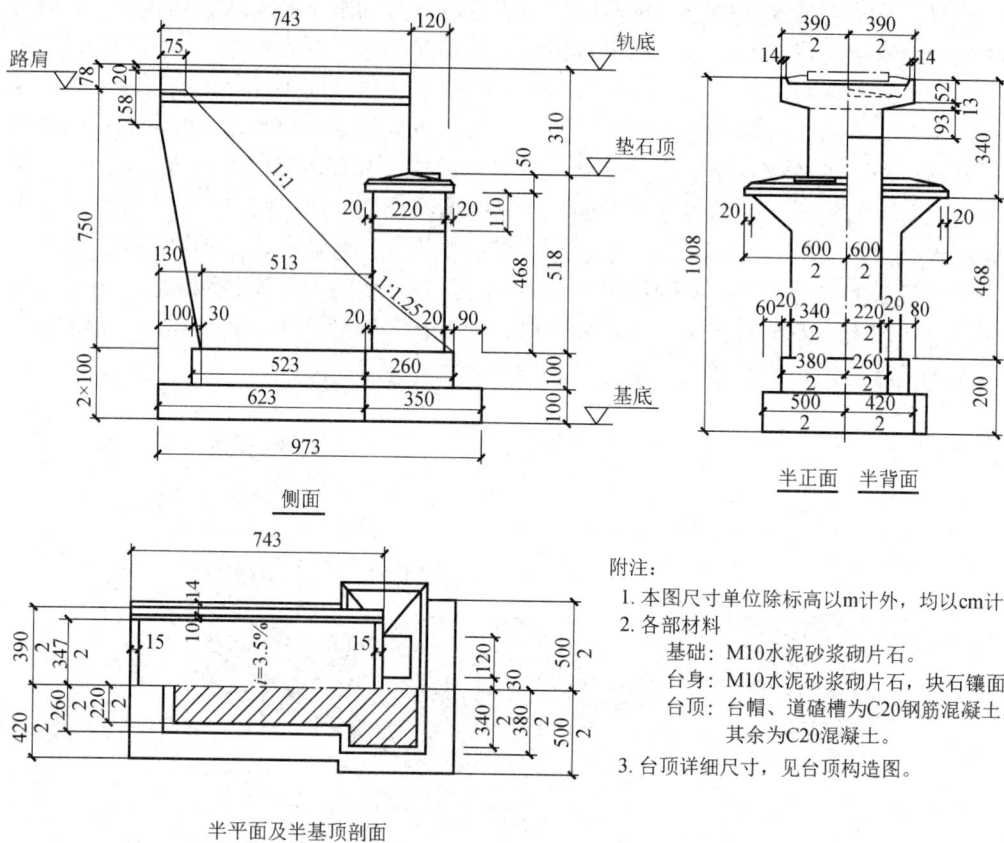

附注：
1. 本图尺寸单位除标高以m计外，均以cm计。
2. 各部材料
   基础：M10水泥砂浆砌片石。
   台身：M10水泥砂浆砌片石，块石镶面。
   台顶：台帽、道碴槽为C20钢筋混凝土，其余为C20混凝土。
3. 台顶详细尺寸，见台顶构造图。

图 9.1.9　桥台总图

其中路肩线、轨底线及锥体护坡与桥台的交线，一般用细实线绘出。

侧面图：由于桥台以线路中心纵剖面为对称面，故侧面图常画成桥台的半个正面图和半个背面图组成的组合视图。习惯上半正面在左，半背面在右，中间以点划线隔开。它同时表达了桥台两个方向的形状和大小。侧面图上还常用细双点划线示出道碴和轨枕，而桥头路基及锥体护坡一律省略不画。

平面图：通常由半平面图和半基顶剖面图组成。其中半平面图重点表达道碴槽及台帽的形状和大部分尺寸，而半基顶剖面图则重点表达基础及台身水平截面的形状和尺寸。由于图名已表示了该剖面图的剖切位置，故图中无须再作标注。

另外，在桥台总图中还需加必要的附注，说明尺寸单位、桥台各部分的建筑材料、有关设计和施工的注意事项等。附注一般安排在图纸右下方的适当位置。

（2）台顶构造图

由于桥台总图的比例较小，台顶的构造较复杂，其形状和尺寸不易表达详尽，所以必须要有较大比例且适当剖切的台顶构造图来补充其表达的不足，如图9.1.10所示。

半正面　　半1—1剖面

B详图 1:10

A详图 1:10

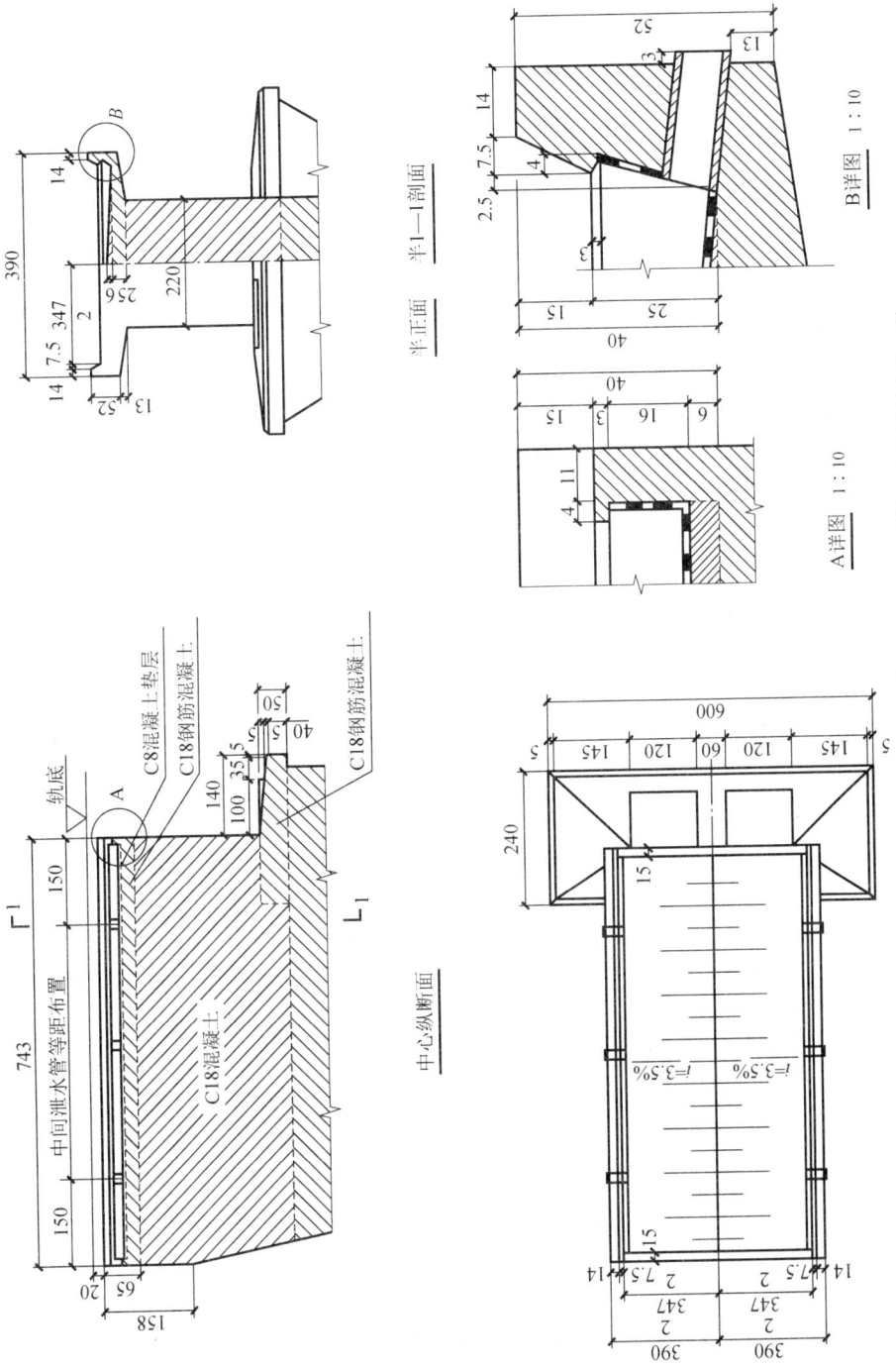

附注：1. 本图尺寸以cm计。
2. 道渣槽及台帽钢筋布置另见详图。

中心纵断面

轨底

C8混凝土垫层
C18钢筋混凝土
C18钢筋混凝土
C18混凝土

中间泄水管等距布置

平面

图 9.1.10　台顶构造图

台顶构造图的视图选择与配置基本同桥台总图，只是将其中的侧面图和半背面图，分别改为中心纵剖面图和半 1—1 剖面图，取消半基顶剖面而画成完整的平面图，且都省略台身以下部分。另外应绘出"A""B"两处的局部放大图。这样，就使台顶特别是道碴槽的内部构造、台帽的细部尺寸及各部分的建筑材料等都得到充分的表达。要指出的是，这里的"中心纵剖面图"的剖切位置及投影方向也是寓于图名之中而无须另作标注的。在"A""B"详图中，黑白相间的符号是表示防水层的，而防水层在本图的其他几个视图中都被省略了。这种省略形式，在工程图中是允许的。

至于道碴槽及台帽中的钢筋布置，不是本图表达的范围，故以附注作出交代。

任务实施：识读桥梁总体布置图

图 9.1.1 为白沙河桥梁总体布置图，绘图比例采用 1：200，该桥为三孔钢筋混凝土空心板简支梁桥，总长度 34.90m，总宽度 14m，中孔跨径 13m，两边孔跨径 10m。桥中设有两个柱式桥墩，两端为重力式混凝土桥台，桥台和桥墩的基础均采用钢筋混凝土预制打入桩。桥上部承重构件为钢筋混凝土空心板梁。

（1）立面图

桥梁一般是左右对称的，所以立面图通常是由左半立面和右半纵剖面合成的。左半立面图为左侧桥台、1 号桥墩、板梁、人行道栏杆等主要部分的外形视图。右半纵剖面图是沿桥梁中心线纵向剖开而得到的，2 号桥墩、右侧桥台、板梁和桥面均应按剖开绘制。图中还画出了河床的断面形状，在半立面图中，河床断面线以下的结构如桥台、桩等用虚线绘制，在半剖面图中地下的结构均画为实线。由于预制桩打入到地下较深的位置，不必全部画出，为了节省图幅，采用了断开画法。图中还注出了桥梁各重要部位，如桥面、梁底、桥墩、桥台、桩尖等处的高程，以及河面常水位（即常年平均水位）。

（2）平面图

桥梁的平面图也常采用半剖的形式。左半平面图是从上向下投影得到的桥面俯视图，主要画出了车行道、人行道、栏杆等的位置。由所注尺寸可知，桥面车行道净宽为10m，两边人行道各为 2m。右半部采用的是剖切画法（或分层揭开画法），假想把上部结构逐层移去后，画出 2 号桥墩和右侧桥台的平面形状和位置。桥墩中的虚线圆是立柱的投影，桥台中的虚线正方形是下面方桩的投影。

（3）横剖面图

根据立面图中所标注的剖切位置可以看出，Ⅰ—Ⅰ剖面是在中跨位置剖切的，Ⅱ—Ⅱ剖面是在边跨位置剖切的，桥梁的横剖面图是由左半部Ⅰ—Ⅰ剖面和右半部Ⅱ—Ⅱ剖面拼合成的。桥梁中跨和边跨部分的上部结构相同，桥面总宽度为 14m，是由 10 块钢筋混凝土空心板拼接而成的，图中由于板的断面形状太小，没有画出其材料符号。在Ⅰ—Ⅰ剖面图中画出了桥墩各部分，包括墩帽、立柱、承台、桩等的投影。在Ⅱ—Ⅱ剖面图中画出了桥台各部分，包括台帽、台身、承台、桩等的投影。

能力提升：桥梁详图识读

读图 9.1.11 所示桥梁图中的基本信息。

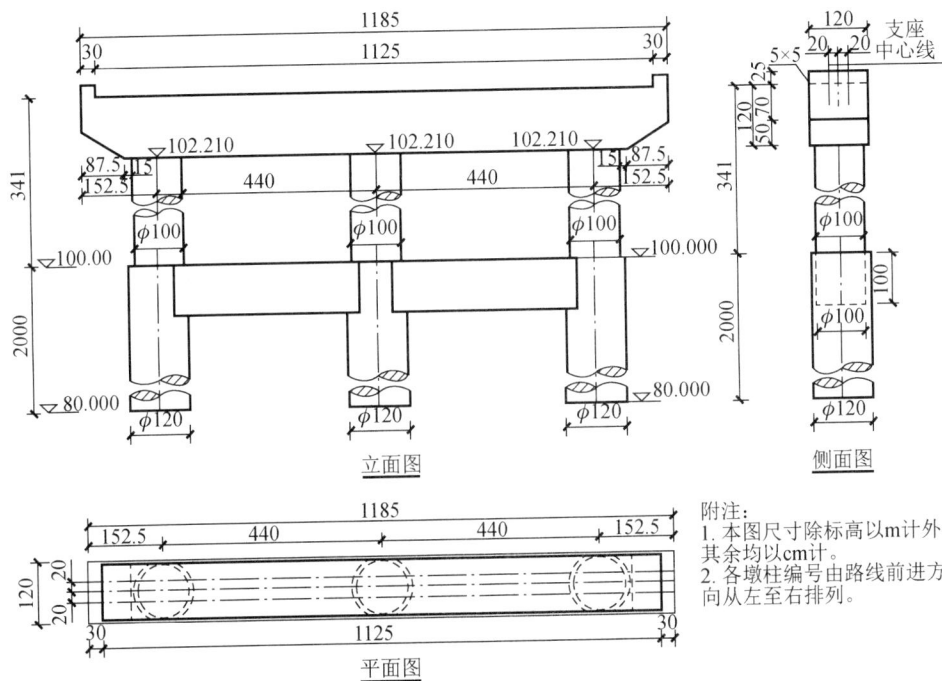

立面图

侧面图

平面图

附注：
1. 本图尺寸除标高以m计外，其余均以cm计。
2. 各墩柱编号由路线前进方向从左至右排列。

图 9.1.11 桥梁详图

学 习 页

学习情境二　涵洞工程图

任务描述与任务分析

任务描述：

如图 9.2.1 所示为一八字式单孔石拱涵构造图，识读基本信息。

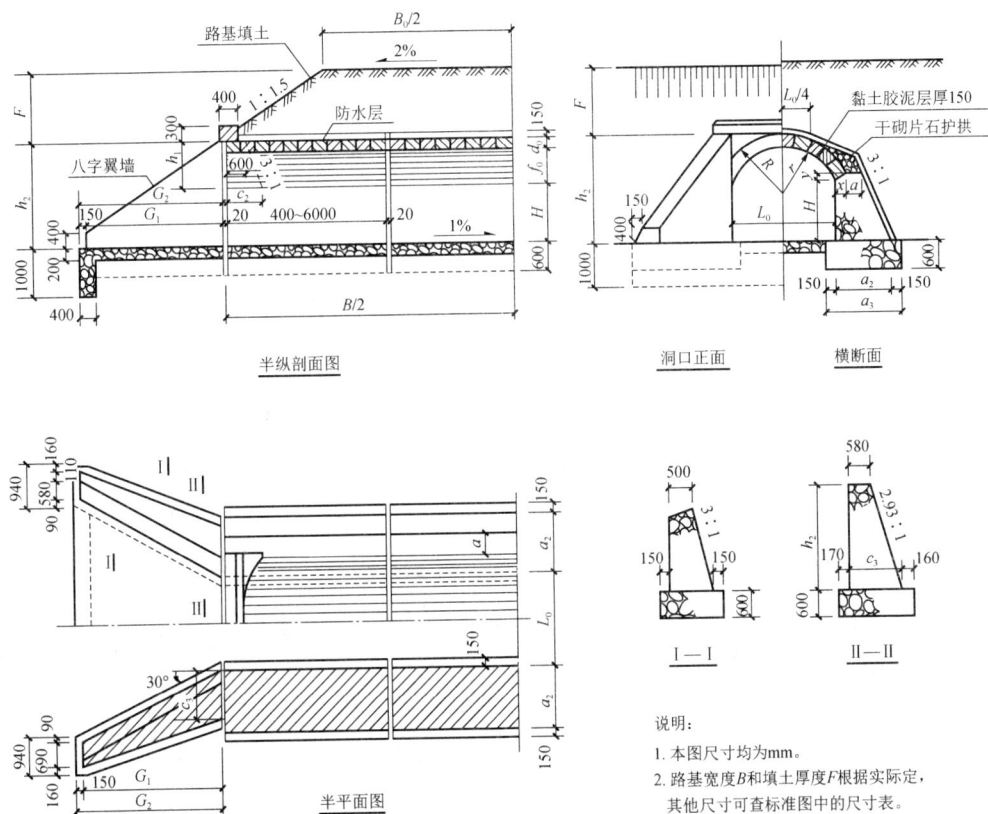

图 9.2.1　八字式单孔石拱涵构造图

任务分析：

涵洞是窄而长的构筑物，它从路面下方横穿过道路，埋置于路基土层中。在表达时，一般不考虑涵洞上方的覆土，或假想土层是透明的。涵洞工程图主要由纵剖面图、平面图、侧面图、横断面图及详图组成。

知识窗：中国的盾构隧道掘进机

盾构隧道掘进机简称盾构机，广泛用于隧道工程，始于英国，发展于日本、德国。

我国从 1953 年才开始采用盾构机修建隧道。在 2009 年之前，我国大约有 85% 的盾构机依赖进口。发达国家垄断着技术和市场，我们没有任何议价权。机器不仅昂贵，而且出故障只能等待外国工程师来维修，除了要支付给他们每人每天上千美元的薪水之外，维修现场总是拉着警戒线，以防国人靠近观看学习。为了打破发达国家的垄断，我们从设计图纸起步，在毫无经验的背景下，开始摸索制造自己的盾构机。

2008 年，我国研制出第一台拥有自主知识产权的复合式土压平衡盾构机——中国中铁 1 号，打破了进口盾构机一统天下的格局，也拉开了我国盾构机产业化发展的序幕。2020 年，具有里程碑意义的、我国自主研制的第 1000 台盾构机在郑州下线。

现如今，中国超大型盾构机已经成了新的国家名片。

知识准备：涵洞工程图识读基础

涵洞是埋在路基下的建筑物，用来排泄少量水流或通过行人、车辆。涵洞按其断面形状和结构形式分成拱涵、圆涵和盖板箱涵等，如图 9.2.2 所示。

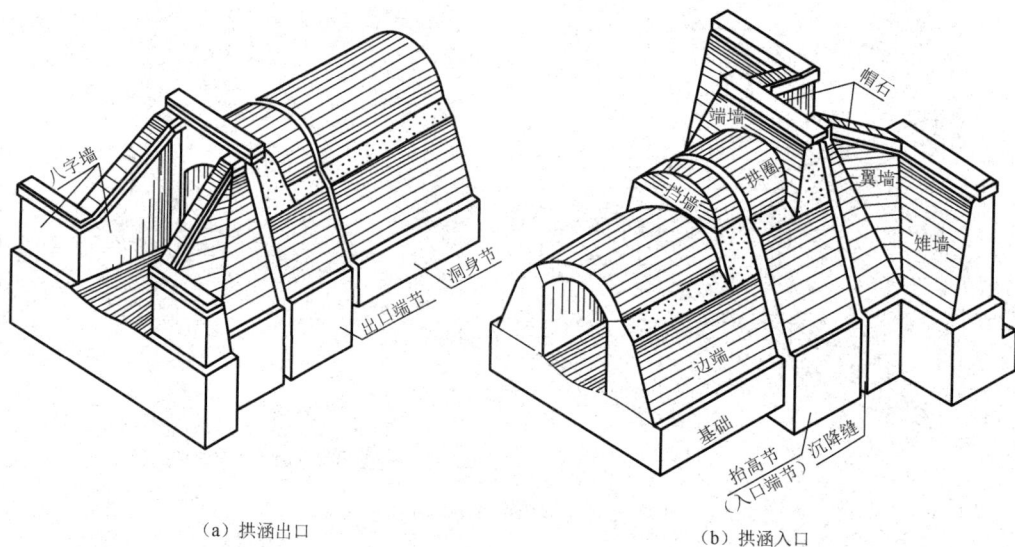

(a) 拱涵出口　　　　　　　　　　(b) 拱涵入口

图 9.2.2　涵洞的种类及构造

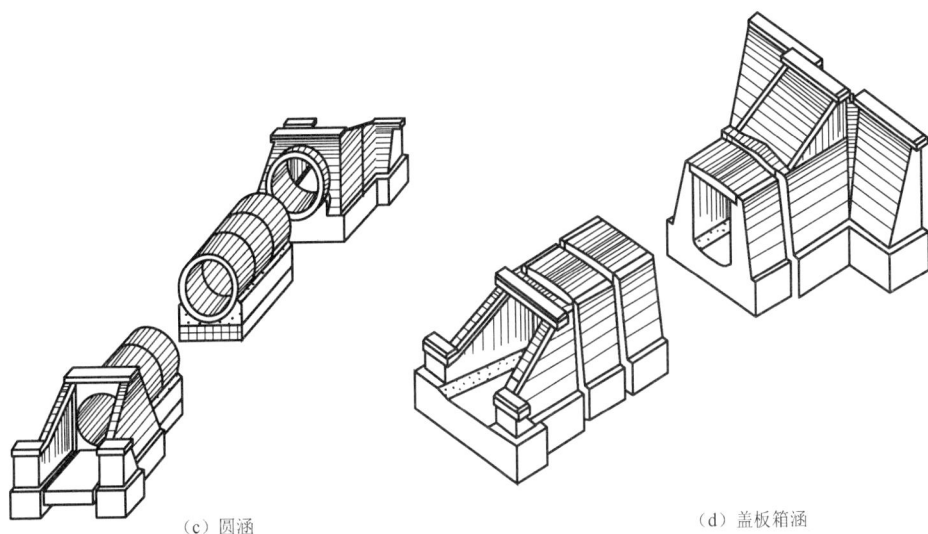

（c）圆涵

（d）盖板箱涵

图 9.2.2 （续）

一、涵洞的构造

涵洞虽然有多种类型，但其组成部分基本相同。它是一长条形建筑物，其轴线多与线路中心线垂直。埋在路基下的部分叫洞身，它在长度方向常分成若干节，节与节之间留有约 3cm 宽的沉降缝，其中填塞防水材料。洞身外周做防水层，拱顶防水层外再覆盖一定厚度的黏土保护层。

现以图 9.2.2 所示的入口抬高式拱形涵洞为例，介绍涵洞各部分的构造。

1. 洞身节

洞身节从下至上由基础、边墙和拱圈组成，每节长度为 3～5m。拱圈的拱脚平面与边墙的内外交线称为内外起拱线。

2. 出入口端节

它与洞身节的构造基本相同，只是基础稍厚，且在其一端的拱上做有端墙及帽石。另外入口端节有时把边墙做得比洞身节高，被称为抬高节。由于边墙增高，拱圈也随之升高，使得它与相邻的洞身节两拱之间出现露空，因此在紧贴抬高节的洞身节拱顶设置一段拱形的挡墙。

3. 出入口

出入口由下至上由基础和八字墙组成。八字墙由顺洞身方向的翼墙及与洞身方向垂直的雉墙组成。它们共同起着稳定路基坡脚的作用。

二、涵洞的表达

涵洞的主体结构常用一张总图来表达。少数细节和附属建筑物则另附详图，如圆涵的管节配筋、盖板箱涵的盖板配筋，都须另有配筋图。

现以拱涵为例（图 9.2.3），介绍其视图选择和图面布置。由于涵洞是埋在路基下的长条形建筑物，所以既要把涵洞内外的构造、尺寸表达清楚，又要把它与路基及附属建筑物的关系表达清楚。

现以图 9.2.4 所示入口无抬高节的拱涵为例，介绍涵洞表达的内容和方法。

1. 正面图

拱涵的正面图常取中心纵剖面图，即沿涵洞轴线竖直剖切所得到的投影。它能较全面地反映涵洞的构造，其具体内容如下。

1）涵洞与路基及附属建筑物的关系。

2）涵洞的总长及其分节。当涵洞较长时，为节省图幅，常以断开画法省略其中构造相同的洞身节。

3）涵洞在高度方向各组成部分的情况，如基础、拱圈及拱顶黏土防护层的厚度，边墙上内外起拱线的位置，流水净空的高度，出入口端墙及帽石的断面形状尺寸，八字墙的组成等。涵洞纵向流水坡度也应在此图上注明。

2. 平面图

由于涵洞在宽度方向上对称，故画成半平面和半基顶剖画图，如图 9.2.5 所示。若为圆涵，则取半个平面和半个过管心的水平剖面。它们共同表达涵洞的平面形状及尺寸。其中半平面图中主要表达出入口八字墙、端墙、边墙和有关面面交线的水平投影。半基顶剖面则重点表达涵洞的孔径，边墙、八字墙底面的形状尺寸及八字墙的开度等。

3. 侧面图

涵洞的侧面图画成出入口的正面图，并布置在中心纵剖面图的出入口端，保持其就近对应位置。它们的作用主要是表达涵洞出入口包括端墙的外形及其与路基、锥体护坡等的关系，如图 9.2.6 所示。至于八字墙后面的构造及洞身各节的情况一律略去，以保持图形清晰。

4. 其他视图

为了表达涵洞各处的断面形状、净空等，还须取若干剖面图。在图 9.2.7 中，1—1剖面表达出口翼墙（含帽石）及基础的断面形状和尺寸；2—2 剖面主要表达洞身形状。由于在上述各图中拱圈的细节尚未表达清楚，故又画了拱圈详图。以上各图的布置都应遵循"就近对应"和"阅读方便"的原则。

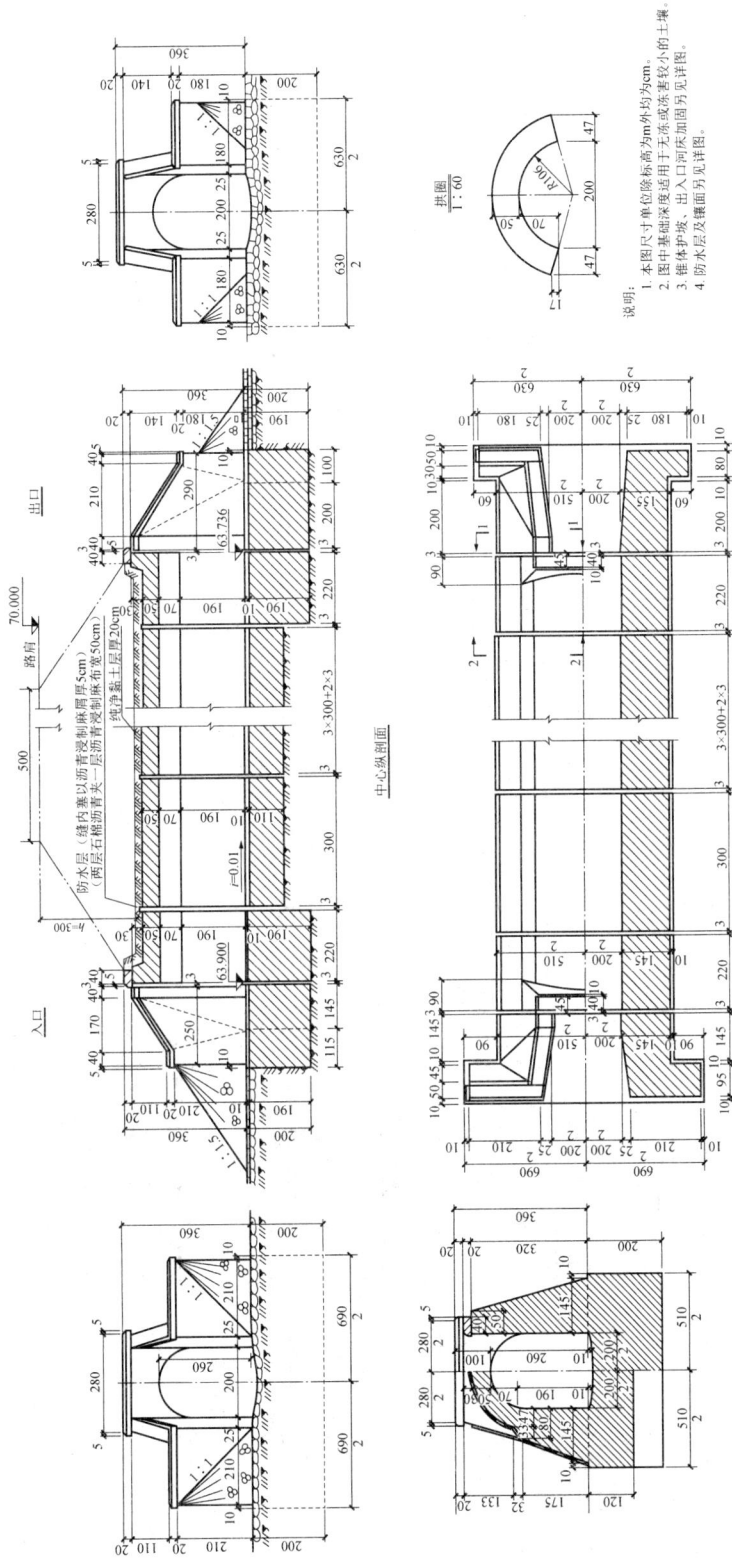

拱圈
1：60

说明：
1. 本图尺寸单位除高为m外均为cm。
2. 图中基础埋深度适用于无冻或冻害较小的土壤。
3. 锥体护坡、出入口河床加固同另见详图。
4. 防水层及镶面见另详图。

出口

入口

中心纵剖面

防水层（缝内塞以沥青浸制麻屑厚5cm）
（两层石棉沥青夹一层沥青浸制麻布宽50cm）
纯净粘土层厚20cm

路肩

70.000

半平面及半基顶剖面

图 9.2.3　石拱涵洞图

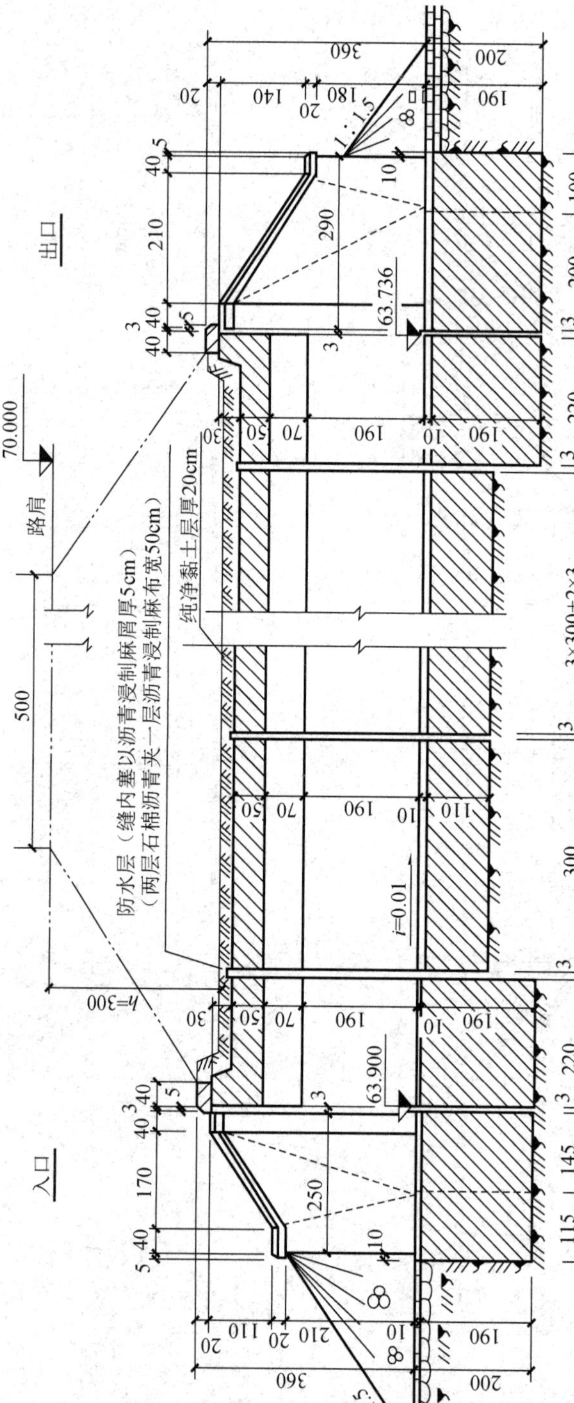

图 9.2.4 石拱中心剖面图（单位：cm）

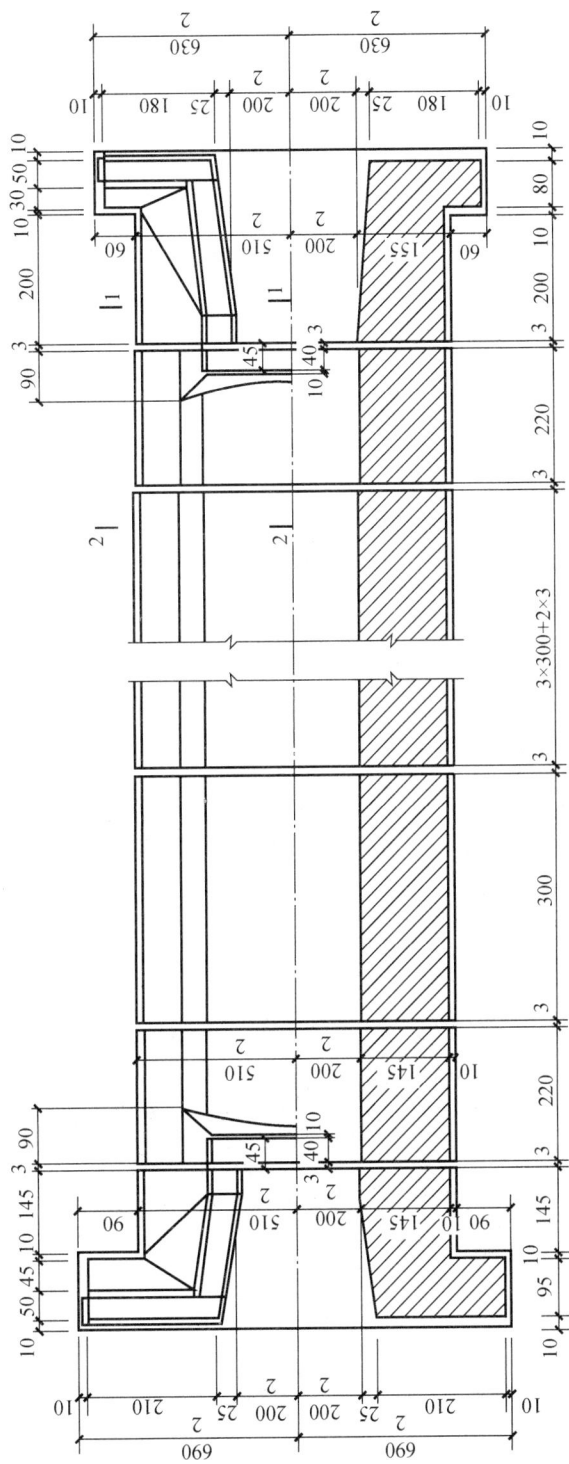

半平面及半基顶剖面

右拱半平面及半基顶剖面图

图 9.2.5 右拱半平面及半基顶剖面图

图 9.2.6 石拱出入口图

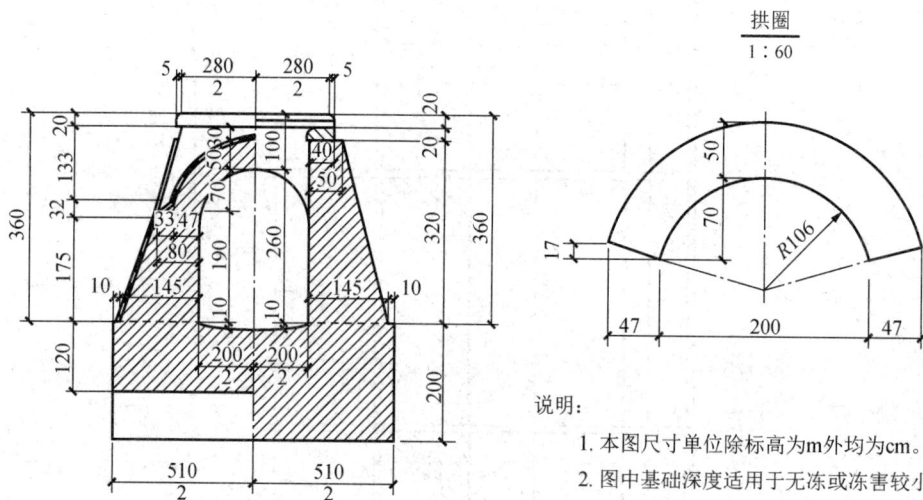

拱圈
1：60

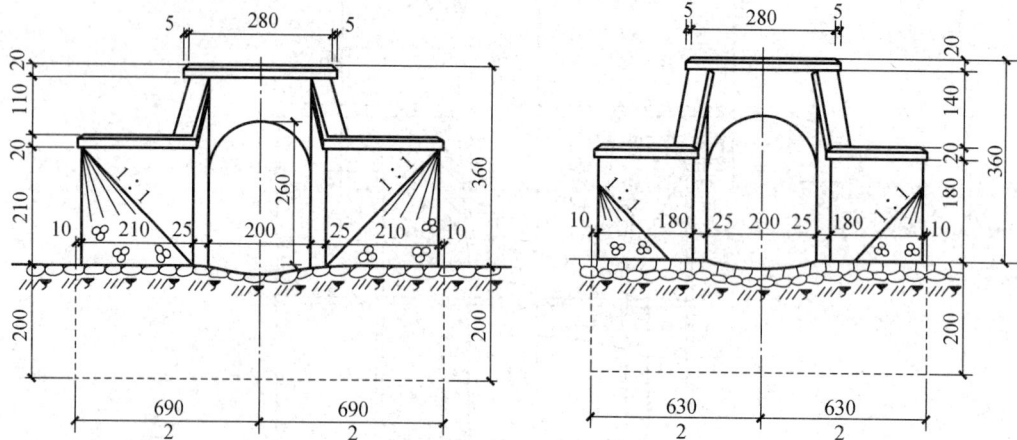

说明：

1. 本图尺寸单位除标高为m外均为cm。
2. 图中基础深度适用于无冻或冻害较小的土壤。
3. 锥体护坡、出入口河床加固另见详图。
4. 防水层及镶面另见详图。

图 9.2.7 石拱剖面及拱圈图

任务实施：拱涵构造图基本信息识读

1. 纵剖面图

涵洞的纵向是指水流方向，即洞身的长度方向。由于主要是表达涵洞的内部构造，所以通常用纵剖面图来代替立面图。纵剖面图是沿涵洞的中心线位置纵向剖切的，凡是剖到的各部分如截水墙、涵底、拱顶、防水层、端墙帽、路基等都应按剖开绘制，并画出相应的材料图例，另外能看到的各部分如翼墙、端墙、涵台、基础等也应画出它们的位置。如果进水洞口和出水洞口的构造和形式基本相同，整个涵洞是左右对称的，则纵剖面图可只画出一半。由于这里是标准通用图，故路基宽度 B_0 和填土厚度 F 在图 9.2.1 中没有注出具体数值，可根据实际情况确定。翼墙的坡度一般和路基的边坡相同，均为1：1.5。整个涵洞较长，考虑地基不均匀沉降的影响，应在翼墙和洞身之间设有沉降缝，洞身部分每隔 4～6m 也应设沉降缝，沉降缝的宽度均为 20mm。主拱圈是用条石砌成的，内表面为圆柱面，在纵剖面图中用上密下疏的水平细线表示比较形象。拱顶的上面有150mm 厚的黏土胶泥防水层。端墙的断面为梯形，背面不可见，故用虚线画出，斜面坡度为3：1。端墙上面有端墙帽，又称缘石。

2. 平面图

如图 9.2.1 所示，由于该涵洞是左右对称的，所以平面图也只画出左边一半，而且采用了半剖画法。后边一半为涵洞的外形投影图，是移去了顶面上的填土和防水层及护拱等画出的，拱顶的圆柱面部分也是用一系列疏密有致的细线表示的，拱顶与端墙背面交线为椭圆曲线。前边一半是沿涵台基础的上面（襟边）作水平剖切后画出的剖面图，为了画出翼墙和涵台的基础宽度，涵底板没有画出，这样就把翼墙和涵台的位置表达得更清楚了。八字翼墙是斜置的，与涵洞纵向成30°角。为了把翼墙的形状表达清楚，在两个位置进行了竖向垂直剖切，并画出了Ⅰ—Ⅰ和Ⅱ—Ⅱ断面图，从这两个断面图可以看出翼墙及其基础的形状构造、材料、尺寸和斜面坡度等内容。

3. 侧面图

涵洞的侧面图也常采用半剖画法。左半部为洞口部分的外形投影，主要反映洞口的正面形状和翼墙、端墙、缘石、基础等的相对位置，所以习惯上称为洞口正面图。右半部为洞身横断面图，主要表达洞身的断面形状，主拱、护拱和涵台的连接关系，以及防水层的设置情况等。

能力提升：识读给定涵洞图的基本信息

读图 9.2.8 所示涵洞图。

洞口立面 1∶200

洞身剖面 1∶100

纵断面 1∶200

平面 1∶200

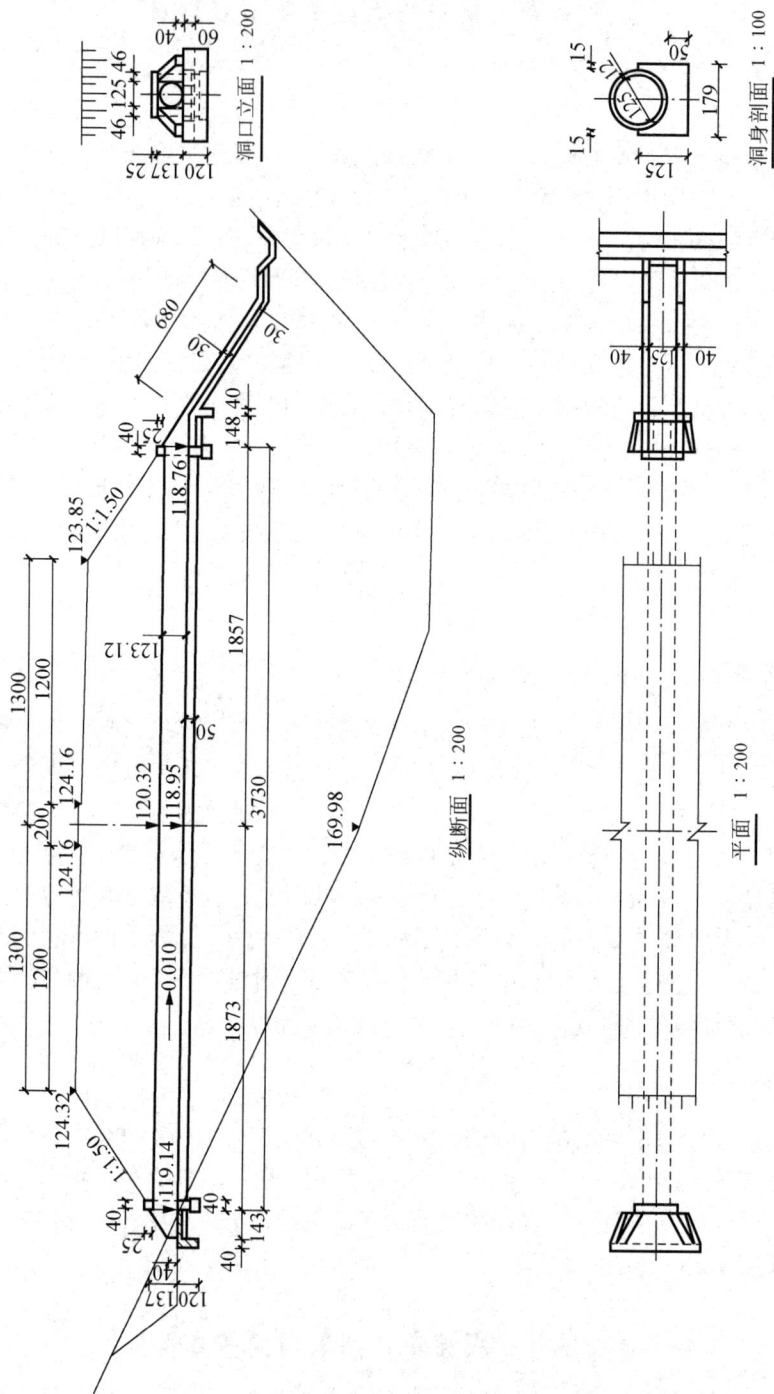

图 9.2.8　涵洞示意图

学　习　页

■ **模块十**

水利工程图识读

■**思政目标** 通过对都江堰水利工程的了解，体会中国古代劳动人民的勤劳、勇敢、智慧，树立民族自信心和自豪感。

■**学习目标** 熟悉水利工程图中常用符号和图例。
了解水利工程图中尺寸标注方法。
了解水利工程图的分类与用途。

■**技能目标** 掌握水利工程图的阅读方法并能识读水利工程图。

■**学习提示** 为了综合利用和控制水利资源而修建的建筑物称为水工建筑物；由多个不同作用、不同类型的水工建筑物组成的相互配合的建筑群，称为水利水电枢纽。一个水利枢纽一般由挡水建筑物（如拦河坝、水闸）、泄水建筑物（如溢洪道、泄洪隧洞）、发电建筑物（如水电站厂房）、通航建筑物（如船闸、升船机）、输水建筑物（如渠道、渡槽）等组成。表达水利水电工程建筑物的图样称为水利工程图，简称水工图。水工图一般包括视图、尺寸、图例符号、技术说明及标题栏等内容，是反映设计思想、指导施工的重要技术资料。
水工图一般包括工程位置图、枢纽布置图、建筑物结构图、施工图和竣工图等。本模块介绍水工建筑物中常用符号及图例，并介绍水工图的阅读方法，见图 10.0.1。

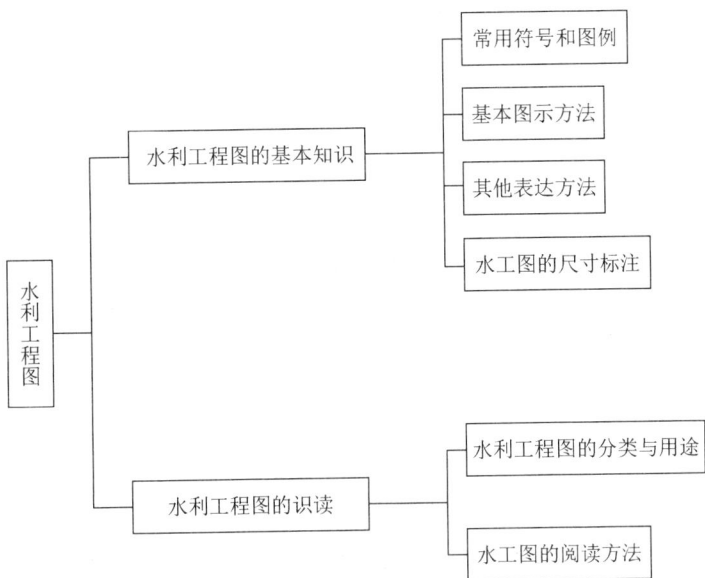

图 10.0.1 水利工程图内容结构

学习情境一 水工建筑物的表达方法

任务描述与任务分析

任务描述：

识读图 10.1.1 中的土坝设计图基本信息。

任务分析：

该土坝是蓄水枢纽中的主体建筑物，用以抬高水位，调节径流，以满足灌溉、防洪等要求。为表达坝体的结构形状和尺寸大小，采用了一个剖面图和四个不同部位的结构详图。剖面图表达了坝体各部分沿横断面的布置情况及整体形状；详图分别表达了坝脚构造、尺寸，斜向排水的具体尺寸，截水墙尺寸，下游坝脚排水沟的具体尺寸。

坝脚详图 1:50

302020
黄沙
碎石
原地面线
干砌块石
100
▽100

齿墙详图 1:50
混凝土
50 90 150 60

下游坝脚排水沟详图 1:50
60 30 30 60
1:2.5

土坝剖面图 1:250
斜向排水层
下游最高水位 ▽103
▽104
草皮护坡
1:2.5
▽100
砂壤土
混凝土齿墙
7360
原地面线
上游最高水位 ▽109
迎水护坡
1:3
砂卵石
400
▽102

斜向排水详图 1:50
200
60
堆块石
黄沙
碎石
原地面线
下游最高水位 ▽103
1:2.5

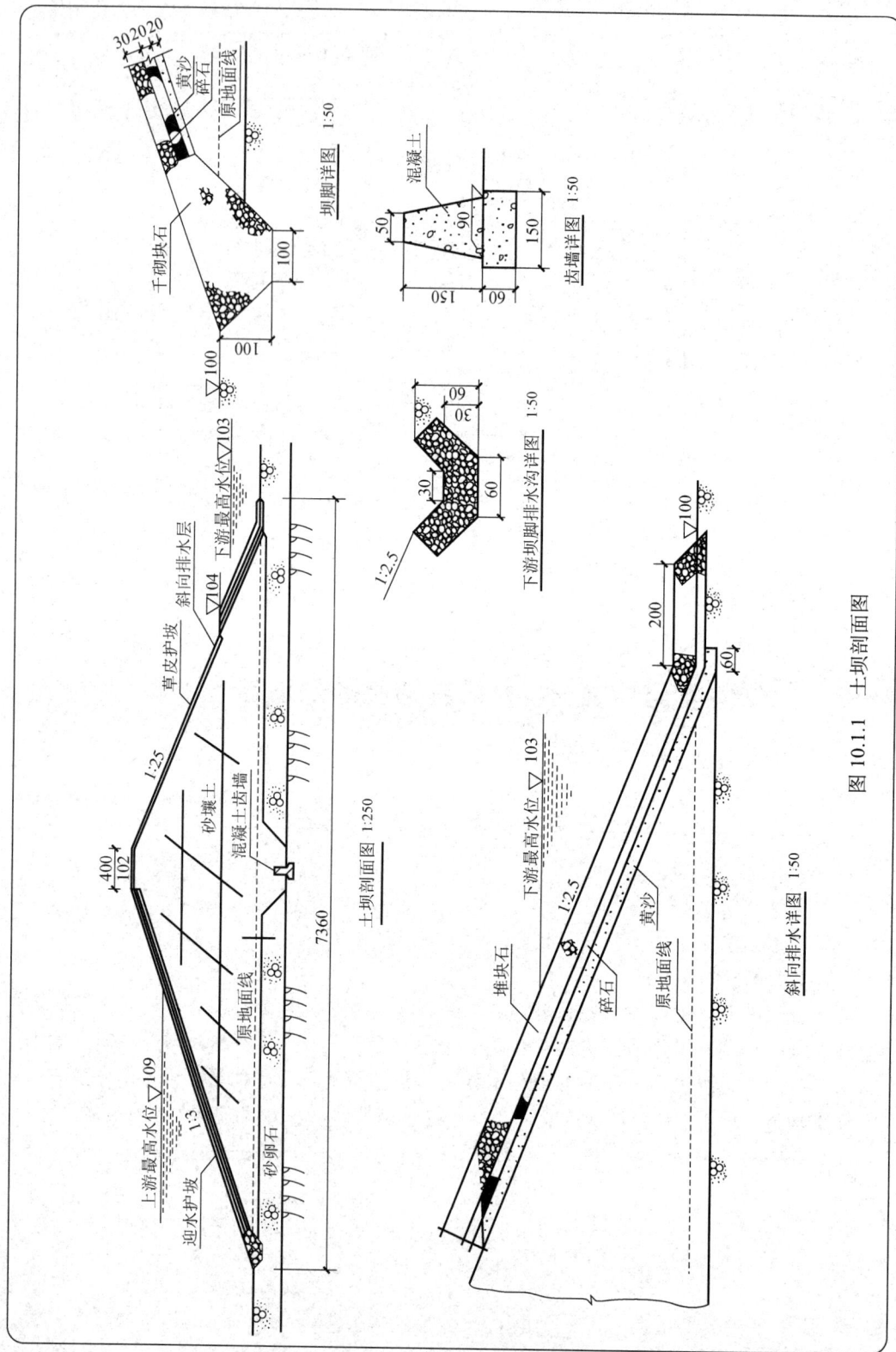

图 10.1.1　土坝剖面图

知识窗：无坝引水工程——都江堰

都江堰位于四川省成都市都江堰市城西，坐落在成都平原西部的岷江上，始建于秦昭王末年（约公元前 256～前 251 年），是蜀郡太守李冰父子在前人鳖灵开凿的基础上组织修建的大型水利工程。这座古老的无坝引水工程，不仅是中国水利工程技术的伟大奇迹，更是世界水利工程的璀璨明珠。

无坝引水
工程——都江堰

这一工程还充分利用当地西北高、东南低的地理条件，根据江河出山口处特殊的地形、水脉、水势，乘势利导，无坝引水，自流灌溉，使堤防、分水、泄洪、排沙、控流相互依存，共为体系，保证了防洪、灌溉、水运和社会用水综合效益的充分发挥。

作为世界文化遗产，都江堰体现着惊人的完整性。建成之初的鱼嘴、飞沙堰、宝瓶口三大主体工程和百丈堤、人字堤等附属工程，至今保存完好。

（注：具体内容请扫码查看。）

知识准备：水工建筑物表达基础

一、常用符号和图例

1. 常用符号

水工图中表示水流方向的箭头符号，根据需要可按图 10.1.2 所示样式绘制。平面图中的指北针，根据需要可按图 10.1.3 所示样式绘制，其位置一般放在图的左上角，必要时也可放在右上角。

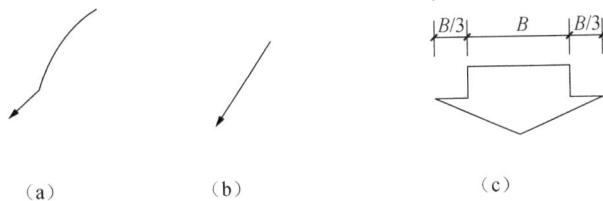

（a）　　　（b）　　　（c）

图 10.1.2　水流方向的表达

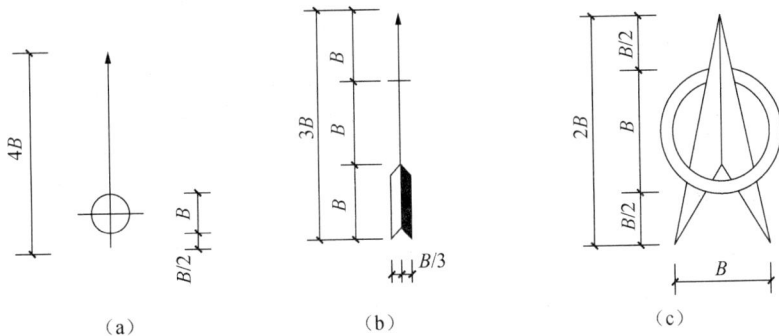

（a）　　　（b）　　　（c）

图 10.1.3　指北针符号

2. 水工图中常用的建筑材料图例

水工图中除采用建筑制图中的建筑材料图例外，又增加了一些图例。新增常用建筑材料图例见表 10.1.1。

表 10.1.1　建筑材料图例

序号	名称	图例	序号	名称	图例
1	岩石	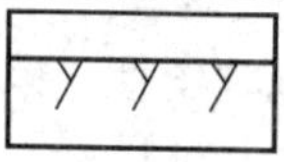 或	7	回填土	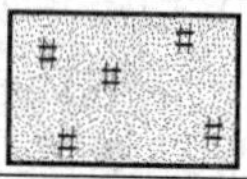
2	卵石		8	回填石渣	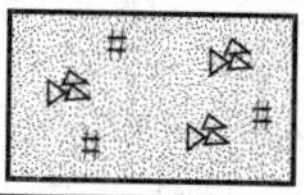
3	砂卵减砂砾石		9	黏土	
4	块石　堆石		10	砂、灰土、水泥砂浆	
	块石　干砌		11	金属	
	块石　浆砌		12	防水或防潮材料	
5	条石　干砌		13	沥青砂垫层	
	条石　浆砌		14	笼筐填石	
6	灌浆帷幕		15	砂（土）袋	
			16	草皮	

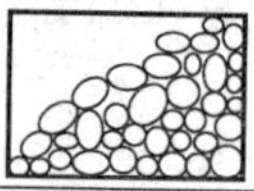

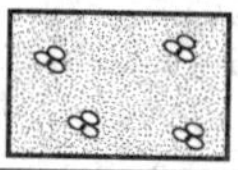

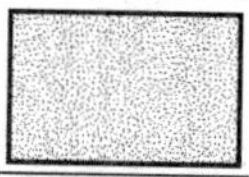

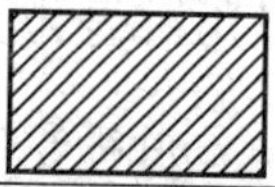

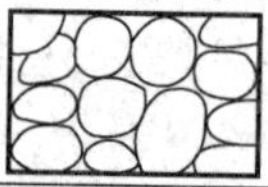

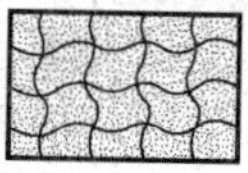

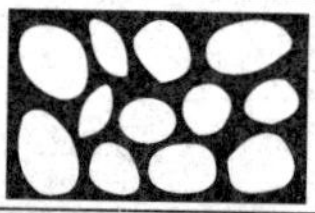

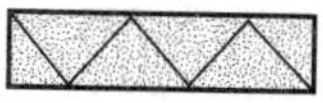

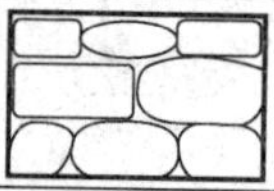

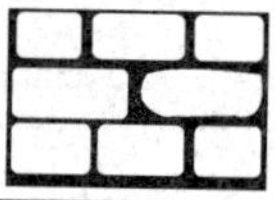

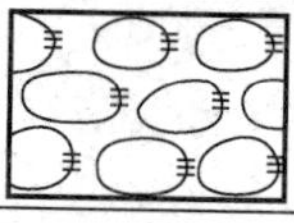

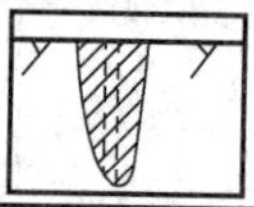

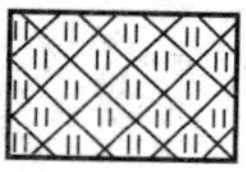

注：剖面图中当不指明何种材料时，可将图"11"（金属）作为通用材料图例。

3. 常见水工建筑物的平面图例

水工建筑物的平面图例主要用于规划图、施工总平面布置图中，也可用于枢纽总平面布置图中的非主要建筑物。水工图中除采用建筑制图中的平面图例外，又增加了一些图例，新增常用水工建筑物平面图例见表 10.1.2。

表 10.1.2 水工建筑物平面图例

序号	名称		图例	序号	名称		图例
1	水库	大型		19	涵洞（管）		（大）（小）
		小型		20	跌水		
2	混凝土坝			21	护岸		
3	土石坝			22	堤		
4	水闸			23	防浪墙	直墙式	
5	水电站	大比例尺				斜坡式	
		小比例尺		24	沟	明沟	
6	变电站					暗沟	
7	泵站			25	渠		
8	水池			26	运河		
9	沉沙池			27	铁路桥		
10	淤区			28	公路桥		
11	灌区			29	便桥、人行桥		
12	分（蓄）洪区			30	施工栈桥		
13	围垦区			31	道路	公路	
14	船闸					大路	
15	升船机					小路	
16	溢洪道			32	铁路	正规铁路	
17	渡槽					轻便铁路	
18	隧洞			—			—

二、基本图示方法

水工建筑物或构件的图样按正投影法绘制，并采用直接正投影法（构件处于第一分角）。在六个基本视图中，水工图中常用的是正视图、俯视图和左视图。俯视图也可称为平面图，正视图、左视图、右视图、后视图也可称为立面图或立视图。由于水工建筑物中的许多部分被土层覆盖，而且内部结构也比较复杂，所以较多应用剖面图。

为了读图方便，图样中各视图应尽量按投影关系配置，并应标注其图名，视图名称一般标注在图形的上方，并在图名下面画一条粗横线，其长度应以图名所占长度为准。

一般沿建筑物纵轴线方向称为纵向，垂直于纵轴线方向称为横向。如图 10.1.4 和图 10.1.5 所示。

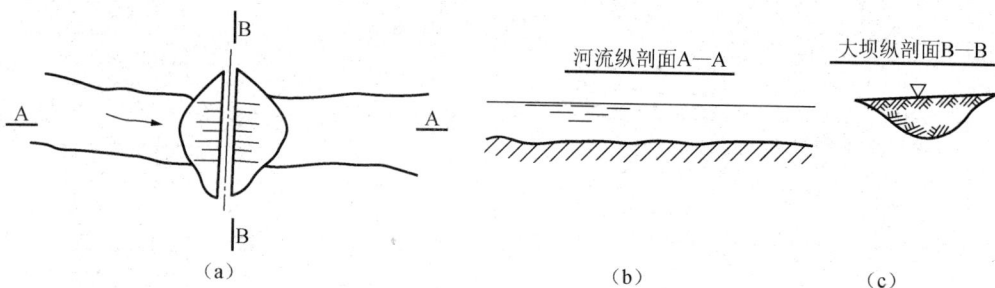

图 10.1.4　纵剖面图

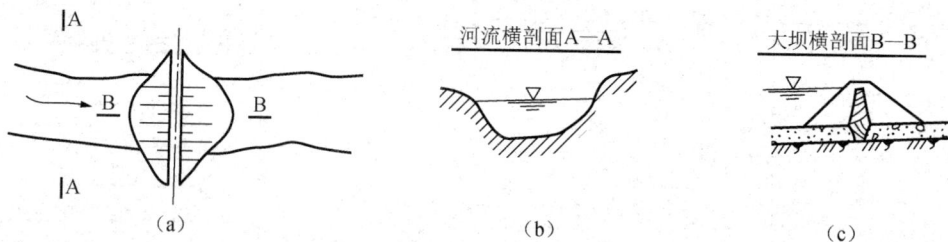

图 10.1.5　横剖面图

水利水电工程中，对于河流，规定视向顺水流方向时，左边称为左岸，右边称为右岸。图样中一般视水流方向为自上而下或自左而右，当视图与水流方向有关时，视向顺水流方向，可称为上游立面图或立视图；视向逆水流方向，可称为下游立面图或立视图。

三、其他表达方法

1. 详图

因水工图采用图形比例较小，有些建筑物的局部结构表达不清楚，可将这部分结构用大于原图形的比例画出，称为详图。应在原图形上用细实线圆标出被放大部位，并标注字母；在详图上方用相同的字母标注其图名及所用比例。详图可画成视图、剖面图，与原图形表达方式无关，如图 10.1.6 所示。

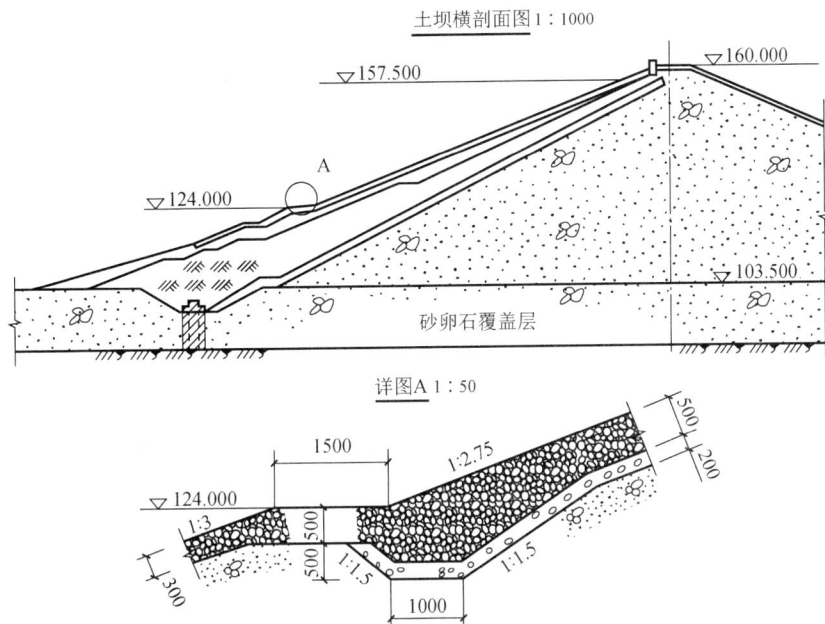

土坝横剖面图 1 : 1000

∇ 157.500

∇ 160.000

∇ 124.000

A

∇ 103.500

砂卵石覆盖层

详图A 1 : 50

1500

1:2.75

500

200

∇ 124.000

1:3

500 500

1:1.5

300

1:1.5

1000

图 10.1.6 详图

2. 展开画法

当建筑物的轴线或中心线为曲线时，可将曲线展开成直线后，绘制成视图、剖视图和剖面图，并在图名后面注写"展开"二字，如图 10.1.7 所示。

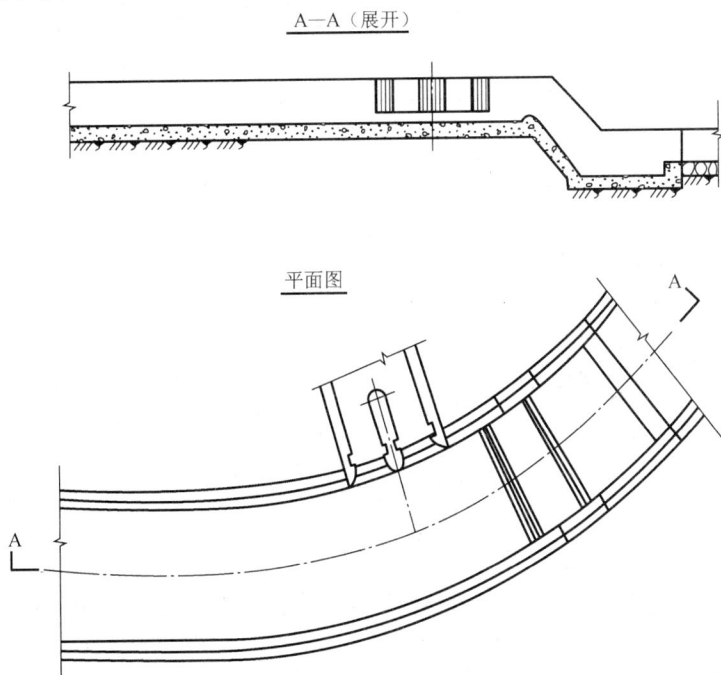

A—A（展开）

平面图

A

A

图 10.1.7 渠道布置图

3. 简化画法

当图样中的一些细小结构呈规律分布时，可以简化绘制，如图 10.1.8 所示排水孔的画法。

4. 拆卸画法

当视图、剖视图中所要表达的结构被另外的结构或填土遮挡时，可假想将其拆掉或掀掉，然后再进行投影，如图 10.1.8 所示。

5. 合成视图

对称或基本对称的图形，可将两个相反方向的视图、剖面图各画对称的一半，并以对称线为界，合成一个图形，如图 10.1.8 所示。

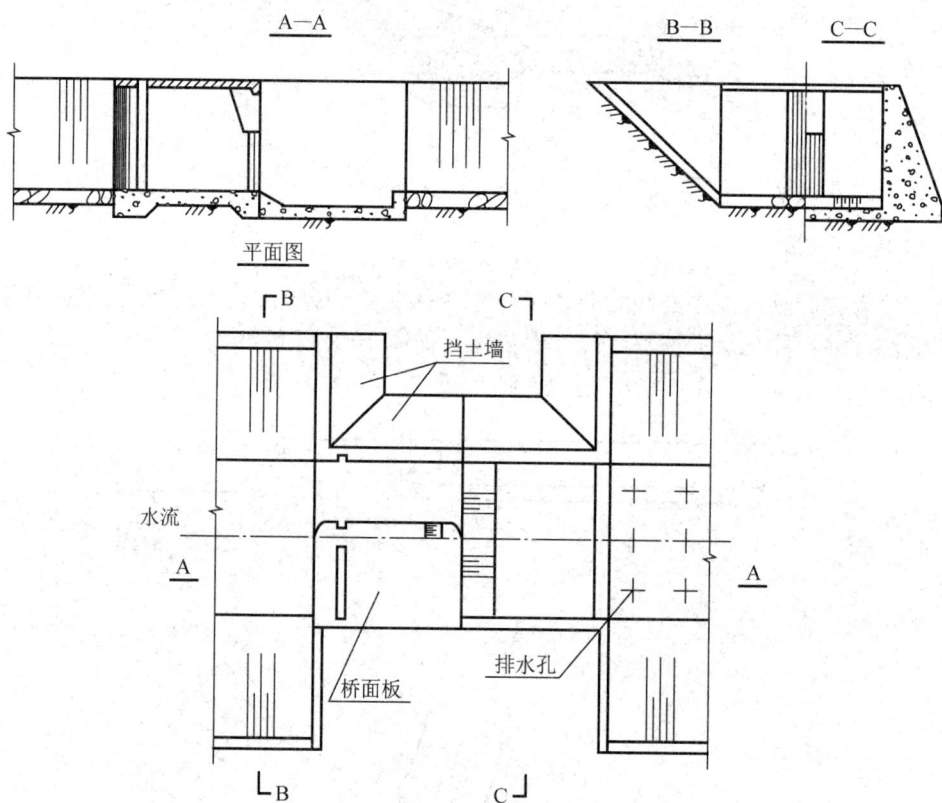

图 10.1.8 水闸结构图

6. 分层画法

当建筑物有若干层结构时，可按其构造层次分层绘制，相邻层用波浪线分界，并可用文字注写各层结构的名称，如图 10.1.9 所示。

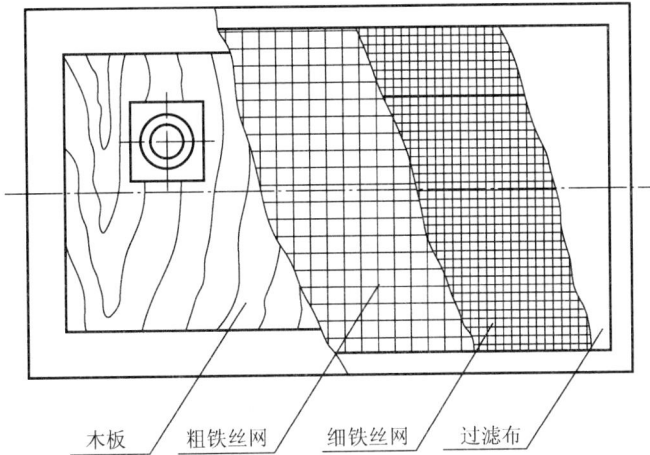

图 10.1.9　真空模板分层画法

7. 较长的图形

对于较长的图形，允许将其分成两部分绘制，再画出连接符号表示相连，并用大写拉丁字母编号，如图 10.1.10 所示。

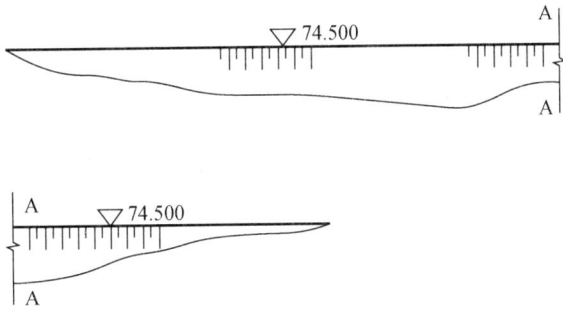

图 10.1.10　土坝立面图连接画法

8. 较长的构件

对于较长的构件，当沿长度方向的形状不变或按一定规律变化时，可以断开绘制，如图 10.1.11 所示。

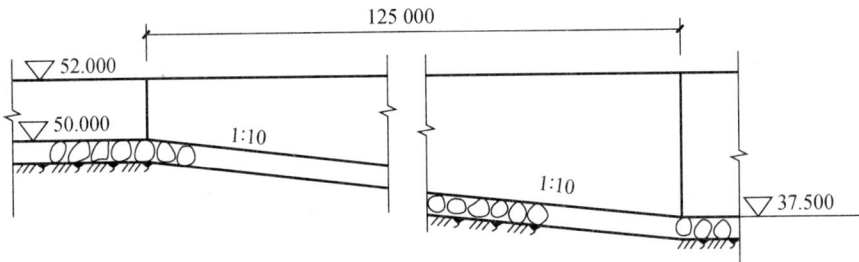

图 10.1.11　渠道断开画法

9. 建筑物中的各种缝线

如沉降缝、伸缩缝及材料分界线等，虽然缝线两边的表面处于同一平面内，但在绘图时仍用粗实线绘出，如图 10.1.12 所示。

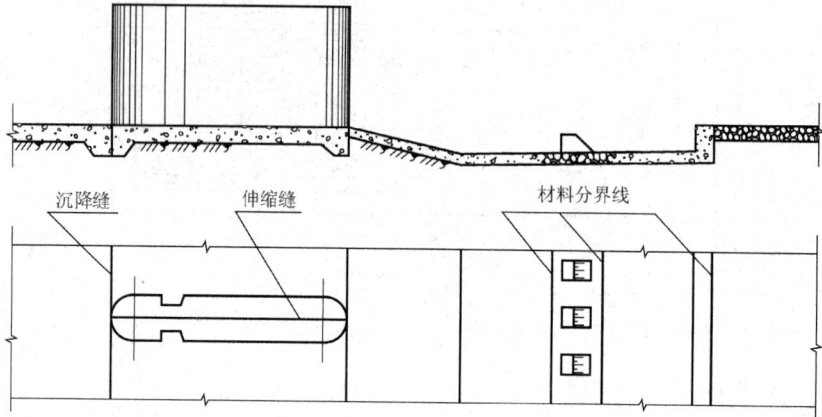

图 10.1.12　缝线的画法

四、水工图的尺寸标注

1. 基准点和基准线的尺寸注法

欲确定水工建筑物在地面上的位置，应首先确定出基准点和基准线的位置。基准点的位置由测量坐标系确定，以 m 为单位；两基准点的连线即为基准线，在图 10.1.13 所示的水利枢纽布置图中，坝轴线的位置由基准点 A(195410.12，69016.65)和 B(195451.23，69267.80)确定。

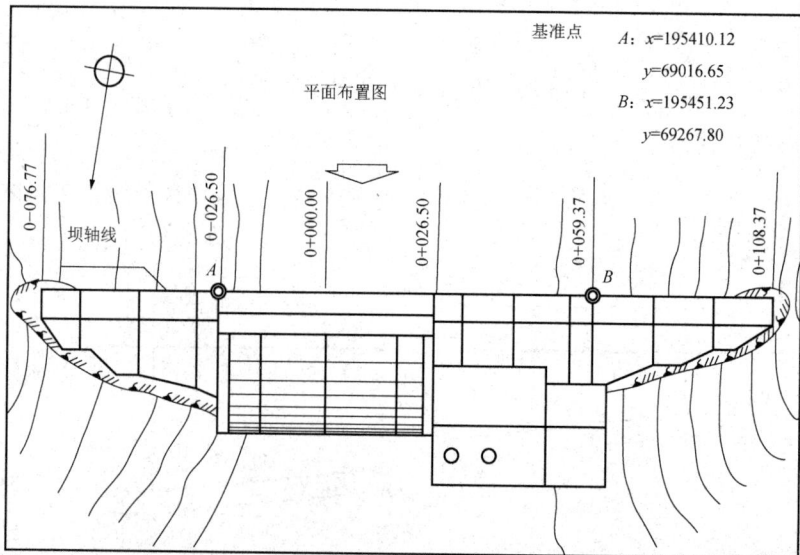

图 10.1.13　桩号的注法

2. 沿轴线方向的尺寸注法

对于坝、隧洞、渠道等较长的水工建筑物，沿轴线方向的定位尺寸，可采用"桩号"的方法进行标注，标注形式为 $K\pm m$，K 为公里数，m 为米数，如图 10.1.13 所示。起点桩号注成 0+000.00，起点桩号之前注成 $K-m$（如 0-200），起点桩号之后注成 $K+m$（如 0+020）。桩号数字一般垂直于轴线方向注写，且标注在同一侧。

3. 曲线的尺寸注法

水工建筑物的过水表面常为曲面，其横断面一般呈不规则曲线，如图 10.1.14 所示的溢流坝表面，可用数字表达式结合坐标值表示。

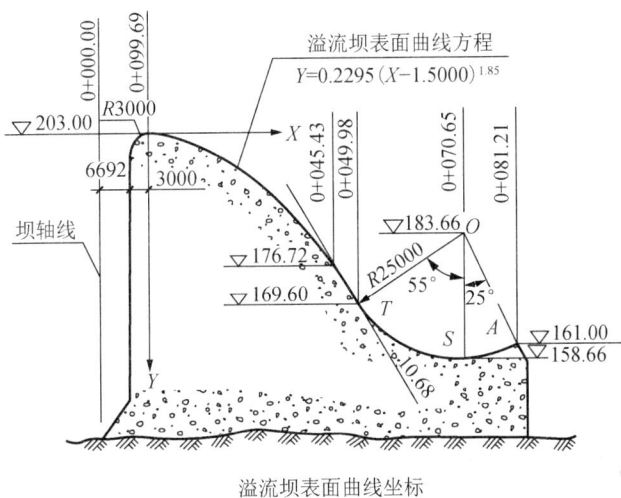

溢流坝表面曲线坐标

X	0.000	0.263	0.419	1.500	5.000	5.250	5.500	5.560	⋯
Y	0.305	0.079	0.032	0.000	2.329	2.654	2.983	3.066	⋯

图 10.1.14　带坐标系非圆曲线尺寸注法 1

有些曲线也可仅用坐标值表示。如图 10.1.15 所示，即为用极坐标法标注蜗形曲线的尺寸；如图 10.1.16 所示，即为用直角坐标法标注一般曲线的尺寸。

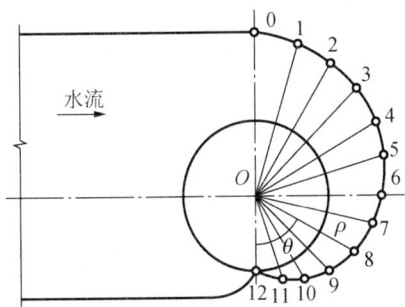

蜗形曲线坐标尺寸表

点号	0	1	2	3	4	5	⋯	12
极角 θ	180°	165°	150°	135°	120°			0°
极径 ρ	18864	18400	17910	17420	16850			8500

图 10.1.15　带坐标系的非圆曲线尺寸注法 2

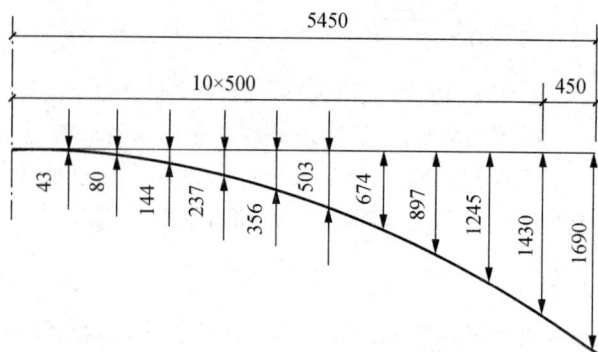

图 10.1.16　不带坐标系的非圆曲线尺寸注法

图 10.1.14 和图 10.1.15 为画出坐标系的标注方法，而图 10.1.16 为未画出坐标系的标注方法。

4. 列表法

若构件中的若干结构均从同一基准出发标注尺寸，则可采用坐标的形式列表标注，如图 10.1.17 所示。

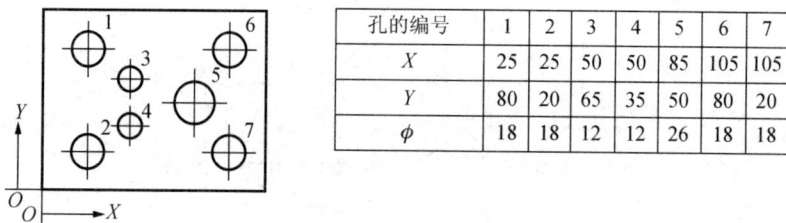

孔的编号	1	2	3	4	5	6	7
X	25	25	50	50	85	105	105
Y	80	20	65	35	50	80	20
ϕ	18	18	12	12	26	18	18

图 10.1.17　列表法标注尺寸

5. 高度的注法

水工建筑物的高度尺寸与水位、地面高程密切相关，其尺寸数值一般较大，常采用水准仪测量。所以建筑物的主要高度尺寸常采用标高注法。水工图中的标高以黄海平面作为零标高基准面。

在立面图和铅垂方向的剖视图、断面图中，标高符号一般采用如图 10.1.18（a）所示的符号（为 45°等腰三角形），用细实线画出，其中 h 约为数字高的 2/3。标高符号的尖端向下指，也可向上指，但尖端必须与被标注高度的轮廓线或引出线接触，如图 10.1.19 所示。标高数字一律注写在标高符号的右边。

平面图中的标高符号采用如图 10.1.18（b）所示形式，用细实线画出。当图形较小时，可将符号引出绘制，如图 10.1.19 所示。

水面标高（简称水位）的符号如图 10.1.18（c）所示。在水面线下方画三条细实线。特征水位标高符号可采用如图 10.1.18（d）所示的形式。

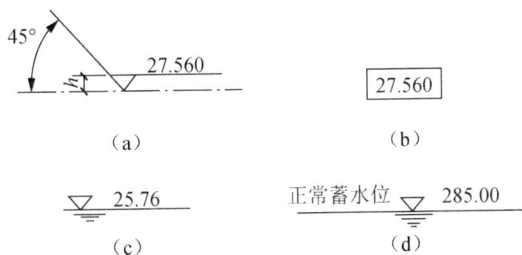

图 10.1.18　标高符号

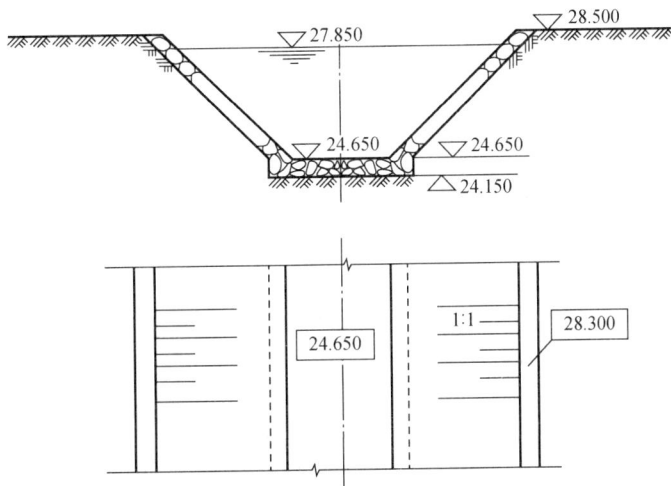

图 10.1.19　标高符号的指向及平面图中小图形内注法

6. 尺寸单位

水工图中标注的尺寸单位,除标高、桩号及规划图(流域规划图以 km 为尺寸单位)、总布置图的尺寸以 m 为单位外,其余尺寸以 mm 为单位,图中不必说明。当采用其他尺寸单位时,则必须在图纸中加以说明。

7. 重复尺寸

有些水工建筑物比较复杂,一些部分需采用不同的绘图比例,或所需视图较多,难以按投影关系布置,甚至需要画在其他图纸上,致使阅读时不易找到对应的投影关系,为方便阅读,有些尺寸可重复标注。

任务实施：识读土坝剖面图的信息

由图 10.1.1 可知,该土坝为一均质坝。坝基表面为砂卵石,厚度约为 3m,下面为花岗岩,坝基防渗采用黏土截水槽,底宽 4m,两侧边坡为 1∶1。槽深 3.2m。在截水槽中间设有一道混凝土齿墙,并嵌入岩基;土坝上游边坡为 1∶3,下游边坡为 1∶2.5。结合详图,可看出上游坝面有迎水护坡,其底层为 20cm 厚的黄砂,然后是 20cm 厚的碎

303

石，最上层是 30cm 厚的干砌块石；下游坝面在 104m 高程以下设有斜向排水层，排水层底层为 20cm 厚的黄砂，上面是 20cm 厚的碎石，最上层是 40cm 厚的块石，斜向排水层以上部分用草皮护坡。截水墙及下游坝脚排水沟的形状、大小均可由详图读出。

能力提升：识读水利工程图剖面图基本信息

识读图 10.1.20 所示溢洪道纵剖面图中的基本信息。

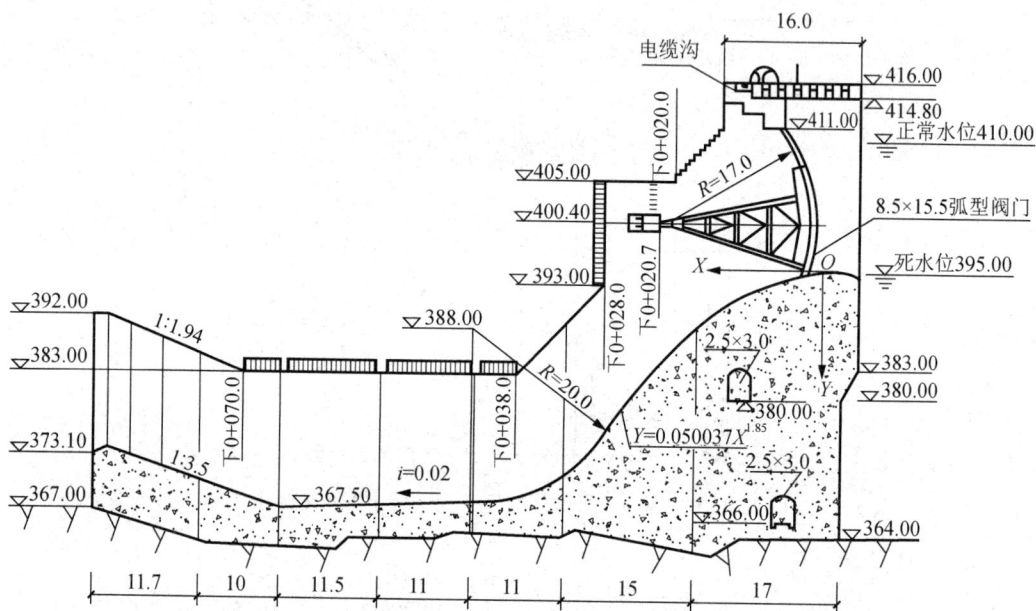

图 10.1.20　溢洪道纵剖面图

学　习　页

学习情境二　水工建筑物的读图

—— 任务描述与任务分析 ——

任务描述:

阅读图 10.2.1 水闸设计图基本信息。

任务分析:

水闸是一种低水头的水工建筑物，具有挡水和泄水的双重作用，广泛应用于防洪、灌溉、排涝等水利工程中。图 10.2.1 所示水闸是一座建于岩基上的渠道泄洪闸，它起控制渠道内水位和宣泄洪水的作用。该闸由上游连接段、闸室段和下游连接段三部分组成。

该水闸的上游连接段主要包括上游翼墙、护底、齿坎（也可设防冲槽）和护坡四个部分，其作用是引导水流平顺地进入闸室，并保护上游河床及河岸不受冲刷。

闸室段是闸的主要部分，起控制水流的作用。该闸为单孔泄洪闸，闸室段主要包括闸门、闸底板、闸墩（该闸中仅有边墩）及闸墩上方设置的交通桥、工作桥（未画出）和闸门启闭机（未画出）。

下游连接段由下游翼墙、消力池、海漫、防冲齿坎（或防冲槽）及下游护坡五个部分组成，其作用是均匀地扩散水流，消除水流的能量，防止冲刷河岸及河床。

知识准备：水工建筑物识读基础

一项水利工程的建成，一般分为勘测、规划、设计、施工和验收等阶段，各阶段都应绘制相应的图样。图样的基本类型有工程位置图、枢纽布置图、建筑物结构图、施工图和竣工图等。

一、水利工程图的分类与用途

1. 工程位置图

工程位置图主要表示水利枢纽所在的地理位置，与枢纽相关的河流、公路、铁路及主要建筑物等。如图 10.2.2 所示为江苏省引江水利工程枢纽位置示意图。

由于工程位置图表示的范围较大，所以采用的图形比例较小，一般为（1∶5000）～（1∶10000），甚至更小，建筑物一般采用示意图例表示，图中还应画出指北针等。

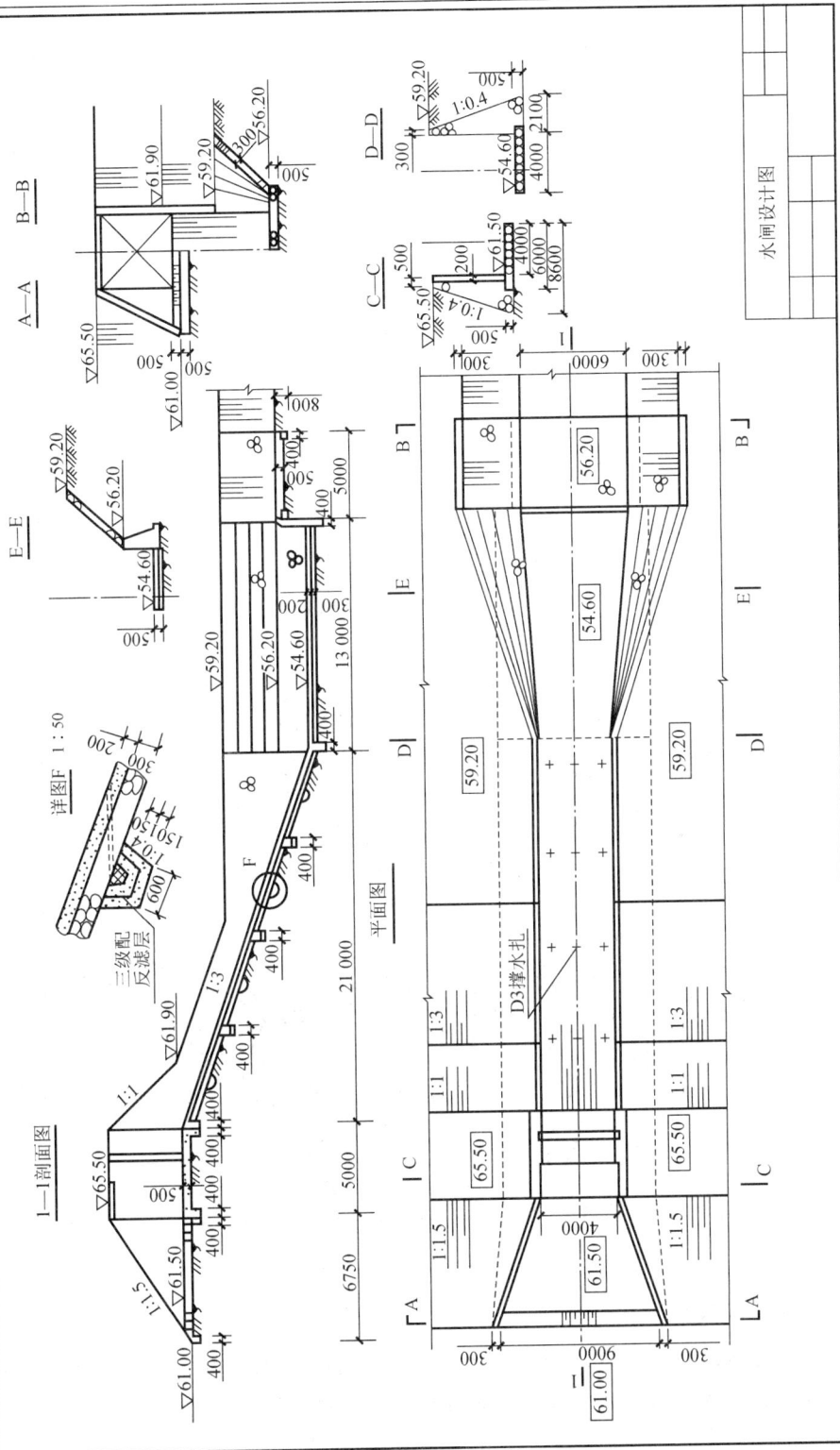

图 10.2.1 水闸设计图

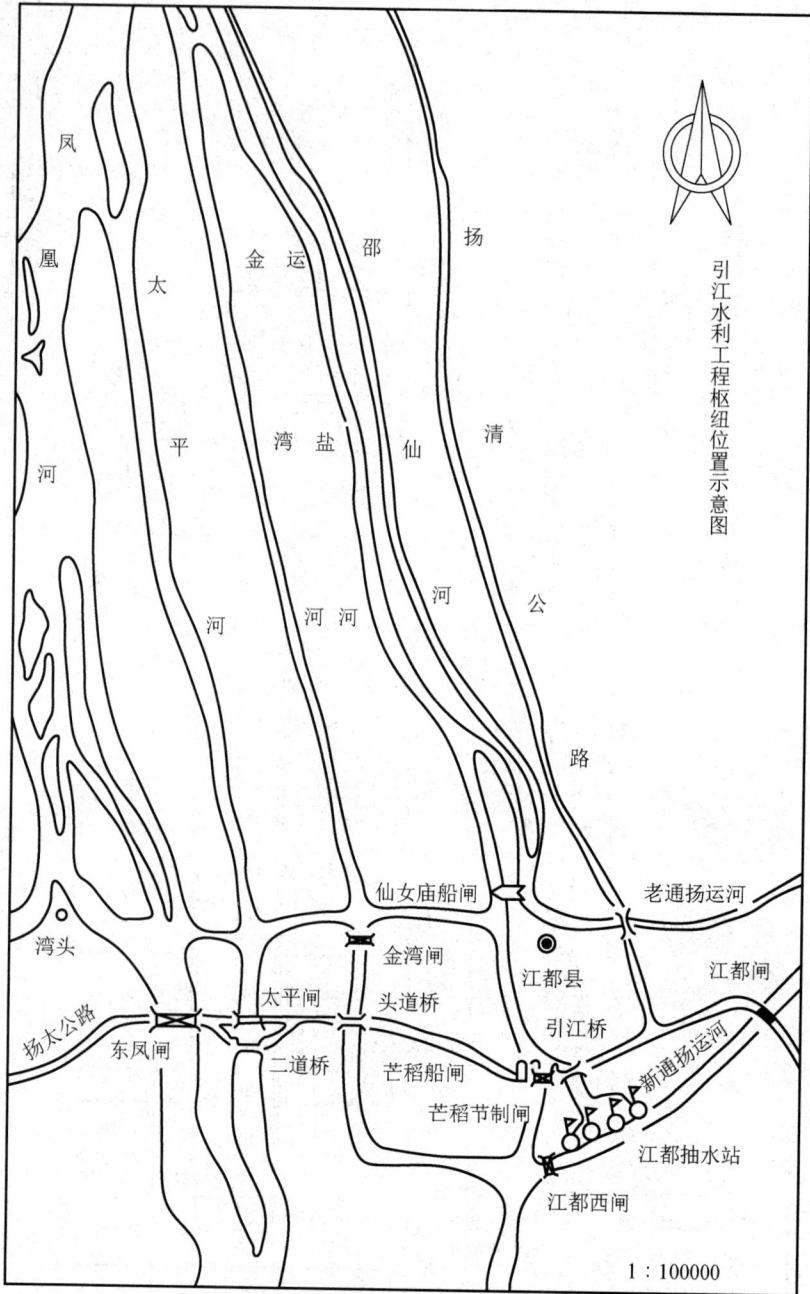

图 10.2.2　工程位置图

2. 枢纽布置图

枢纽布置图主要表示整个水利枢纽的布置情况，图形比例一般采用（1∶500）～
（1∶2000），如图 10.2.3 所示为某小型水库枢纽总平面布置图。

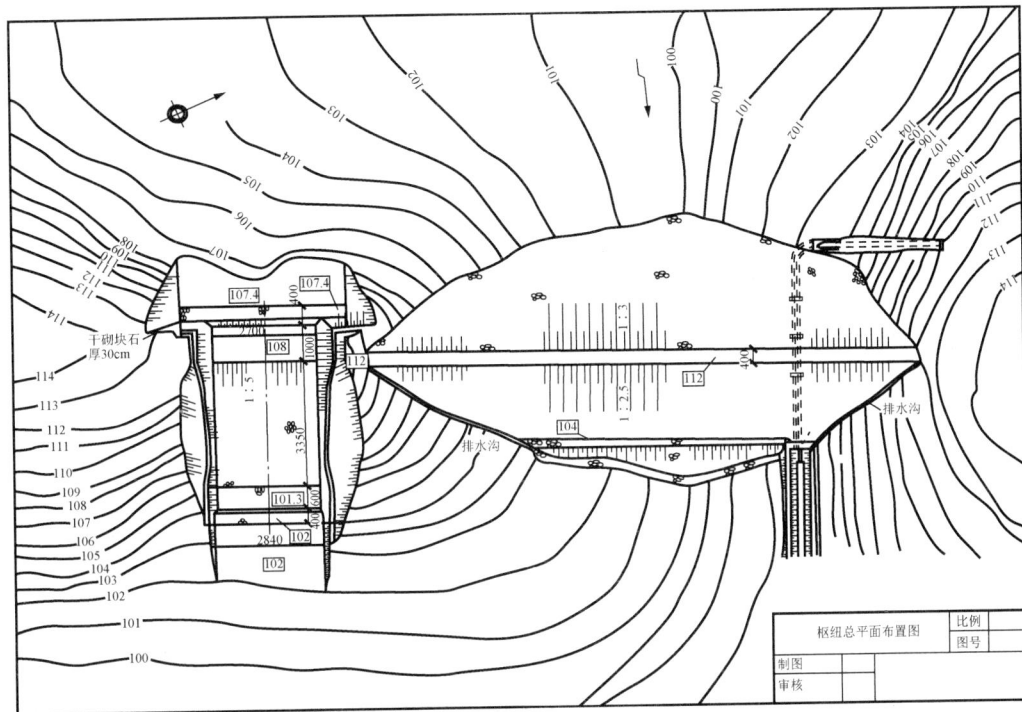

图 10.2.3　枢纽总平面布置图

枢纽布置图应包括以下内容。

①　水利枢纽所在地区的地形（如地形等高线）、河流及流向（箭头）、地理方位（指北针）等。

②　各建筑物的平面形状及相互位置关系。

③　各建筑物与地面的交线及填挖方边坡线等。

④　各建筑物的主要高程和主要尺寸。

3. 建筑物结构图

建筑物结构图是表达水利枢纽中某一建筑物的形状、大小、材料等的工程图样包括结构设计图、钢筋混凝土结构图等。结构图的比例较大，一般为（1∶10）～（1∶1000）。

建筑物结构图一般包括以下内容。

①　建筑物及细部的形状、尺寸、材料等。

②　工程地质情况及建筑物与地基的连接方式。

③　相邻建筑物间的连接方式。

④　建筑物的工作条件，如上、下游设计水位，水面曲线等。

⑤　建筑物附属设备的位置。

4. 施工图

施工图是表示施工组织和施工方法的图样，主要包括施工布置图、开挖图、混凝土浇筑图、导流图等。

5. 竣工图

竣工图是工程建成以后的实际图样（可能与原设计图有区别，因为施工过程中可能有所修改）。

上述内容仅是常见的水工图的一般分类。随着现代科技的飞速发展，工程上会不断采用一些新型结构和新的施工方法，相应的图样也会产生新的类型。

二、水工图的阅读方法

水工图涉及的内容较广，大到工程枢纽的平面布置，小到建筑物的细部构造都需要表达清楚。水利工程技术人员都应具有熟练阅读各种水工图的能力。

1. 阅读水工图的要求

通过阅读枢纽总平面布置图，应了解枢纽的地理位置、地形、河流状况及各建筑物的位置和相互关系。

通过阅读建筑物结构图，应了解建筑物的名称、功能、工作条件、结构特点、建筑物各组成部分的结构形状、大小、作用、材料及相互位置关系，附属设备的位置和作用等。

2. 阅读水工图的方法与步骤

阅读水工图同阅读其他建筑物图样的方法一样，都应熟练运用投影规律，用形体分析法和线面分析法进行读图。

（1）概括了解

可通过标题栏及相关说明，了解建筑物的名称、作用等；通过了解比例，还可想象出建筑物的实际大小；从建筑物的主要视图、剖视图、断面图中，大致了解该建筑物的组成部分及其作用。

（2）深入阅读

一般是由总体到部分，由主要结构到其他结构，由大轮廓到小局部，逐步深入。对建筑物来讲，应先了解它在整个水利枢纽中的位置和分布情况，然后读懂建筑物的整体形状、细部构造及附属设备等；对于同一枢纽中的几个建筑物，应先读主要建筑物的结构图，再读其他建筑物的结构图。

通过深入阅读，可详细了解各建筑物的构造、形状、大小、材料及各部分的相互关系。

（3）归纳总结

通过归纳总结，对建筑物（或建筑物群）的大小、形状、位置、作用、结构特点、材料等有一个完整、清晰的认识。

任务实施：水闸设计图识读

第一步：概括了解。

图 10.2.1 采用了三个基本视图（平面图、1—1 剖面图、A—A 与 B—B 合成立面图）、三个断面图和一个详图。其中，平面图表达了水闸各组成部分的平面布置情况、形状及大小。1—1 剖面图为通过水闸纵向轴线剖切后所得的剖面图，表达水闸各组成部分沿高度和长度方向的结构形状、大小、材料、相互位置，以及建筑物与地面的联系等。A—A 与 B—B 合成立面图主要表达水闸上下游立面布置情况及两岸的连接情况。三个断面图分别表达所剖切处边墙及底板的截面形状和尺寸。详图 F 表达了陡坡段底板的细部构造。

第二步：深入阅读。

沿水闸纵向轴线方向，结合其他视图，可了解下述内容。

上游连接段：护底为 6.75m、厚 0.5m 的浆砌块石结构，端部设有高 1.0m、宽 0.4m 的防冲齿坎及 1∶1.5 的斜坡面，两侧采用浆砌块石结构的八字墙。

闸室段：室长 5.0m，宽 4.0m，为单孔闸。边墩上设有闸门槽，上面设有交通桥（工作桥及闸门启闭机均未画出）；闸门为平板门，高为 4.0m；混凝土底板厚为 0.5m，长 5.0m，前后均设有齿坎。

下游连接段：紧连闸室下游的是宽为 4.0m 的陡坡和消力池，两侧均为浆砌块石挡土墙。陡坡起始标高为 61.50m。以 1∶3 的坡度下降至标高 54.60m，水平长 21m，底板为厚 0.3m 的浆砌块石。其上铺有 0.2m 厚的混凝土护面，上设 12 个直径为 30 的排水孔，孔底部设有反滤层，以避免水流中泥沙堵塞排水孔，与地基连接部分还设有齿坎；消力池底板标高为 54.60m，池深 1.6m，长 13m，两侧边坡在 56.20m 标高以上部分为扭面，消力池末端设有一用来稳定水跃的混凝土尾坎，坎顶为 1∶1 的斜坡面；消力池连接的是标高为 56.20m、长为 5.0m 的海漫，其作用主要是消除余能，材料为浆砌块石，末端设有防冲齿坎，高 0.8m。

第三步：归纳总结。

经过对图纸的阅读和分析，可想象出水闸的空间整体结构形状，如图 10.2.4 所示。

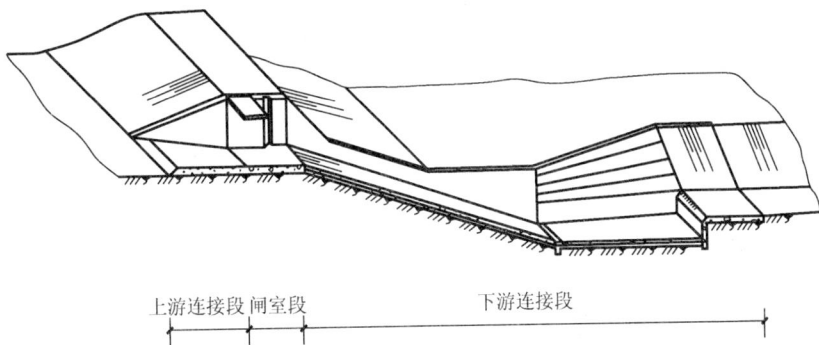

图 10.2.4 水闸轴测图

能力提升：绘制消力池轴测图

根据图 10.2.5 所示，绘制消力池轴测示意图。

平面图

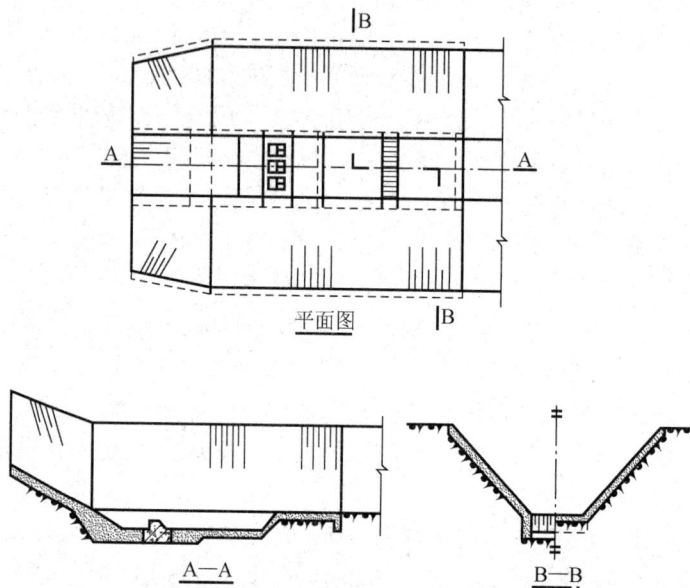

A—A

B—B

图 10.2.5　消力池轴测示意图

学 习 页

参 考 文 献

白丽红，2010. 土木工程识图[M]. 北京：机械工业出版社.

曹长礼，孙晓丽，2010. 房屋建筑学[M]. 西安：西安交通大学出版社.

陈文斌，等，2001. 建筑工程制图[M]. 3版. 上海：同济大学出版社.

刘尊明，2012. 建筑构造与识图[M]. 哈尔滨：哈尔滨工业大学出版社.

吕海霆，2012. 现代工程制图[M]. 北京：机械工业出版社.

莫章金，毛家华，2008. 建筑工程制图与识图[M]. 2版. 北京：高等教育出版社.

王强，孙小平，2011. 建筑工程制图与识图[M]. 2版. 北京：机械工业出版社.

杨翠花，2011. 土木工程识图[M]. 北京：人民交通出版社.

杨月英，李海宁，2008. 建筑制图[M]. 北京：机械工业出版社.

张宁远，2011. 建筑制图与识图[M]. 大连：大连理工大学出版社.

中华人民共和国住房和城乡建设部，2011. 建筑制图标准：GB/T 50104—2010[S]. 北京：中国计划出版社.

周坚，2007. 建筑识图[M]. 北京：中国电力出版社.

朱永杰，吴舒琛，2014. 建筑构造与识图[M]. 北京：高等教育出版社.